J. DUPONT & P. FREUNDLER

MANUEL OPÉRATOIRE DE CHIMIE ORGANIQUE

HACHETTE & Cie

MANUEL OPÉRATOIRE

DE

CHIMIE ORGANIQUE

COULOMMIERS
Imprimerie Paul Brodard.

MANUEL OPÉRATOIRE

DE

CHIMIE ORGANIQUE

PAR

J. DUPONT
Ancien élève de l'École municipale
de Physique et de Chimie de la Ville de Paris
Ancien préparateur au Laboratoire
de Chimie organique
de la Faculté des Sciences

P. FREUNDLER
Docteur ès sciences
Chef des Travaux pratiques de 2e année
au Laboratoire d'enseignement
de la Chimie appliquée
de la Faculté des Sciences

PRÉCÉDÉ D'UNE PRÉFACE

DE M. CHARLES FRIEDEL

Membre de l'Institut

PARIS
LIBRAIRIE HACHETTE ET Cie
79, BOULEVARD SAINT-GERMAIN, 79

1898

PRÉFACE

Nous ne manquons pas en France de bons livres de Manipulations faits pour indiquer aux jeunes gens qui étudient la chimie la manière d'exécuter les diverses opérations de la chimie minérale et quelques-unes de la chimie organique. Ce qui n'existait pas jusqu'ici, et le petit volume que j'ai l'honneur de présenter au public vient heureusement combler cette lacune, c'est un livre qui renseigne, soit les commençants, soit les chimistes déjà avancés et qui ont néanmoins toujours besoin d'indications précises, sur les diverses préparations organiques, sur la manière d'exécuter celles-ci.

Pour qu'un pareil ouvrage rende les services qu'on est en droit d'en attendre, il faut que les détails les plus minutieux soient indiqués. C'est ce qu'ont compris MM. Justin Dupont, ancien élève de l'École municipale de physique et de chimie industrielles de Paris, ancien préparateur du Professeur de chimie organique à la Sorbonne, et Paul Freundler, Docteur ès sciences, Chef des travaux pratiques de deuxième année au Laboratoire d'enseignement de la chimie appliquée de la Faculté des sciences.

L'un et l'autre étaient parfaitement préparés pour la rédaction d'un pareil ouvrage. Ayant depuis longtemps l'habitude du laboratoire et particulièrement des opérations de la chimie organique, ils ont encore pris à tâche de répéter, avant de les rédiger, la plupart des préparations qu'ils décrivent. Les figures qui accompagnent ces descriptions ne sont pas, comme il arrive le plus souvent, des figures schématiques grossièrement dessinées par les auteurs, perfectionnées et quelquefois altérées par les dessinateurs. Ce sont des reproductions photographiques d'appareils réellement montés et ayant servi aux préparations.

On peut donc suivre les auteurs avec une entière confiance et, en le faisant, on s'épargnera des recherches souvent longues dans les mémoires originaux, où d'ailleurs on ne trouve pas toujours les indications des procédés les plus avantageux et de certains tours de main.

MM. Dupont et Freundler se sont attachés à décrire surtout des préparations types, qui représentent non seulement un cas particulier, mais en même temps un certain nombre d'autres analogues.

Ils ont fait précéder ces descriptions d'un chapitre renfermant des indications sur les *Méthodes générales de purification et de séparation des composés organiques*, et d'un autre chapitre dans lequel sont donnés avec détails les procédés employés dans les laboratoires de chimie pour la *Détermination des constantes physiques*. Ces procédés sont, comme on sait, d'un usage journalier pour reconnaître l'identité et la pureté des corps.

Les deux chapitres suivants concernent les procédés de l'*Analyse élémentaire* et les *Règles pour établir la formule d'un composé organique*.

Un ouvrage ainsi conçu, et exécuté avec soin, rendra le plus grand service dans tous les Laboratoires où l'on s'occupe de chimie organique. Il remplacera avec avantage les cahiers de préparations, que l'on commence dans tout laboratoire, mais qu'on complète difficilement et qui ont la fâcheuse habitude de disparaître quand ils commenceraient à pouvoir servir couramment.

Ici, ce travail de collection et de contrôle est tout fait, et bien fait.

C. Friedel
de l'Institut.

AVERTISSEMENT DES AUTEURS

I

Quelques mots sont nécessaires pour expliquer certaines singularités apparentes de ce Manuel, singularités qui sont la conséquence forcée de la classification systématique des préparations décrites dans la deuxième et la troisième partie.

Il a semblé utile de conserver l'ordre fonctionnel, soit pour permettre une recherche rapide sans l'aide de la table des matières, soit pour que l'ouvrage puisse être utilisé de pair avec un Traité de chimie théorique.

Les modes d'obtention qui sont indiqués en tête de chaque chapitre sont des procédés généraux, applicables dans la plupart des cas, et non pas des moyens de synthèse offrant surtout un intérêt théorique. Ceci explique le petit nombre qu'on en a donné.

De même les renvois bibliographiques ne se rapportent souvent pas à l'origine de la découverte de la réaction, mais bien plutôt aux mémoires dans lesquels on trouve le plus de détails et le plus grand nombre d'applications de la méthode employée.

Enfin, les préparations qui sont décrites ont été choisies comme types des réactions les plus importantes, et non pas toujours comme les procédés d'obtention les plus avantageux des composés auxquels elles sont appliquées.

Tout en conservant la classification par fonction, on s'est efforcé autant que possible de décrire toutes les réactions générales et d'introduire l'emploi des agents les plus usités en chimie organique. C'est pourquoi on a laissé complètement de côté un certain nombre de préparations classiques comme ne s'appliquant qu'à des classes de corps extrêmement limitées, ne donnant lieu qu'à des études toutes spéciales.

Notre cher et vénéré Maître a dit dans sa préface notre but et notre ambition. Si le jugement du lecteur ratifie le sien, que le mérite de notre effort soit reporté sur lui, ainsi que sur feu A. Combes, à la mémoire de qui nous donnons ici un salut ému, et sur nos aînés dans son laboratoire, dont les conseils bienveillants ne nous ont jamais fait défaut.

Paris, le 1er novembre 1898.

ABRÉVIATIONS

ADOPTÉES POUR LES RENVOIS BIBLIOGRAPHIQUES

C. R.	*Comptes rendus de l'Académie des Sciences.*
Ann. Chim. Phys.	*Annales de Chimie et de Physique.*
Rec. P.-B.	*Recueil des Travaux chimiques des Pays-Bas.*
Bull. Soc. Chim.	*Bulletin de la Société chimique de Paris.*
D. chem. G.	*Berichte der Deutschen chemischen Gesellschaft.*
Ann. Chem.	*Annalen der Chemie und Pharmacie.*
Mon. f. Chem.	*Monatshefte für Chemie.*
J. prakt. Chem.	*Journal für praktische Chemie.*
Jahresb.	*Jahresbericht über die Fortschritte der Chemie.*
Pogg. Ann.	*Poggendorf's Annalen der Physik und Chemie.*
Zeit. f. Chem.	*Zeitschrift für Chemie.*
Am. chem. Journ.	*American chemical journal.*
Chem. Soc.	*Journal of the chemical Society.*

Les numéros de série, s'il en existe, sont indiqués par les chiffres entre parenthèses, les numéros de tome par les chiffres gras, ceux de pages par les chiffres simples. Par exemple :

Bull. Soc. Chim., (3), **2**, 885

signifie Bulletin de la Société Chimique de Paris, 3ᵉ série, tome 2, page 885.

MANUEL OPÉRATOIRE

DE

CHIMIE ORGANIQUE

PREMIÈRE PARTIE

CHAPITRE I

MÉTHODES GÉNÉRALES DE PURIFICATION DES COMPOSÉS ORGANIQUES

I. — Épuisement et extraction.

Lorsqu'une réaction est achevée, le produit dont on effectue la préparation se trouve mélangé aux matières premières non entrées en réaction et aux produits des réactions secondaires, toujours importantes en Chimie organique. On doit commencer, pour l'isoler, par le faire entrer en dissolution dans un solvant approprié. C'est là le but de l'*épuisement*, pour les matières solides, de l'*extraction* pour les corps liquides. On achèvera ensuite la purification par la *cristallisation* ou par la *distillation*.

Épuisement. — L'épuisement peut être fait *à chaud* ou *à froid*, selon que la substance est plus ou moins soluble dans le dissolvant choisi.

Pour épuiser à froid, on pulvérisera la matière, desséchée au préalable, et on l'introduira dans un flacon bouché à l'émeri. On y ajoutera une certaine quantité de dissolvant, on agitera, énergiquement, on laissera reposer pendant quelque temps, et l'on décantera la solution claire, qu'on filtrera si cela est nécessaire. Cette solution sera distillée au moyen de l'appareil continu décrit plus loin; si la matière dissoute est altérable à l'air, on évaporera dans le vide ou dans une atmosphère d'acide carbonique, d'azote, etc. Une nouvelle portion du dissolvant sera introduite dans le digesteur, et l'opération précédente répétée jusqu'à ce que quelques gouttes de l'extrait clair ne laissent plus de dépôt lorsqu'on les évaporera sur un verre de montre.

Pour les épuisements à chaud, on trouve dans le commerce un grand nombre d'appareils. Nous en décrirons ici deux, celui de M. Soxhlet et celui de M. Etaix.

Appareil de Soxhlet. — Il se compose d'un large tube cylindrique auquel est soudé un tube d'un diamètre plus faible qui pénètre dans le bouchon d'un ballon. A la partie supérieure s'adapte un réfrigérant à reflux. Le tube large est fermé par une cloison de verre soudée à sa jonction avec le tube étroit. On place dans le tube la matière à épuiser, finement pulvérisée et enfermée dans un petit sac en toile grossière. Les vapeurs du dissolvant sont conduites par un tube latéral assez large au sommet de l'appareil; elles se condensent, dans le réfrigérant, et retombent sur la matière; le liquide saturé est continuellement évacué par un petit siphon qui le prend à la partie inférieure et le ramène dans le ballon.

Appareil Etaix. — La partie essentielle de ce dernier est constituée par une sorte d'allonge sphérique surmontée d'un réfrigérant, et dont le col traverse le bouchon d'un ballon à fond rond. Dans l'intérieur de cette allonge se trouve un siphon entouré d'une enveloppe cylindrique. Cette enveloppe est percée d'un orifice par lequel sortent les vapeurs du dissolvant. Pour monter l'appareil, on commence par entourer l'enveloppe de coton de verre ou d'étoupe modérément serrée, de façon que le liquide ne puisse pénétrer dans le siphon qu'après avoir été filtré. On dispose autour de ce tampon un peu de ponce grossière, et par-dessus la ponce la substance, qui autant que possible ne doit pas être pulvérulente. L'allonge étant remplie à moitié, on adapte le réfrigérant et le ballon, après avoir introduit dans ce dernier une quantité de dissolvant équivalant au volume total de l'allonge. Lorsqu'on porte le liquide à l'ébullition, les vapeurs se condensent et retombent dans l'allonge, qu'elles remplissent peu à peu, jusqu'à ce qu'elles dépassent le coude du siphon. Celui-ci s'amorce alors, et la solution redescend brusquement dans le ballon. L'épuisement peut être effectué ainsi très rapidement et avec peu de liquide, d'autant plus que le liquide qui séjourne dans l'allonge est chauffé par les vapeurs qui passent dans l'enveloppe.

Si la matière à épuiser est pulvérulente, on fera bien de la mélanger avec de la ponce; sans cela, l'amorçage du siphon aurait de la peine à s'effectuer.

Lorsque l'épuisement est terminé, on chasse le dissolvant par une simple distillation.

Il se présente des cas où la substance à épuiser est tellement pulvérulente, qu'elle est absolument imperméable au dissolvant.

On emploiera alors une grosse allonge à large col, dans laquelle on introduira un filtre à plis. Ce filtre recevra une certaine quantité de la matière à épuiser. La partie inférieure de l'allonge plongera dans le dissolvant de telle façon qu'elle affleure sa surface lorsque la pression interne de la vapeur aura fait monter ce dernier dans l'allonge de façon à baigner complètement le filtre. On chauffera de façon à maintenir la température du liquide aussi près que possible de son point d'ébullition. Si l'allonge est assez large, il s'établira un double courant, le liquide saturé descendant, et le liquide moins saturé montant. Pour terminer l'épuisement, on sortira l'allonge du liquide en la faisant glisser dans le bouchon; on portera ensuite à l'ébullition, de façon à laver le filtre et l'allonge avec le dissolvant pur provenant de la condensation.

Ce procédé ne peut s'appliquer qu'à de faibles quantités de substance à la fois.

Extraction. — S'il s'agit de séparer un liquide ou un solide en émulsion ou en suspension dans un autre liquide qui ne les dissout pas, on pourra opérer comme dans le premier cas, c'est-à-dire épuiser le tout au moyen d'un dissolvant qui ne dissolve que les premiers et qui soit très peu soluble ou insoluble dans l'autre liquide.

Par exemple, on a éthérifié un acide en présence d'un excès d'alcool, et l'on a précipité par un excès d'eau. L'éther s'est séparé à la surface ou au fond de la couche aqueuse. Comme on ne saurait recueillir la totalité du liquide par une simple décantation, on introduit le tout avec une certaine quantité d'éther dans un entonnoir à décantation (fig. 1), on agite énergiquement, on laisse reposer, et on ouvre le robinet pour permettre à la couche aqueuse, plus lourde, de s'écouler. Ce liquide aqueux sera traité une fois ou deux de la même façon, puis on réunira les extraits éthérés, on les lavera, s'il y a lieu, avec un alcali ou un acide dilué, ensuite avec de l'eau, on les séchera sur du chlorure de calcium fondu ou sur du carbonate de potassium, et enfin on chassera l'éther par distillation.

Fig. 1. — Entonnoir à décantation.

Si l'on a affaire à une substance relativement soluble dans l'eau, les épuisements doivent être répétés tellement de fois qu'il vaut mieux avoir recours à l'*appareil à extraction continue*.

Cet appareil (fig. 2) se compose de deux parties : 1° l'appareil à extraction et 2° l'appareil distillatoire. Le premier est constitué par un flacon de 2 litres monté comme une pissette. On y introduit la solution à épuiser après l'avoir concentrée autant que possible, puis le dissolvant, et l'on agite énergiquement en fermant le flacon par un bouchon ordinaire. Lorsque les deux liquides se sont séparés, on remplace ce bouchon par le dispositif que montre la figure, et on fait glisser dans le bouchon le tube plongeant, jusqu'à la position voulue pour que la solution puisse être complètement évacuée. On souffle doucement, et l'on recueille la solution dans une fiole, d'où on la transvasera dans l'entonnoir à robinet de l'appareil distillatoire. Celui-ci se compose d'un ballon de 500 cmc. dont le bouchon donne passage à un entonnoir à brome et à un tube coudé relié à un réfrigérant. Le réfrigérant doit être excellent; le bain dans lequel est chauffé le ballon est maintenu à 20° au-dessus du point d'ébullition du dissolvant; enfin le robinet de l'entonnoir sera ouvert de telle sorte que le liquide qui tombe dans le ballon ne soit jamais en excès, mais se vaporise immédiatement. On évite ainsi tout danger d'explosion dû à la surchauffe d'une grande quantité de dissolvant.

Cet appareil permet, comme on le voit, d'épuiser complètement une assez grande quantité de liquide avec peu de dissolvant. Il est très pratique pour les extractions au chloroforme, à l'éther, au sulfure de carbone, au benzène, etc.

Remarques générales. — Le choix d'un dissolvant est facile à faire pour un épuisement, avec un peu d'expérience. On prendra autant que possible un liquide bouillant à basse température, peu coûteux, et aussi insoluble que possible dans les liquides

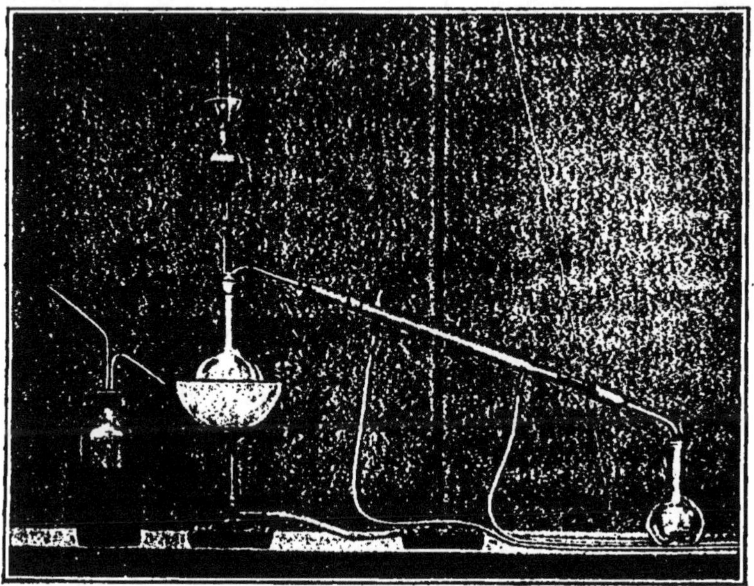

Fig. 2. — Appareil à extraction continue.

avec lesquels il pourra se trouver mêlé. L'éther répond assez bien à ces desiderata ; toutefois *il se sépare très mal des solutions alcalines*, et devra alors être remplacé par le benzène. De plus, comme il est assez soluble dans l'eau, on fera bien, une fois l'épuisement achevé, de soumettre les eaux mères à la distillation au bain-marie, afin d'en récupérer le plus possible. On effectuera cette opération par petites portions et dans un grand ballon, car le liquide mousse en général beaucoup.

D'une façon générale, on facilitera beaucoup l'épuisement d'une solution aqueuse en la saturant d'un sel minéral, car les solutions salines dissolvent beaucoup moins de matières organiques que l'eau pure ou acidulée. Si la liqueur ne renferme que peu ou pas d'acide chlorhydrique, on se servira de sulfate d'ammonium. Sinon, on prendra du chlorure de calcium, ou du chlorure de potassium ou de sodium.

Il arrive souvent qu'en agitant une solution aqueuse avec un dissolvant organique, on précipite des matières résineuses qui restent en suspension dans la couche supérieure, et qui empêchent celle-ci de se séparer. Or il n'est pas toujours possible de filtrer le mélange sans perdre de la substance. Pour obvier à cela, on remplacera le tube plongeant de l'appareil par un tube spécial, muni d'un étranglement dans le voisinage immédiat de l'orifice, et l'on entourera l'extrémité de ce tube d'un morceau de calicot qu'on maintiendra au moyen d'un fil noué autour de l'étranglement. On aura soin de couper la toile immédiatement au-dessus du fil, et l'on plongera graduellement le tube dans la couche supérieure jusqu'à ce qu'elle ait été complètement isolée. Comme ceci nécessite une pression assez forte, au lieu de souffler avec la bouche, on joindra l'appareil à une trompe soufflante. Les séparations les plus difficiles s'effectuent rapidement, grâce à cette modification.

II. — Filtration.

La filtration consiste, comme on sait, à effectuer la séparation de matières liquides et solides, en retenant celles-ci au moyen d'une substance appropriée : papier, tissu de coton ou de laine, porcelaine dégourdie.

Les filtres en papier se confectionnent à plis ou sans plis. Quelques précautions doivent être observées dans l'emploi du filtre à plis : la pointe du filtre doit être enfoncée autant qu'il est possible dans la douille de l'entonnoir qui doit la supporter. Si l'on néglige cette précaution, une large surface de papier mouillé se trouve soutenir seule la charge du liquide et le filtre se déchire. Le meilleur mode de procéder consiste à introduire le filtre sans le déplier : la pointe pénètre alors bien à fond dans la douille. On le laisse ensuite s'ouvrir de lui-même, sous le poids du liquide que l'on y verse.

Lorsqu'on doit filtrer rapidement des quantités importantes de matière, on se sert d'un tissu de coton (calicot) ou de laine, que l'on tend sur un châssis rectangulaire, garni de clous sur sa face supérieure. On dispose le tissu de manière à ménager une poche assez profonde pour contenir le précipité.

Dans le cas de matières acides ou alcalines attaquant le

papier ou la fibre végétale, on se servira comme matière filtrante d'amiante ou de coton de verre, que l'on tassera en couche mince dans le fond de l'entonnoir.

Sous le nom de *papier renforcé*, M. E.-E.-H. Francis a décrit un papier à filtrer obtenu en mouillant du papier ordinaire avec de l'acide nitrique d'une densité de 1,42. Après quelques instants on lave à l'eau : le papier a acquis par ce traitement une résistance comparable à celle du papier parchemin, sans que ses propriétés filtrantes soient notablement diminuées. Il a perdu environ un dixième de son diamètre, son poids a diminué, ainsi que les cendres. Il n'y a pas dans ce traitement formation de pyroxyle.

Fig. 3. — Filtration sous pression réduite.

Ce papier renforcé possède une résistance à la traction décuple de celle du papier ordinaire : il peut être lavé et brossé dans l'eau comme du linge. Il convient donc parfaitement pour les filtrations où le précipité doit être détaché humide du filtre. Il se prête également bien aux filtrations à la trompe, évitant alors l'emploi du cône de platine. Enfin ces filtres se nettoient aisément et peuvent servir plusieurs fois.

Filtration sous pression réduite. — On accélère la filtration en réduisant la pression au-dessous du diaphragme filtrant au moyen de la trompe.

Le dispositif le plus usité consiste en un entonnoir dont la douille pénètre dans un bouchon de caoutchouc qui ferme une fiole conique en verre épais (fig. 3).

Cette fiole porte à la partie supérieure une tubulure latérale à laquelle vient s'adapter le caoutchouc qui la relie à la trompe.

L'entonnoir est garni, soit d'un filtre en papier, dont la pointe est soutenue par un petit cône de platine, soit d'un filtre en papier renforcé décrit plus haut, soit d'un disque en porcelaine percé de petits trous (plaque de Witt).

Si l'on se sert de cette plaque, on la recouvre avec deux rondelles de papier à filtre ordinaire, dont la première a exactement le même diamètre qu'elle, l'autre ayant un diamètre un peu supérieur (de 2 à 3 millimètres).

La trompe étant mise en action, on humecte les rondelles avec le liquide qu'il s'agit de filtrer, on applique sur le disque la première, puis la seconde, en les pressant avec les doigts de façon à boucher les interstices existant entre le bord du disque et la paroi de l'entonnoir. On obtient ainsi une fermeture qui permet à la dépression de s'établir. On verse alors la matière à filtrer. La filtration est très rapide, sauf dans le cas de précipités gélatineux qui bouchent les trous du papier. La filtration devient alors impossible.

Une autre disposition consiste à employer une cloche à douille posant sur une plaque de verre rodée. La communication avec la trompe est établie par une tubulure latérale. La douille porte un bouchon dans lequel s'engage l'entonnoir. Le liquide filtré est recueilli dans un vase disposé convenablement au-dessous de l'entonnoir.

Filtration sous pression. — Lorsqu'on a besoin de filtrer de grands volumes de liquides, on emploie des appareils qui sont des réductions des filtres-presses qu'utilise l'industrie. La substance filtrante n'est plus alors le papier, mais elle est constituée par des tissus plus résistants, tels que la toile, le molleton, la laine. La figure 5 représente un appareil fort pratique dont on comprend aisément le fonctionnement.

Fig. 4. — Entonnoir à filtration chaude.

Filtration chaude. — Si l'on doit filtrer des solutions saturées à chaud, il est indispensable d'empêcher que la cristallisation s'effectue au contact du filtre et des parois froides de l'entonnoir. Comme la cristallisation se produit surtout dans la douille de l'entonnoir, on la prévient en coupant cette douille. Si cet artifice n'est pas suffisant, on emploiera les *entonnoirs à filtration chaude*. On en trouve dans le commerce de différents modèles. En principe, ils se composent d'une enveloppe en cuivre qui épouse la forme de

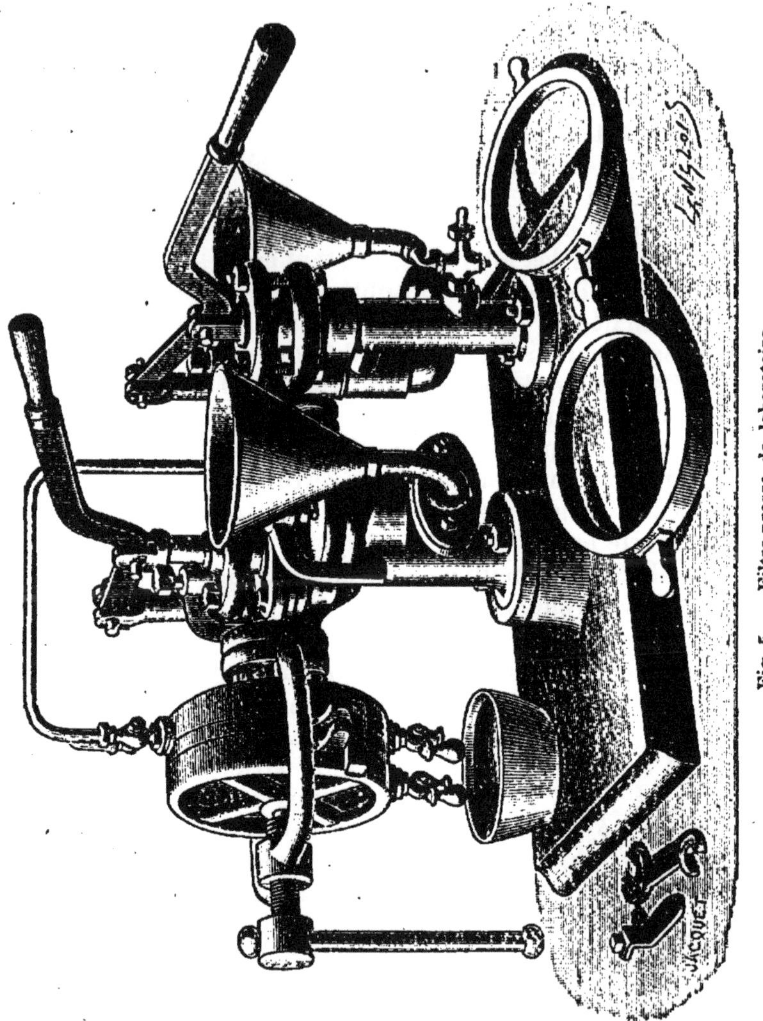

Fig. 5. — Filtre-presse de laboratoire.

l'entonnoir (fig. 4). On y place de l'eau ou de l'huile, que l'on chauffe soit au moyen d'une petite grille annulaire, soit par l'intermédiaire d'un prolongement tubulaire soudé à la base de l'enveloppe.

Dans les laboratoires où l'on dispose de vapeur d'eau, on enroule simplement autour de l'entonnoir un tube de cuivre ou de plomb dans lequel on fait circuler un courant de vapeur.

Pour essorer des cristaux fusibles à basse température, on a au contraire besoin de refroidir l'entonnoir. On peut se servir d'un appareil identique dans lequel on place de l'eau glacée ou du chlorure de méthyle. Suivant les besoins, il est très facile de réaliser la disposition la plus pratique.

Quand il s'agit de débarrasser une matière cristallisée du liquide qui l'imprègne, on emploie avec avantage des essoreuses, modèles réduits des grands appareils qu'utilise l'industrie.

III. — Concentration des solutions.

La concentration des solutions s'effectue par *évaporation* ou par *distillation*.

La rapidité de l'évaporation est proportionnelle à la surface libre du liquide. On devra donc employer pour cette opération des vases larges et bas, des capsules de porcelaine ou, pour de faibles quantités de liquide, des vases de Bohême. L'opération se fait en général au bain-marie. On n'emploie la flamme directe que dans le cas de solutions aqueuses très étendues, pour commencer l'évaporation; mais on la termine toujours au bain-marie, car autrement on serait sûr de décomposer la matière organique.

Il ne tarde pas à se former, au contact du liquide, une atmosphère saturée de vapeurs et l'évaporation se ralentit. On la rend plus active en renouvelant constamment la couche d'air. Pour cela, on dispose au-dessus de la capsule un tube faisant avec la surface du liquide un angle d'environ 30°, et on le relie avec une trompe soufflante. Le jet d'air vient raser la surface du liquide en l'agitant, et entraîne les vapeurs au fur et à mesure de leur formation.

Lorsque le dissolvant à éliminer est un liquide, comme l'alcool, l'éther, la ligroïne, le benzène, outre l'intérêt qu'il y a à le récupérer, on ne peut songer à l'évaporer à l'air libre. On se sert alors d'un appareil distillatoire. On pousse la distillation jusqu'au départ de la majeure partie du dissolvant; on transvase alors le résidu dans un vase plat et on termine l'évaporation au bain-marie ou bien on abandonne à l'évaporation spontanée.

S'il y a intérêt à évaporer à température aussi basse que possible, on emploiera le vide, soit en abandonnant la substance sous la cloche qui sert à la dessiccation, soit en distillant le dissolvant dans un appareil tel que celui qui sera décrit au chapitre de la Distillation.

IV. — Décoloration des solutions.

Le produit brut d'une réaction est en général plus ou moins coloré en brun ou en noir par des impuretés diverses. S'il est solide, on l'étendra encore humide avec une spatule sur une plaque ou sur une assiette de porcelaine poreuse, en l'écrasant autant que possible; les matières étrangères seront peu à peu absorbées par l'excipient.

Ce procédé ne réussit pas toujours. Il faut alors avoir recours au noir animal.

Le noir que l'on trouve dans les laboratoires possède, en général, un pouvoir décolorant assez faible, et de plus il est trop pulvérisé. Il faudra donc en employer des quantités assez notables.

La substance colorée sera dissoute dans un dissolvant approprié (eau, alcool, éther) et additionné de noir animal. Certains auteurs conseillent de chauffer le liquide à l'ébullition. En réalité, la décoloration s'effectue bien plus complètement à froid, et elle exige une moins grande quantité de noir.

On fera autant que possible un essai préalable sur une portion de la liqueur, pour se rendre compte approximativement des quantités que l'on doit employer, puis l'on traitera le reste de la dissolution. L'opération pourra être faite avantageusement dans un verre à pied; on agitera constamment la masse avec une baguette de verre, jusqu'à ce que la décoloration soit complète. On filtrera ensuite à la trompe, et on lavera deux ou trois fois le résidu avec de petites quantités de dissolvant.

La décoloration d'une solution ou d'un liquide n'est pas nécessaire lorsque la substance peut être distillée. Il arrive souvent aussi qu'une solution assez fortement colorée laisse déposer des cristaux presque blancs.

V. — Cristallisation.

La cristallisation peut avoir pour objet, non seulement de purifier un corps ou de le séparer d'un autre, mais aussi de l'obtenir en cristaux assez bien formés pour pouvoir être ensuite déterminés au goniomètre.

Dans ce dernier cas, on ne pourra donner que des préceptes

généraux, car l'obtention de beaux cristaux est souvent un effet du hasard plutôt que le résultat d'un tour de main.

CRISTALLISATION D'UN COMPOSÉ IMPUR. — Pour purifier une substance impure, on la fera cristalliser dans un dissolvant où les impuretés seront, ou beaucoup plus solubles ou beaucoup moins solubles que le corps lui-même.

De plus, le dissolvant devra remplir plusieurs conditions qui sont : d'être modérément volatil (de 35 à 150°); de ne dissoudre que peu de substance à froid et d'en dissoudre une notable quantité à chaud; de ne réagir d'aucune manière sur le composé dissous; de ne pas présenter de diminution brusque de la solubilité à une certaine température.

Dans bien des cas, on aura avantage à se servir d'un mélange de deux dissolvants; on dissoudra alors la substance soit dans le mélange, soit dans le dissolvant où elle est le plus soluble, pour ajouter ensuite l'autre dissolvant jusqu'à formation d'un trouble permanent. Toutefois cette dernière opération doit être faite à une température assez basse pour que la substance dissoute se dépose à l'état solide, et non à l'état surfondu.

La cristallisation peut être effectuée *par refroidissement* ou *par évaporation*. Le premier procédé peut être employé avec tous les dissolvants, il fournit un produit plus pur; le second exige l'emploi d'un dissolvant très volatil et peu hygroscopique : l'*éther*, le *chloroforme*, le *sulfure de carbone*, l'*acétone*, l'*alcool méthylique* et l'*eau* dans certains cas, conviennent très bien à ce mode de cristallisation. On devra rejeter au contraire les *alcools supérieurs*, le *benzène* et le *toluène*, la *ligroïne*, etc., qui donnent souvent lieu à la formation de résidus sirupeux, incristallisables.

On se rendra compte avant tout de la solubilité de la substance dans les dissolvants usuels. A cet effet, on disposera dans des tubes à essais des quantités approximativement égales de substance, en les recouvrant de dissolvant. Si celui-ci possède à froid une action dissolvante notable, il ne pourra être utilisé que pour une cristallisation par évaporation. On chauffera ensuite à l'ébullition, on filtrera les liqueurs sur des verres de montre et l'on évaporera soit à froid, soit au bain-marie, de façon à pouvoir comparer les résidus. On choisira le ou les dissolvants qui dissolvent le plus de substance à chaud, et qui l'abandonnent le plus facilement par refroidissement à l'état cristallisé.

Ce choix étant fait, on introduit la substance dans un ballon rond, de capacité telle qu'il ne soit rempli qu'aux deux tiers lorsqu'on aura ajouté la quantité de dissolvant suffisante pour tout dissoudre; ce dissolvant est ajouté par petites portions jusqu'à ce que la dissolution soit complète. De cette façon, on évite d'ajouter de trop grandes quantités de liquide, qui empêcheraient la cristallisation de s'effectuer après refroidissement.

L'ébullition du liquide devant être courte, on condensera suffisamment les vapeurs en adaptant au ballon un tube en verre mince d'environ 80 centimètres de longueur.

La dissolution étant opérée, on filtre la liqueur bouillante sur un filtre à plis, soit dans un entonnoir coupé, soit dans un entonnoir à filtration chaude (voy. Filtration). On recueille le liquide filtré dans un cristallisoir ou dans une capsule, jamais dans un ballon, et on laisse la cristallisation s'effectuer d'elle-même par refroidissement. Celui-ci doit être assez rapide pour que les cristaux soient petits, sans cependant que la liqueur se prenne en masse.

Si le dépôt des cristaux ne s'effectue pas assez rapidement, on pourra l'accélérer en plaçant le cristallisoir sous une cloche dans laquelle on fera le vide. On peut aussi provoquer la cristallisation en ensemençant la liqueur avec une portion de la substance solide. Mais, avec les composés organiques, ce procédé ne réussit la plupart du temps que lorsque la solution est fortement sursaturée; la cristallisation se produit alors trop vite et fournit une matière impure.

Dans le cas où le dépôt des cristaux serait trop rapide, on pourra chauffer de nouveau la liqueur filtrée en ajoutant un peu du dissolvant, jusqu'à dissolution complète, et laisser ensuite refroidir très lentement, par exemple en plaçant le cristallisoir sous un grand entonnoir et sur un bain-marie chaud.

La cristallisation par évaporation doit être employée surtout lorsqu'on veut obtenir de beaux cristaux. Elle peut être accélérée en plaçant la solution dans une cloche, sur un déshydratant (acide sulfurique, chlorure de calcium, chaux vive), et en faisant le vide dans l'appareil.

Dans les deux cas, on arrêtera l'opération lorsque la moitié ou les deux tiers de la substance se seront déposés. On enlèvera soigneusement les croûtes qui peuvent surnager ou être attachées au bord du récipient, et l'on essorera les cristaux sur une plaque de Witt en recueillant le liquide dans un vase à filtration rapide (voy. Filtration). Les cristaux seront ensuite lavés sur le filtre avec de petites portions du dissolvant froid, et séchés sur du papier à filtrer, ou mieux sur des plaques poreuses, à l'étuve ou dans le vide sur l'acide sulfurique.

Dans le cas d'un corps hygroscopique ou déliquescent, ces opérations devront être effectuées très rapidement, et la dessiccation sera faite dans le vide sur une plaque poreuse.

Les eaux mères, réunies aux eaux de lavage, seront évaporées ou réduites par distillation, de façon à obtenir une deuxième, puis une troisième cristallisation. On devra toutefois prendre garde que l'on obtient ainsi des fractions de moins en moins pures, car les impuretés s'amoncellent dans les eaux mères.

Si ces impuretés sont moins solubles que la substance à purifier, elles se déposeront d'abord; cela nécessitera une deuxième, peut-être une troisième filtration. De même, lorsqu'on se sert d'un mélange de deux dissolvants comme il a été dit plus haut, il arrive souvent que les premières portions ajoutées du deuxième liquide précipitent des matières résineuses; ces matières seront séparées par filtration à la trompe.

Cristallisation fractionnée. — Lorsque deux corps ne peuvent être séparés par des extractions et que leurs solubilités et leurs proportions relatives dans le mélange sont assez différentes, on peut les séparer par des cristallisations fractionnées.

Si le corps le plus soluble est le plus abondant, on prendra des quantités de dissolvant suffisantes pour dissoudre la plus grande partie du mélange; on filtrera le résidu, qui sera constitué en majeure partie par le composé le moins soluble, et l'on évaporera la liqueur filtrée. Le résidu de cette évaporation, enrichi en substance soluble, sera traité de la même façon jusqu'à ce qu'il soit homogène.

Dans le cas contraire, on traitera le mélange par un excès de dissolvant; les portions qui se déposeront les premières seront traitées de la même façon, et l'on obtiendra ainsi rapidement le composé insoluble à l'état de pureté. Le résidu des eaux mères sera traité comme dans le premier cas.

On peut aussi dissoudre le mélange des deux substances dans un dissolvant commun à toutes deux, et précipiter ensuite des fractions successives par l'adjonction d'un autre dissolvant dans lequel les deux substances seront beaucoup moins solubles. Dans ce cas, la substance qui se trouve en plus grande proportion dans le mélange se précipitera la première.

Au cas où aucune de ces méthodes ne pourrait être appliquée, on tâcherait d'obtenir des cristaux aussi volumineux que possible, et on les trierait ensuite à la loupe. Enfin, comme dernière ressource, on aura recours à des procédés chimiques pour effectuer la séparation, c'est-à-dire que dans le cas de deux acides, par exemple, on transformera ceux-ci en éthers cristallisables, qu'on fractionnera, et l'on saponifiera ensuite chaque fraction.

Cristallisation des matières sirupeuses. — Il arrive fréquemment qu'on obtient, par évaporation d'une solution, un résidu sirupeux qui ne cristallise pas, à cause de la présence d'une trop grande quantité d'impuretés. Dans un pareil cas, on cherchera à provoquer la solidification soit par l'adjonction d'un germe, soit en refroidissant la masse à aussi basse température que possible (mélange de sel et de glace, chlorure de méthyle, etc.).

On arrive souvent au résultat voulu en étendant le sirop sur une plaque poreuse, et en plaçant celle-ci sous une cloche où l'on fait le vide. Au bout d'un temps assez court, la majeure partie du liquide est absorbée par la plaque, tandis que le restant s'est solidifié et peut alors être obtenu cristallisé par les procédés habituels.

Obtention de cristaux mesurables. — Pour obtenir des cristaux mesurables et bien formés, il faut que la cristallisation s'opère lentement et par évaporation spontanée.

On choisira donc un dissolvant dans lequel la substance soit assez soluble à froid, et l'on préparera une dissolution à peu près saturée. Cette dissolution sera placée dans un cristallisoir qu'on recouvrira d'une feuille de papier à filtrer et qu'on abandonnera dans un endroit tiède, à l'abri de toute variation brusque de température et de toute commotion.

Le dissolvant devra être choisi après de nombreux essais préliminaires effectués sur un verre de montre; on prendra de préférence l'eau, l'alcool méthylique ou éthylique, le chloroforme et l'acétone; le benzène est moins à recommander.

Si l'on se sert de mélanges, on aura soin de choisir des liquides miscibles en toutes proportions. On prendra, par exemple, l'eau avec l'alcool ou avec l'acide acétique; la ligroïne et l'éther avec le chloroforme ou le benzène, etc. L'expérience personnelle peut d'ailleurs seule servir de guide dans chaque circonstance particulière.

VI. — Sublimation.

Cette méthode de purification des corps solides volatils consiste à obtenir des cristaux par refroidissement de la vapeur. Elle est applicable aux substances qui ont une tension de vapeur sensible à une température très voisine de leur point de fusion. C'est le cas par exemple de l'iode, du camphre, qui, chauffés, se volatilisent sans avoir pris au préalable l'état liquide. Quand le corps a une tension de vapeur appréciable à la température ambiante, une faible élévation de température en un point suffit à produire la sublimation. Dans les collections, les flacons renfermant le camphre, l'iodure d'éthylène, le chlorure d'iode, sont tapissés de cristaux du côté exposé à la fenêtre, quand la température de la pièce est plus élevée que celle du dehors.

Fig. 6. — Verres de montre pour la sublimation.

Un appareil à sublimation se compose de deux parties : un générateur de vapeur où la substance est chauffée à la température juste nécessaire pour produire la vaporisation et une paroi froide où s'effectue la condensation. Pour de petites quantités de matière, on emploie deux verres de montre de même diamètre, réunis par les bords et maintenus l'un contre l'autre au moyen d'une bride en clinquant. Pour des

Fig. 7. — Creuset pour la sublimation.

quantités plus importantes, on prend un creuset de porcelaine que l'on bouche en plaçant sur l'ouverture une feuille de papier à filtre et en enfonçant par-dessus le couvercle. On refroidit au besoin le couvercle au moyen de rondelles de papier à filtre que l'on imbibe d'eau avec une pissette. La matière est placée sur le verre de montre inférieur ou dans le fond du creuset. Elle peut être recouverte d'une rondelle de papier à filtre qui a pour mission de filtrer les vapeurs. On chauffe très lentement sur un petit bain de sable. L'opération terminée, on trouve le verre de montre supérieur, ou la feuille de papier intercalée entre le couvercle et le creuset, ainsi que les parois du creuset lui-même couvertes de cristaux. On purifie ainsi l'oxalate de méthyle, l'anthracène, l'alizarine, l'anthraquinone, etc.

VII. — Dessiccation.

La dessiccation s'effectue par différents procédés. Celui qui consiste à chauffer la substance à une température suffisante pour que la partie volatile soit éliminée est le plus simple. On emploie à cet effet des *étuves*.

Une étuve est constituée par une caisse en cuivre à double paroi, entourant l'enceinte dans laquelle on dispose, sur des tablettes, les substances à dessécher. Dans l'enveloppe extérieure, on place, suivant la température que l'on veut obtenir, de l'eau ou de l'huile. Dans le premier cas, l'étuve est surmontée d'un serpentin réfrigérant dans lequel viennent se condenser les vapeurs; si le liquide employé est de l'huile, un thermomètre plongeant à l'intérieur du bain en fait connaître la température. Le liquide est chauffé par une petite rampe de gaz. La porte est percée d'une ouverture munie d'un papillon qui permet de régler le courant d'air qui circule à l'intérieur, appelé par une petite cheminée.

On a imaginé un certain nombre de *régulateurs* très ingénieux qui permettent de maintenir rigoureusement constante la température d'une étuve à huile.

Les étuves que l'on construit ordinairement perdent par rayonnement une forte quantité de chaleur. Elles sont, en été, une cause de gêne dans le laboratoire. De plus, les becs employés brûlent incomplètement le gaz, et les produits de cette mauvaise combustion, auxquels on n'a ménagé aucune issue, viennent vicier l'air. C'est pour éviter ces inconvénients que M. Friedel a fait construire pour les laboratoires de la nouvelle Sorbonne des étuves d'un modèle particulier. L'étuve est entourée d'une seconde enveloppe en tôle dans laquelle circulent les gaz de la combustion qu'une cheminée emmène à l'extérieur. Sur la paroi supérieure, se trouve une couche de sable qui diminue la perte par rayonnement et qu'on peut utiliser comme bain de sable.

Une disposition ingénieuse d'étuve à eau est celle qui consiste à utiliser le chapiteau de l'alambic qui sert à la préparation de l'eau distillée.

Si la matière que l'on veut dessécher ne peut être chauffée sans inconvénient, on opère la dessiccation à la température ordinaire. Pour cela on emploie une cloche à douille reposant sur un plan de verre rodé, ou bien les appareils spéciaux connus sous le nom de *dessiccateurs*.

On prend comme substance desséchante, s'il s'agit d'enlever de l'eau ou de l'alcool, le chlorure de calcium ou l'acide sulfurique. C'est ce dernier qui convient le mieux. On place de l'acide ordinaire, à 66° B., dans un large cristallisoir, si l'on emploie une cloche, ou simplement dans le fond du dessiccateur. Il faut se rappeler que l'absorption de la vapeur d'eau n'a lieu que par la surface de l'acide. Rien ne sert donc d'employer une grande quantité de ce dernier : il suffit d'en verser sur une hauteur d'environ 1 centimètre et de le renouveler lorsqu'il est hydraté. On atténuera ainsi la gravité des accidents causés par les projections d'acide qui se produiraient si la cloche venait à se rompre quand on y fait le vide.

M. Brühl a proposé de placer la substance desséchante à la partie supérieure de l'appareil. Cette disposition est plus rationnelle, car l'air humide, plus léger, gagne toujours le sommet; elle permet une dessiccation plus rapide, mais elle est moins pratique et ne semble pas avoir été adoptée, du moins en France.

Si l'on veut absorber des vapeurs de benzène, d'éther de pétrole ou d'autres hydrocarbures, on réussira bien en remplaçant l'acide sulfurique par des fragments de paraffine ou des vieux bouts de tube de caoutchouc.

On accélère la dessiccation en faisant le vide dans l'appareil, ce qui facilite la formation des vapeurs. On dispose alors dans la douille de la cloche un tube à robinet qui permet de la relier avec la trompe à eau.

Si la substance est imprégnée d'un acide volatil, chlorhydrique, acétique, on placera à côté de l'acide sulfurique un autre vase contenant de la chaux qui absorbera les vapeurs acides [1].

Enfin, pour les corps qui retiennent énergiquement le dissolvant, on combinera l'action de la chaleur et celle du vide. La substance sera placée dans un tube ou dans un ballon muni d'une rentrée d'air (voyez *Distillation*) et chauffée dans un bain-marie ou dans un bain d'huile.

Pour les corps liquides volatils, la dessiccation s'opère en employant le chlorure de calcium fraîchement fondu. Dans certains cas on lui préfère le carbonate de potassium sec, le sulfate de sodium anhydre. On trouvera dans la seconde Partie des exemples particuliers de ces modes opératoires.

VIII. — Distillation.

L'opération de la distillation consiste à réduire par l'action de la chaleur un corps en vapeurs, que l'on condense ensuite par refroidissement. Elle sert à séparer un corps volatil des matières fixes qui l'accompagnent.

La *distillation fractionnée* permet la séparation de matières volatiles dont les points d'ébullition sont différents.

Distillation proprement dite. — *Distillation sous la pression normale.* — Le plus ancien appareil distillatoire est la cornue, l'ancienne *retorte* des alchimistes. Son emploi est peu fréquent comme appareil distillatoire proprement dit dans les laboratoires de chimie organique. On lui préfère un ballon muni d'un tube à dégagement, soit mobile et traversant le bouchon, soit soudé au col même du ballon. Les figures 2 et 10 montrent ces deux dispositions.

L'appareil de condensation varie suivant les liquides sur lesquels on opère. Pour les liquides très volatils, dont la condensation demande une large surface réfrigérante, on emploie quelquefois un serpentin de verre ou de métal traversant un

1. Le débutant doit être mis en garde contre une erreur dans laquelle il manque rarement de tomber. Ayant disposé son appareil dessécheur, cloche ou dessiccateur, il laisse fonctionner la trompe pendant des heures. Consommation d'eau inutile, car une fois la dépression établie dans l'appareil, s'il n'y a pas de rentrée d'air, elle doit se maintenir, puisque l'acide sulfurique absorbe les vapeurs d'eau qui se dégagent. En laissant subsister la communication avec la trompe, on use inutilement son acide sulfurique à absorber la vapeur d'eau que celle-ci émet continuellement.

vase où circule de l'eau que l'on refroidit au besoin par addition de glace. Mais l'appareil le plus usité est le réfrigérant imaginé par Liebig. Il se compose de deux tubes concentriques disposés comme le montre la figure 8. Dans l'espace annulaire circule un courant d'eau froide que l'on obtient en reliant par un caoutchouc la tubulure inférieure à un robinet placé sur la canalisation du laboratoire. L'eau qui a circulé sort par la tubulure supérieure et est évacuée par l'intermédiaire d'un caoutchouc.

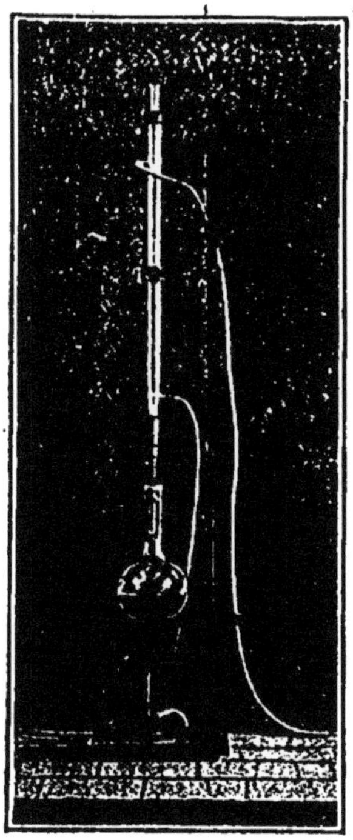

Fig. 8. — Réfrigérant à reflux vertical.

Le tube intérieur doit être d'un large diamètre et en verre mince, afin d'assurer une bonne condensation. Il se compose en général d'un tube large auquel on soude un tube de plus faible diamètre. On façonne en biseau l'extrémité de ce dernier, afin de faciliter l'écoulement des gouttes. S'il s'agit de liquides neutres et très volatils, éther, alcool, benzène, il y a intérêt à employer un tube de métal, cuivre, plomb ou étain, dont la meilleure conductibilité assure une condensation plus parfaite.

Ce tube intérieur est relié à l'appareil distillatoire par l'intermédiaire de bouchons de liège ou de caoutchouc, suivant la nature du liquide en expérience. On recueille le liquide condensé à l'autre extrémité, soit en inclinant le récipient, soit en intercalant un tube intermédiaire coudé qui permet de maintenir le récipient vertical.

Le réfrigérant peut être disposé *ascendant*, ou *à reflux*, lorsqu'il s'agit de soumettre un liquide volatil pendant un certain temps à l'ébullition en faisant refluer constamment les vapeurs. On le dispose alors soit verticalement comme dans la figure 8, soit incliné, en le reliant par un tube coudé comme dans la figure 9.

Parmi toutes les formes de réfrigérants que l'on a proposées, nous devons mentionner le réfrigérant de M. Bidet, à cause de sa grande puissance. La disposition ordinaire s'y trouve renversée, l'eau circule à l'intérieur du système annulaire, les vapeurs à l'extérieur. La surface réfrigérante se trouve ainsi largement augmentée, et l'action de l'air vient s'ajouter à celle de l'eau.

Si le point d'ébullition du liquide dépasse 130°, on doit rejeter le réfrigérant à eau. Outre qu'il est inutile d'employer dans ce cas une réfrigération intense, l'afflux de vapeurs à haute température contre une paroi froide en verre amènerait

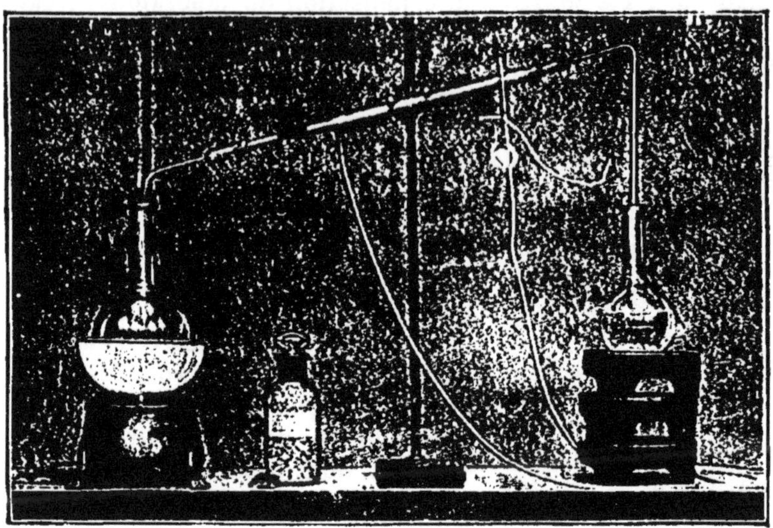

Fig. 9. — Réfrigérant à reflux incliné.

infailliblement la rupture de celle-ci. On emploie alors un simple tube mince en verre, d'une longueur de 50 à 60 centimètres; la réfrigération est opérée par l'air, et elle est très suffisante.

Enfin au-dessus de 200°, pourvu que l'on n'ait pas à distiller des masses trop fortes de liquide, on peut supprimer tout réfrigérant. La condensation s'opère sur les parois du tube abducteur et du récipient.

Distillation sous pression réduite. — Lorsque l'action de la chaleur provoque une décomposition du liquide, on peut abaisser notablement la température d'ébullition en opérant sous pression réduite. Le vide nécessaire est obtenu au moyen de la trompe à eau dont sont pourvus tous les laboratoires possédant une pression d'eau suffisante.

Les vases destinés à tenir le vide doivent naturellement être choisis résistants. Les ballons d'épaisseur moyenne conviennent bien pour cet usage; les fioles à fond plat doivent être rejetées, leur forme ne leur donnant pas une résistance suffisante.

On relie la trompe au récipient où se condensent les vapeurs au moyen de caoutchoucs entoilés spéciaux. On intercale entre les deux un manomètre à mercure qui indique la pression existant à l'intérieur de l'appareil.

Les manomètres employés sont de deux sortes. Un simple tube d'un diamètre de 5 à 6 millimètres, plongeant dans un vase contenant du mercure, et placé devant une échelle graduée

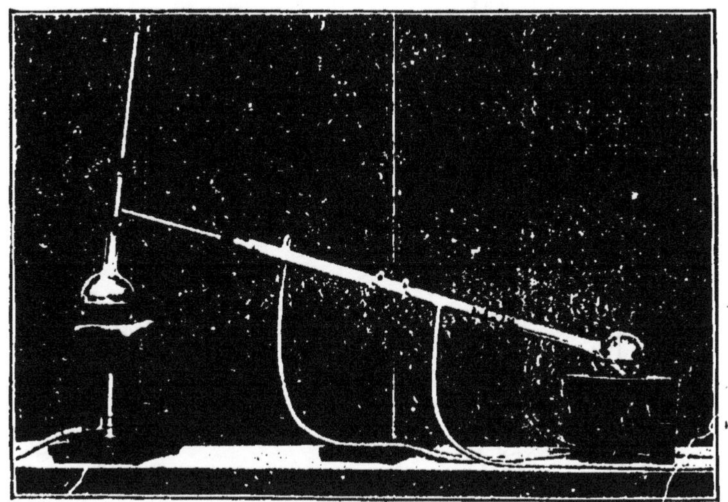

Fig. 10. — Distillation sous pression réduite.

en millimètres constitue le plus simple des manomètres. Il convient dans ses indications de tenir compte de la pression barométrique du moment.

On construit également des manomètres qui indiquent la pression absolue. Analogues au manomètre tronqué des machines pneumatiques, ils sont constitués par un tube recourbé en U. Une branche est fermée, l'autre communique avec les appareils. Du mercure remplit toute la branche fermée et une partie de la branche ouverte. Lorsque le vide s'établit, le mercure descend dans la première et monte dans la seconde. La valeur de la pression est donnée par la distance entre les deux niveaux.

Avec ce dispositif, on doit prendre de minutieuses précautions pour éviter toute introduction d'air ou de liquide volatil dans la branche fermée. Il se forme alors dans cette branche une chambre de vapeur, et les indications de l'appareil n'ont plus aucune valeur

Les figures 10 et 11 montrent la disposition de deux appareils employés pour distiller sous pression réduite. Dans la pre-

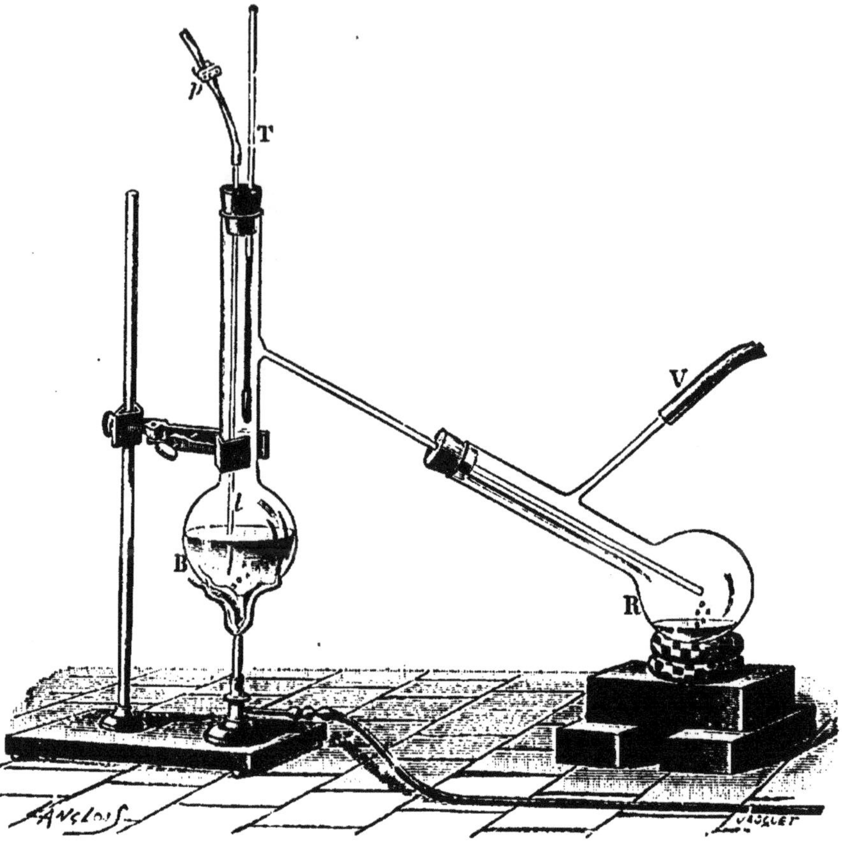

Fig. 11. — Distillation sous pression réduite avec rentrée d'air.

mière, le liquide étant assez volatil, on a utilisé un réfrigérant à eau. Dans la seconde, le réfrigérant a été supprimé, le tube abducteur débouche dans un second ballon tubulé relié au manomètre. C'est le cas le plus général.

Qu'il s'agisse de distiller sous la pression normale ou dans le vide, le ballon générateur est chauffé soit dans un bain-marie, soit dans un bain d'huile, soit directement à la flamme d'un brûleur de Bunsen que l'on tient à la main, et que l'on fait tourner de manière à envelopper le ballon tout entier avec la flamme et à éviter les surchauffes locales qui ne manqueraient pas de se produire, surtout avec les liquides un peu huileux, dont l'ébullition n'est pas régulière. On facilite l'ébullition dans le premier cas en plaçant dans le liquide des fragments de brique ou de pierre ponce, ou de petits fragments de tubes capillaires de verre. Si l'on distille dans le vide, on pratique une *rentrée d'air*. Pour cela, on ajuste dans le bouchon du ballon, à côté du thermomètre, un tube de verre portant un prolongement étiré à la lampe. Cette partie étirée plonge dans le liquide. L'autre extrémité est fermée par un petit tube de caoutchouc sur lequel on place un bout de baguette de verre ou une pince à vis que l'on serre à bloc. Il reste néanmoins une fissure suffisante pour assurer une rentrée d'air qui facilite l'ébullition, en même temps qu'elle agite le liquide et empêche la surchauffe.

DISTILLATION FRACTIONNÉE. — La distillation fractionnée a pour but de séparer des liquides ayant des points d'ébullition différents. Elle s'opère également à la pression normale et sous pression réduite.

Les appareils employés, comme les grands appareils industriels qui servent à la rectification de l'alcool, de l'éther, des benzols, sont basés sur deux principes : l'analyse des vapeurs par la condensation, et leur barbotage à travers le liquide condensé. La théorie de ces appareils a été longuement étudiée; il en existe une très grande quantité. Nous ne nous arrêterons ici qu'aux trois plus simples, les autres ne présentant sur eux que des inconvénients, sans être plus puissants.

Tube à perles. — Il est fort simple, robuste, et peut être construit par le chimiste sans le secours d'un ouvrier. Un tube de verre d'un diamètre de 15 à 20 millimètres est rétréci à la partie inférieure. Cette partie s'engage dans le bouchon du ballon générateur. A la partie supérieure, à 4 ou 5 centimètres du bord, est soudé un tube abducteur communiquant avec un réfrigérant. Le tube est garni avec des perles de verre ou de porcelaine.

On comprend aisément son fonctionnement. Il se produit un barbotage énergique des vapeurs : les parties les plus volatiles gagnent le sommet du tube et vont au réfrigérant. Un thermomètre indique leur température. Cet appareil fonctionne bien jusqu'à 140-150°, à condition qu'on l'entoure de papier ou de toile d'amiante dès qu'on arrive à 120°. Au delà, il s'engorge et ne fonctionne plus.

Tube Henninger-Le Bel. — La figure 12 représente cet appareil. Il se compose d'une série d'ampoules de verre communiquant entre elles par un tube dont le diamètre doit varier suivant la volatilité des liquides sur lesquels on opère. Leur communication est encore assurée par des tubes latéraux de faible diamètre servant au reflux des liquides condensés. Les étranglements ménagés entre les ampoules portent des corbeilles de toile ou de fil de platine. Nous renverrons pour la théorie de la distillation fractionnée et l'étude complète de cet appareil à l'excellent article d'Henninger-Le Bel (*Dictionnaire de Wurtz*, 1er Supplément, article DISTILLATION, p. 662).

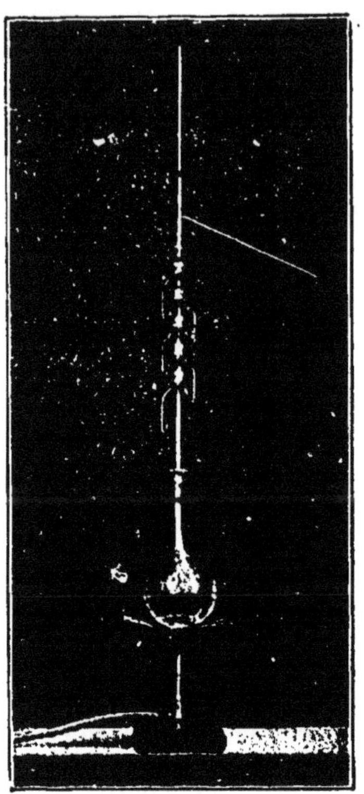

Fig. 12. — Tube Henninger-Le Bel.

Pour des liquides bouillant jusqu'à 120°, on peut employer un appareil à 15 et même à 20 boules, constitué par des tronçons de 5 boules réunis par des rodages. De 120 à 150°, on se servira de 10 boules; de 150 à 200°, 5 boules suffisent. Enfin, au-dessus de 200°, on ne peut guère prendre plus de 3 ou 4 boules. Toutes les fois que le liquide bout au-dessus de 100°, il est bon de protéger l'appareil contre le refroidissement de l'air en l'entourant d'un manchon de papier. Sans cette précaution, on risque de voir les boules s'engorger et les siphons ne plus fonctionner.

Serpentin Schlœsing-Le Bel. — Cet appareil est de beaucoup plus simple et moins fragile que le précédent. Le barbotage y est supprimé et remplacé par le contact continu des vapeurs ascendantes avec le liquide qui ruisselle sur les parois. La figure 13 le représente. Il est d'un emploi très commode, à cause de son peu de hauteur et de sa grande solidité. Sa puissance est comparable à celle du tube à boules. Il est surtout précieux pour les liquides bouillant au-dessous de 100°, à cause de sa grande surface condensante.

Pour être efficace, la distillation fractionnée doit être entourée de précautions minutieuses. Quand il sera possible, le liquide sera placé dans un vase métallique où l'ébullition se fait plus régulièrement. On s'efforcera de régler la flamme du brûleur de telle sorte que le liquide coule au bec du réfrigérant goutte à goutte, d'un mouvement uniforme. Pour cela, le feu doit être maintenu parfaitement régulier, et l'appareil

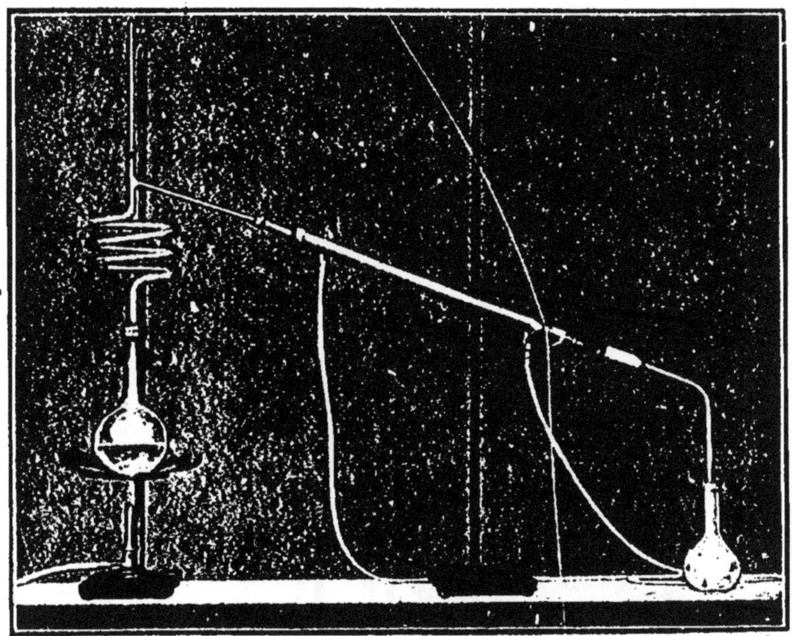

Fig. 13. — Serpentin Schlœsing-Le Bel.

préservé des courants d'air. On règle le feu, non pas avec le robinet, mais avec une pince à vis placée sur le caoutchouc, dispositif qui permet de régler plus rigoureusement l'admission du gaz. D'une manière générale, on doit commencer la distillation fractionnée avec l'appareil le plus puissant qu'on ait à sa disposition, en tenant compte naturellement du point d'ébullition du liquide.

La distillation fractionnée est un moyen de purification qu'on ne doit employer qu'après avoir épuisé les moyens chimiques, car il est souvent illusoire. Enfin, il convient de n'attacher qu'une importance relative aux fractions fournies par une première, une deuxième et même une troisième opération; au fur et à mesure qu'on avance on voit les points d'ébullition se modifier considérablement. Il faut n'opérer que sur des substances parfaitement desséchées, la présence de la vapeur d'eau

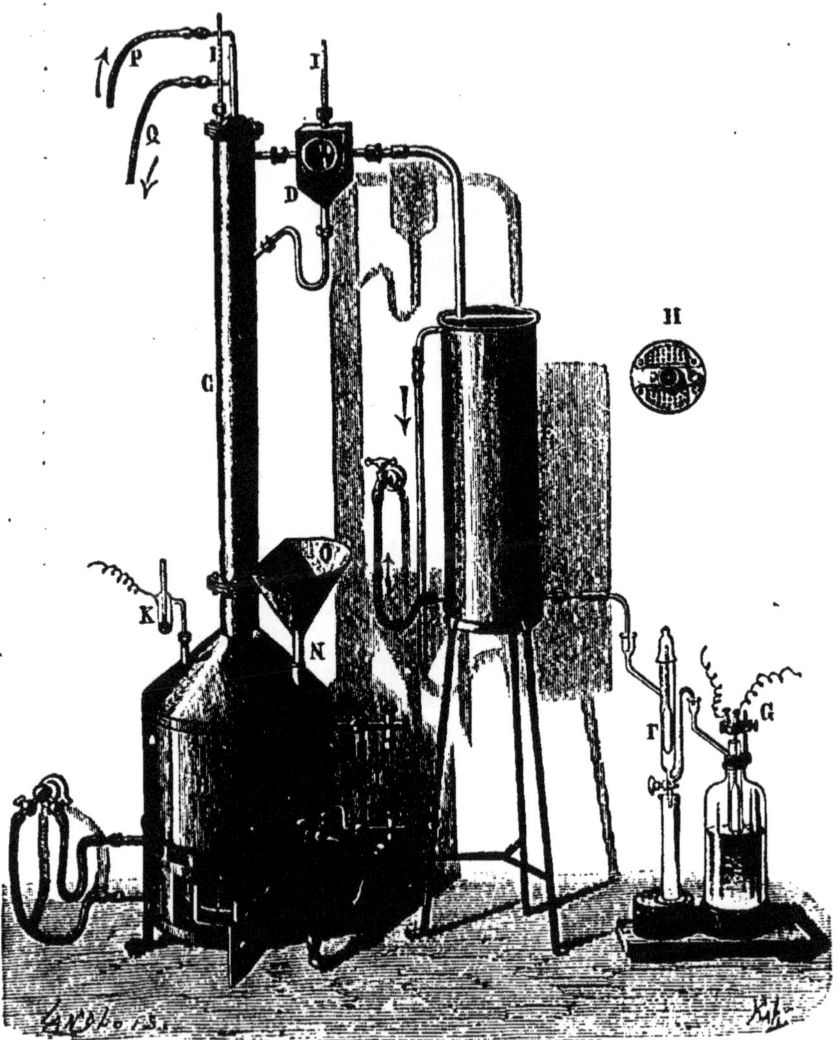

Fig. 14. — Appareil Claudon-Morin.

étant une cause importante de perturbation. On remarquera aussi que la présence de corps résineux dans le ballon distillatoire élève notablement le point d'ébullition des parties distillées, surtout quand on fractionne dans le vide sans appareil rectificateur.

On recueille à part les différentes fractions, puis on les repasse séparément dans l'appareil; on recommence avec les nouvelles fractions obtenues, et ainsi de suite jusqu'à ce qu'on obtienne des parties importantes ayant des points d'ébullition constants.

Appareil Claudon-Morin. — Dans certaines recherches, par exemple lorsqu'on étudie les pétroles, les produits de la distillation du bois ou des fermentations, on doit opérer des fractionnements sur des quantités de liquide telles que les dimensions des appareils de laboratoire deviennent beaucoup trop restreintes. On a alors recours à des appareils tels que celui de MM. Claudon et Morin dont nous donnons un dessin. La colonne C contient 10 plateaux où le barbotage s'effectue sur des disques de toile métallique. Ces plateaux sont montés sur un tube annulaire où l'on peut à volonté faire circuler de l'eau, ce qui permet de faire varier la condensation et par suite d'obtenir le meilleur barbotage possible. Le débit de cette eau doit être parfaitement constant; on y parvient en faisant au préalable passer l'eau par un vase de Mariotte.

La *distillation fractionnée sous pression réduite* s'opère couramment au moyen de l'appareil employé pour la distillation simple. L'emploi des appareils décrits dans le Chapitre précédent est assez délicat. Le tube à boules fonctionne généralement mal, par suite de l'irrégularité de l'ébullition. De plus, l'afflux brusque de vapeurs interdit presque toujours l'emploi des corbeilles ou spirales de platine. L'appareil qui donne les meilleurs résultats est encore le serpentin.

Il est indispensable de maintenir rigoureusement constante la pression à l'intérieur de l'appareil, les moindres variations amenant des écarts notables dans les températures d'ébullition. On y arrive simplement en intercalant entre la trompe et l'appareil distillatoire, un flacon d'une dizaine de litres qui remplit le rôle de volant et pare aux variations de débit de la trompe. Divers auteurs ont imaginé des régulateurs spéciaux, dont le principe se comprend aisément. On trouvera la description de l'un d'eux dans le *Dictionnaire de Wurtz* (2e Supplément, t. II, p. 313, art. Distillation).

IX. — Entraînement par la vapeur d'eau.

Un grand nombre de substances à points d'ébullition plus ou moins élevés jouissent de la propriété d'être entraînées par la vapeur d'eau. Grâce à cet artifice, on pourra les séparer d'autres substances qui demeurent fixes dans ces conditions. Ce procédé de purification est plus souvent employé pour les corps de la série aromatique (amines, phénols, phénols nitrés). On l'utilise par exemple pour séparer l'ortho-nitrophénol des isomères qui prennent naissance en même temps que lui dans la nitration du phénol. On peut même faire des fractionnements de substances inégalement volatiles avec la vapeur d'eau. C'est ainsi que V. Meyer a pu séparer le mono-nitrothio-

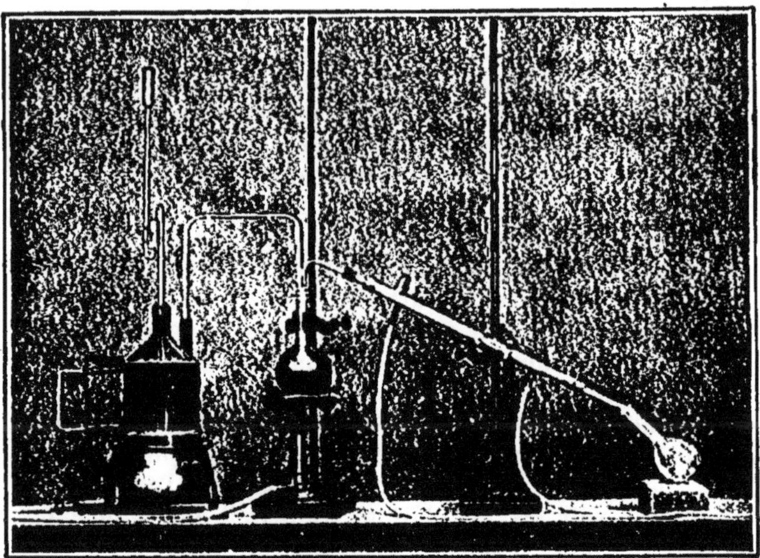

Fig. 15. — Entraînement par la vapeur d'eau.

phène du binitro-thiophène, le premier passant tout d'abord seul

La théorie de cette opération n'est pas élucidée, plusieurs facteurs intervenant à la fois dans le phénomène, le point d'ébullition, la tension de vapeur et le poids moléculaire.

On peut employer comme générateur de vapeur un ballon de verre muni d'un tube à dégagement et d'un long tube droit qui fait office de manomètre et de tube de sûreté. Pour régulariser l'ébullition, on place dans l'eau des fragments de charbon de bois ou des fils de platine. Il est plus commode de se servir d'une marmite de cuivre, telle que celle que représente la figure 15. La vapeur est amenée au fond du ballon où se trouve la matière soumise à l'entraînement. Les vapeurs qui se dégagent sont condensées dans un bon refrigérant.

A cause de la réfrigération par l'air, il se produit une condensation partielle de vapeur d'eau dans le ballon, qui finirait par s'emplir outre mesure; c'est pourquoi on chauffe celui-ci au-dessus d'une toile métallique, avec un bec de gaz dont on règle la flamme de telle sorte que le niveau du liquide reste sensiblement constant.

Une disposition recommandée consiste à incliner le ballon distillatoire de manière à contraindre les vapeurs entraînées à parcourir un chemin sinueux avant d'arriver au tube de dégagement. On évite ainsi, mieux qu'avec la première disposition, l'entraînement mécanique. Il faut naturellement donner une courbure spéciale au tube d'amenée de la vapeur.

Le liquide recueilli est abandonné dans un entonnoir à décantation, où la substance entraînée ne tarde pas à se séparer de l'eau.

CHAPITRE II

DÉTERMINATION DES CONSTANTES PHYSIQUES

I. — Point de fusion.

Le point de fusion est un des caractères les plus probants de la pureté d'un corps. La méthode la plus usitée pour sa détermination consiste à chauffer le corps au moyen d'un bain dans lequel plonge un thermomètre et dont on note la température au moment précis où se produit la fusion.

On introduit une parcelle de la substance dans un tube fin, long de 10 à 15 centimètres, fermé par un bout, que l'on obtient en étirant à la lampe un tube en verre mince, d'un diamètre de 5 à 6 millimètres. Le bain est constitué par de la paraffine blanche, de l'huile d'amandes douces ou de l'acide sulfurique. La paraffine et l'huile doivent être préférées à l'acide sulfurique. Ce dernier, en effet, ne peut servir longtemps; il devient rapidement brunâtre par suite du charbonnement des poussières de l'atmosphère qui y tombent; de plus il émet à chaud des vapeurs très désagréables.

Le vase le plus convenable pour contenir le bain est un vase de Bohême placé sur une toile métallique au-dessus d'un bec Bunsen.

Pour opérer, on chauffe lentement le bain, et on y plonge le tube contenant la matière, en même temps qu'un thermomètre qui s'engage dans un bouchon de caoutchouc fixé dans une pince, la partie du tube où se trouve la matière étant à la hauteur du réservoir du thermomètre. Il est commode de rendre le tube et le thermomètre solidaires au moyen d'une petite ligature de caoutchouc, de telle sorte qu'on puisse se servir de cet ensemble pour agiter constamment le bain. On observe en même temps la matière et la colonne mercurielle. Au moment de la fusion, la matière, qui était opaque, devient transparente en se liquéfiant. On note la température à cet instant.

On peut également déposer la substance à la surface d'un petit bain de mercure bien propre contenu dans un vase de Bohême chauffé sur un bec de gaz, et dans lequel plonge le réservoir d'un thermomètre. La fusion s'observe très facilement, la parcelle solide s'étalant brusquement à la surface du bain lorsqu'elle se liquéfie.

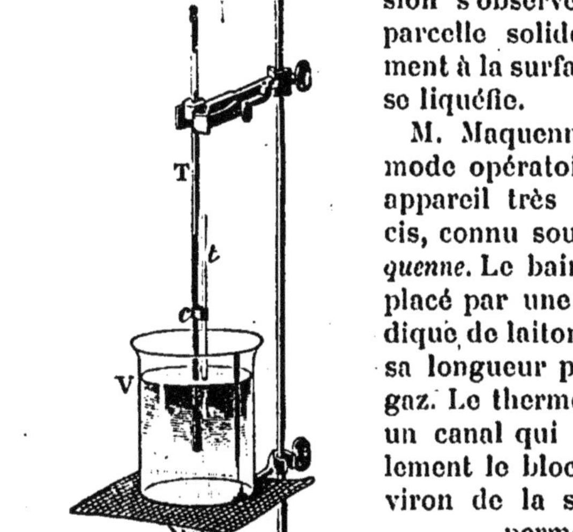

Fig. 16. — Détermination des points de fusion.

M. Maquenne a perfectionné ce mode opératoire et a imaginé un appareil très pratique et très précis, connu sous le nom de *bloc Maquenne*. Le bain de mercure est remplacé par une masse parallélépipédique de laiton, chauffée dans toute sa longueur par une petite grille à gaz. Le thermomètre est logé dans un canal qui traverse longitudinalement le bloc, à 3 millimètres environ de la surface. Ce dispositif permet d'éviter la correction qui devient absolument nécessaire lorsque le réservoir du thermomètre seul plonge dans le bain et qui peut atteindre 5° quand le corps fond vers 250°. La face supérieure du bloc est creusée de petites cavités, sur le fond desquelles on place la substance en expérience. Connaissant par une première expérience le point de fusion approché, on place le thermomètre de telle façon qu'il sorte du bloc à peu près à la hauteur de la division qu'atteindra le mercure lors de la fusion. On détermine alors à quel endroit se trouve le réservoir; c'est vers cette région que l'on placera la substance. On se trouve ainsi dans toutes les conditions requises d'exactitude. On chauffe rapidement jusqu'à environ 10° au-dessous du point approché, puis on élève la température très lentement : cette précaution est nécessaire, car, si l'on chauffe trop vite, l'équilibre de température ne s'établit pas entre le bloc et le thermomètre, d'où un certain retard dans les indications de celui-ci. On dépose alors la substance à la surface du métal. Le moment de la fusion est très facile à saisir.

Cet appareil indique des points de fusion absolument rigoureux. Il est le seul à employer lorsqu'on opère sur des corps qu'un chauffage prolongé décompose. On ne peut plus alors se servir de la première méthode, où il faut renfermer la substance dans un tube capillaire fermé. Le bloc permettant de ne l'exposer à l'action de la chaleur que lorsque le point de fusion est presque atteint, on n'a plus à craindre de décomposition.

La manière dont se comportent les corps en fondant donne

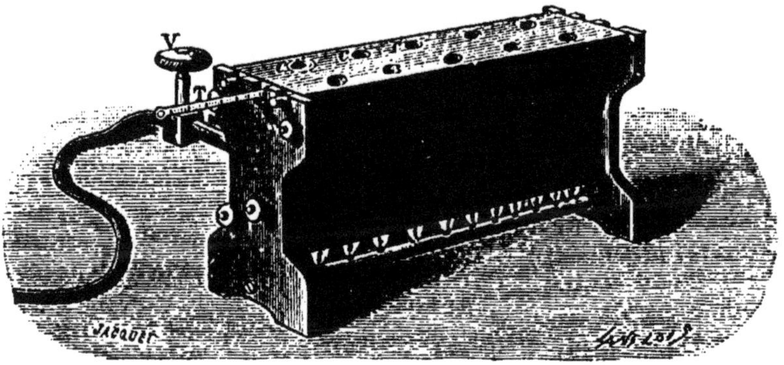

Fig. 17. — Bloc Maquenne.

des indications utiles sur leur état de pureté. Un corps pur fond brusquement entre 1 ou 2°, suivant la rapidité du chauffage. Au contraire, lorsqu'on opère sur un mélange, la fusion commence en un point, une partie du produit est liquéfiée que l'autre est encore solide. Lorsqu'on observe ce fait, on peut être certain que la matière examinée n'est pas pure, et qu'elle doit être soumise à de nouveaux traitements.

II. — Point d'ébullition.

Le point d'ébullition est aussi caractéristique pour les corps liquides volatils que le point de fusion pour les solides.

En général, il ne s'agit de déterminer le point d'ébullition que sous la pression atmosphérique. On n'opère sous pression réduite que lorsque le liquide se décompose à la température de l'ébullition.

L'appareil à employer se compose d'un ballon à distillation (voyez DISTILLATION) dans lequel on place le liquide. Le bouchon est percé d'un trou donnant passage à la tige d'un thermomètre. Le ballon est relié à un appareil condenseur. On chauffe le liquide jusqu'à l'ébullition. Les vapeurs s'élèvent dans le col du ballon, et commencent par se condenser sur les parois et sur le thermomètre. La colonne mercurielle monte et reste stationnaire lorsque le mercure et le verre de la tige ont pris la température de la vapeur. On note cette température et la pression atmosphérique du moment.

En chauffant le liquide, il faut avoir soin d'éviter de surchauffer la vapeur. On y arrive en coiffant le bec de gaz d'une petite cheminée tronconique en tôle, et en chauffant seulement le fond du ballon.

La colonne entière du thermomètre doit plonger dans la vapeur, sinon on obtient un point d'ébullition trop bas et sans signification précise, puisqu'il n'y a pas de comparaison possible; c'est l'indication qui se trouve dans certaines publications sous la désignation : *point d'ébullition non corrigé.* Cependant le réservoir doit être assez distant de la surface du liquide pour être à l'abri des projections de gouttelettes chaudes. On a construit pour cet usage des thermomètres spéciaux dans lesquels le point extrême de la graduation est situé à peu près au milieu de la longueur totale de la tige.

Pour régulariser l'ébullition du liquide, on s'en référera aux indications données au chapitre DISTILLATION.

Si l'on a très peu de liquide, on obtient un point d'ébullition approximatif en se servant d'un simple tube à essai portant un bouchon qui ne ferme pas exactement. Le thermomètre passant à travers le bouchon descend aussi près du liquide que possible. On chauffe avec une très petite flamme. La condensation s'effectue suffisamment le long des parois du tube.

Enfin on peut déterminer un point d'ébullition exact à 1 ou 2° près sur quelques décigrammes de liquide au moyen du dispositif suivant. Le liquide est introduit dans un petit tube en verre mince, de 3 à 4 millimètres de diamètre; ce tube est placé à côté d'un thermomètre dans un bain d'huile qu'on chauffe lentement. Au sein du liquide on fait descendre une petite cloche qu'on obtient en donnant un trait de chalumeau à quelques millimètres de l'extrémité d'un tube capillaire. Grâce à la bulle d'air qui s'y trouve emprisonnée, aussitôt que la température d'ébullition est atteinte, le liquide entre en ébullition. On n'a qu'à lire le thermomètre à cet instant.

III. — Solubilité.

Solides et liquides. — Pour déterminer la solubilité d'une façon exacte, on introduira dans un matras bien fermé une certaine quantité de dissolvant avec un excès de substance ; ce matras sera placé dans une enceinte à température constante *t*, et agité fréquemment. Au bout de quelques heures, on prélèvera, au moyen d'une pipette, un volume déterminé de la solution claire que l'on transvasera aussi rapidement que possible dans une capsule en porcelaine ou en platine, préalablement tarée, et l'on évaporera la solution, soit à chaud, soit à froid dans le vide sur l'acide sulfurique, jusqu'à poids constant. On connaîtra ainsi le poids de substance que dissolvent 100 parties (en volume) du liquide employé, à la température *t*. En multipliant ce poids par la densité du dissolvant, on obtiendra la *solubilité* rapportée au poids. C'est la constante qu'on désigne habituellement par la lettre *s*.

Cette méthode n'est pas applicable lorsque le corps dissous est volatil ou qu'il se décompose facilement. En pareil cas, on prélèvera un volume déterminé de la solution saturée et l'on déterminera la quantité de substance dissoute dans ce volume, soit par une titration, soit par un procédé chimique quelconque. S'il s'agit, par exemple, de déterminer la solubilité d'un éther dans le benzène, on saponifiera cet éther à aussi basse température que possible par une quantité connue d'alcali, et l'on titrera ensuite l'excès d'alcali.

Solubilité des gaz. — La seule méthode pratique consiste à saturer un poids donné de dissolvant par le gaz dont on veut déterminer la solubilité, jusqu'à ce qu'on ne constate plus d'augmentation de poids. Pour éviter toute perte de dissolvant, le passage du gaz devra être lent et la liqueur sera refroidie énergiquement si cela est possible, au moins pendant la première partie de l'opération.

Remarque. — Pour qu'une détermination de solubilité ait quelque valeur, il est nécessaire d'avoir une substance et un dissolvant absolument purs, car il arrive généralement que la présence d'une impureté augmente la solubilité des solides et des liquides et diminue celle du gaz.

IV. — Densité.

Corps solides. — La densité d'un solide peut être déterminée pratiquement par deux méthodes : la *méthode du flacon* et la *méthode des liquides.*

Méthode du flacon. — Cette méthode consiste à déterminer successivement le poids p d'une certaine quantité de la substance, et le poids p' du volume d'eau déplacé par la même quantité de substance. La densité cherchée D est égale au rapport $\frac{p}{p'}$.

La condition absolue pour que cette méthode soit applicable est que le composé étudié soit insoluble dans l'eau, et que celle-ci ne réagisse pas sur lui. Dans le cas contraire, on se servira d'un autre liquide peu volatil dont la densité d par rapport à l'eau aura été déterminée au préalable. La densité D sera alors égale au produit $d \times \frac{p}{p'}$.

Le flacon à densité se compose d'un réservoir, dont le col est rodé de façon à recevoir un bouchon joignant hermétiquement; ce bouchon est percé d'un orifice et prolongé par un tube capillaire évasé à sa partie supérieure. Au milieu de ce tube se trouve gravé un trait.

Pour effectuer une détermination, on commence par enlever le bouchon et par remplir le flacon, de telle sorte que le liquide affleure le bord supérieur. On enfonce alors rapidement le bouchon; le liquide s'élève dans le tube capillaire, au-dessus du trait, si l'appareil est bien construit. Après avoir essuyé soigneusement l'extérieur du flacon, on l'abandonne pendant un quart d'heure près de la balance, de façon à permettre au liquide de prendre la température ambiante. Puis, au moyen d'un tortillon de papier de soie, on essuie la cupule et l'intérieur du tube capillaire jusqu'au trait, qui doit être affleuré par le bas du ménisque. Ceci fait, on effectue la pesée.

On déterminera d'abord le poids de l'eau ou du liquide choisi contenu dans le flacon, à une certaine température qui sera notée, puis l'on introduira dans le flacon vide la substance solide bien pulvérisée et séchée (si ce n'est pas un métal ou un corps analogue), en prenant soin de l'agiter vigoureusement, pour la débarrasser des bulles d'air qui peuvent y être attachées, on remplira le flacon, et l'on opérera comme dans le premier cas.

Si les deux déterminations sont faites à la suite l'une de l'autre, on pourra négliger l'influence des variations de température, en remplissant le flacon avec du liquide qui aura séjourné pendant quelques heures dans la pièce où l'on effectue les pesées.

Cette méthode exige, pour être suffisamment précise, l'emploi d'au moins 4 ou 5 grammes de matière. De plus, elle est assez longue et ne convient guère qu'aux corps compacts.

Méthode des liquides. — Cette méthode est très pratique et s'applique principalement aux cristaux. Elle nécessite simplement que la matière soit absolument homogène.

Le principe de cette méthode est le suivant :

Obtenir, par des mélanges graduels, un liquide de densité telle que la substance qu'on y projette par petits fragments, reste en suspension dans le liquide, sans monter ni descendre, et déterminer après coup la densité du liquide, soit par la méthode du flacon, soit par celle de la balance aréothermique, soit au moyen d'un aréomètre très précis.

On prépare une série de flacons renfermant des liquides dont la densité est comprise entre 1 et 3 par exemple. Ces liquides sont l'*iodure d'éthyle*, le *bromure d'éthylène*, le *bromoforme*, l'*iodure de méthylène*, et des mélanges de ces composés. On introduit une certaine quantité d'un de ces liquides dans une petite éprouvette à pied de 1 centimètre de diamètre, et l'on y projette un fragment homogène et compact de la substance dont on veut déterminer la densité. Suivant que le solide monte ou descend, on augmente ou l'on diminue la densité de la liqueur en ajoutant un autre liquide plus ou moins dense, jusqu'à ce que le solide reste stationnaire.

On déterminera ensuite la densité du liquide, qui sera alors égale à celle du solide.

L'expérience faite, on filtrera le liquide dans un flacon sec, et on le conservera pour une nouvelle détermination, de telle sorte qu'on n'use presque pas des liquides purs.

Il est évident que cette méthode, qui fournit en général des densités avec 3 décimales, n'est applicable que lorsque la matière solide est sensiblement insoluble dans ces liquides organiques. Ceux-ci pourront d'ailleurs être souvent remplacés par d'autres liquides, tels que des solutions salines, etc.

CORPS LIQUIDES. — *Méthode du flacon.* — Pour déterminer la densité d'un liquide, on se servira du pycnomètre qui a été décrit à propos des corps solides, ou du modèle de la figure 18 qui exige une moins grande quantité de substance. Le mode opératoire est absolument le même : on détermine les poids p et p' d'eau et de liquide renfermés dans le pycnomètre, le bas du ménisque affleurant le trait. La densité est égale à $\frac{p}{p'}$.

Si les deux pesées (eau et liquide) n'ont pas été effectuées à la même température, on l'indiquera de la façon suivante :

$$D \frac{15^{\circ}}{4^{\circ}} = 0,996,$$

ce qui veut dire que la densité du liquide à 15° a été rapportée à celle de l'eau à 4°.

Le remplissage et le nettoyage de ces petits pycnomètres peut offrir quelque difficulté, surtout si le liquide est visqueux. On préparera une série de petits tubes de verre effilés (fig. 18) tels que leur extrémité puisse atteindre le fond du pycnomètre, sans cependant empêcher le passage du liquide dans le tube capillaire; on y adaptera un petit tube de caoutchouc comme le montre le dessin. On remplira la partie supérieure de liquide, et l'on introduira avec précaution le tube coudé dans l'intérieur. On aspirera alors doucement, en vidant avec la pointe du tube effilé la bulle d'air qui diminuera et finira par disparaître. On retirera alors le tube coudé, on nettoiera la cupule et on affleurera comme il a été dit précédemment.

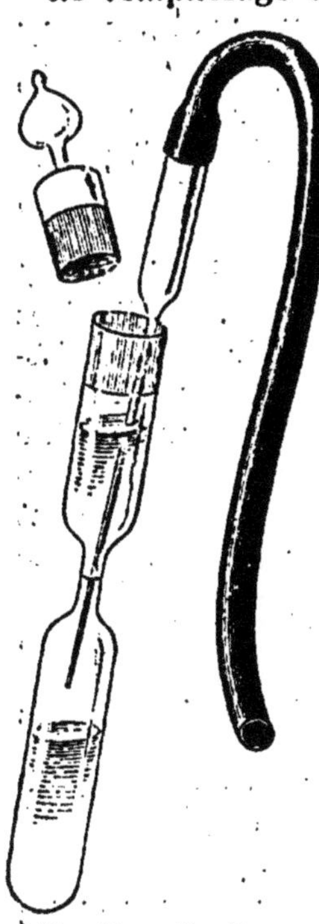
Fig. 18. — Emplissage du flacon.

Pour vider et nettoyer le pycnomètre, on le renversera tout en soufflant avec le tube effilé, puis l'on introduira successivement de l'alcool et de l'éther comme il a été dit, et, après avoir chassé l'éther, on fera passer, toujours au moyen du tube effilé, un courant de gaz ou d'air sec jusqu'à ce que l'appareil soit bien sec.

Avant d'effectuer une pesée, on aura soin de laisser le pycnomètre pendant quelque temps près de la balance, et de vérifier ensuite l'affleurement.

Balance aréothermique. — Si l'on possède au moins 60 centimètres cubes de liquide, on déterminera rapidement la densité en employant la balance aréothermique (fig. 19).

La balance aréothermique est constituée par un fléau de balance F reposant sur un plan porté par une tige verticale qui peut s'élever ou s'abaisser dans une colonne creuse S. Cette colonne peut prendre une inclinaison quelconque par le jeu d'une vis calante. La partie gauche du fléau porte un contrepoids et une aiguille P qui se déplace devant un cadran divisé.

La partie droite est divisée en 10 parties égales; à son extrémité, on peut suspendre au moyen d'un étrier *c* un petit flotteur en verre B déplaçant exactement 10 centimètres cubes, lesté au moyen de mercure. Ce flotteur est relié à l'étrier par l'intermédiaire d'un fil fin de platine.

Le flotteur étant suspendu au fléau, on agit sur la vis pour amener l'aiguille en coïncidence avec le zéro de la graduation. Si on le fait alors plonger dans une éprouvette contenant de l'eau distillée à 15°, il faudra, pour rétablir l'équilibre, suspendre à l'extrémité du fléau un poids de 10 grammes. Si le flotteur plonge dans un liquide moins dense que l'eau, le poids à

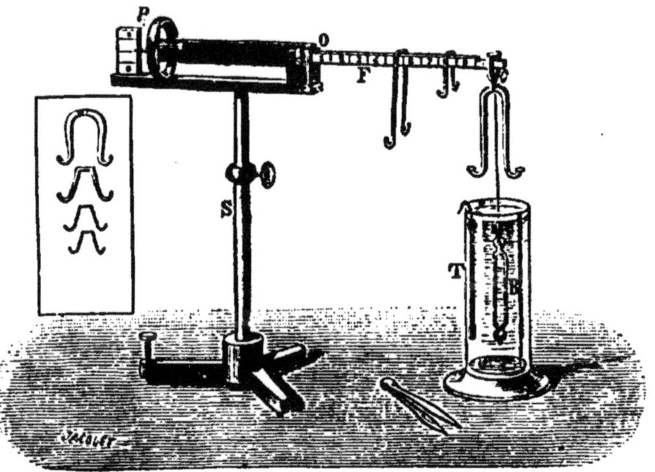

Fig. 10. — Balance aréothermique.

ajouter sera moindre; il sera plus élevé dans le cas contraire. On emploie pour rétablir l'équilibre quatre cavaliers pesant 10 grammes, 1 gramme, 0 gr. 1 et 0 gr. 01. On les placera successivement jusqu'à ce que l'aiguille soit revenue au zéro. Les 4 chiffres de la densité seront donnés par les numéros des divisions du fléau où sont suspendus les quatre cavaliers.

Cet appareil bien construit et bien réglé donne la 4e décimale exacte. On prend la température du liquide en plaçant un thermomètre dans l'éprouvette. Avec les appareils qui portent le thermomètre à l'intérieur du flotteur, on ne peut compter avoir la température du liquide, même approchée, à cause de la mauvaise conductibilité du verre et de la couche d'air interposée.

On doit naturellement dans toutes les déterminations s'astreindre à immerger le moins possible du fil de platine de suspension.

Gaz. — La densité d'un gaz, en Chimie organique, peut en général se déduire de son poids moléculaire M, qui est le double de sa densité par rapport à l'hydrogène; on aura donc :

$$D = \frac{1}{2} M \times 0,0069,$$

0,0069 étant la densité de l'hydrogène par rapport à l'air.

Les déterminations expérimentales de la densité des gaz sont des manipulations très délicates, du ressort de la Physique. Elles n'ont pas à être décrites ici.

V. — Pouvoir rotatoire.

Polarimètre. — Le polarimètre le plus habituellement employé est le *polarimètre à pénombres* de Laurent. Il se compose essentiellement (fig. 20) :

1° D'un polariseur fixe accompagné de lentilles;

2° D'un analyseur mobile autour de son axe, et relié intimement à un vernier circulaire qui se déplace suivant la circonférence d'un cercle gradué fixe. Le vernier et l'analyseur sont mus au moyen d'une crémaillère;

3° D'un tube de verre de longueur déterminée, mastiqué dans une gaine de laiton, et fermé par des disques de verre maintenus par deux couvercles de laiton. Ces couvercles sont vissés sur le tube et appuient sur les disques par l'intermédiaire d'un ressort à boudin ou d'une rondelle de caoutchouc percée en son milieu;

4° D'un support de forme variable;

5° D'une lampe à gaz munie de paniers de platine;

La théorie du polarimètre à pénombres n'a pas à être développée ici. On la trouvera dans tous les ouvrages de Physique (*Leçons de Physique générale*, Chappuis et Berget, 1892, p. 311).

Il suffira de dire qu'en avant du polariseur se trouve un diaphragme dont la moitié est recouverte par une lame demi-onde pour la lumière jaune, de telle sorte qu'en regardant par la lunette, on verra un champ circulaire divisé en deux parties, dont l'éclairement relatif variera avec la position de l'analyseur.

On commence par régler le polarimètre. A cet effet, on place la lampe, dont les paniers sont garnis de sel fondu, à environ 5 centimètres de la lentille du polariseur; on retire le tube, et l'on tourne l'analyseur de façon à voir les deux moitiés du champ très inégalement éclairées. La partie antérieure de la lunette est mobile; on la déplace en avant ou en arrière jusqu'à ce qu'on voie nettement la ligne de séparation des deux demi-disques.

Ceci fait, on fait coïncider les zéros du vernier et du grand cercle, puis on fixe le vernier sur le cercle au moyen de la vis, et l'on rétablit l'égalité d'éclairement des deux moitiés du champ au moyen de la vis qui sert à faire tourner l'analyseur. Cette opération s'appelle *mise au zéro.*

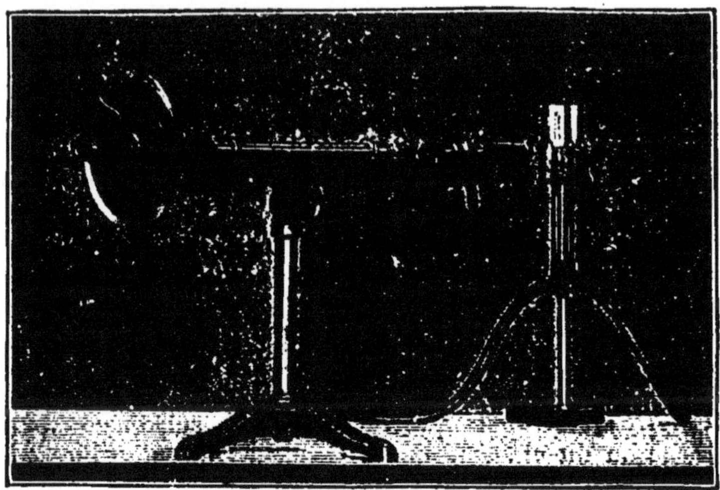

Fig. 20. — Polarimètre.

On intercale alors le tube rempli de la solution ou du liquide actif, et l'on rétablit l'égalité d'éclairement, qui a été détruite, en manœuvrant la crémaillère. Ceci fait, on lit sur le cercle gradué l'angle dont a tourné le zéro du vernier.

En général, les divisions les plus fines correspondent au demi-degré. Dans ce cas, le vernier porte deux graduations en sens inverse, allant de 2 en 2 minutes, jusqu'à 30 minutes. On se servira de la partie droite pour les régions positives du grand cercle, et réciproquement.

La lecture des angles est facilitée par une loupe et par un miroir incliné; on s'arrangera, en faisant tourner le miroir autour du cercle, pour que la lumière de la flamme soit renvoyée sur le vernier.

Chaque mesure devra être répétée quatre fois, en retournant alternativement le tube dans l'un et dans l'autre sens; puis on prendra la moyenne. Ceci a pour but d'éliminer les erreurs provenant de la dissymétrie du tube. On enlèvera ensuite ce dernier, et l'on vérifiera que l'appareil revient bien au zéro.

Calcul. — L'angle α dont a tourné le zéro du vernier s'appelle *déviation*. Soit l la longueur du tube exprimée en décimètres, v le volume de la solution en centimètres cubes, p le poids de la substance dissoute; le *pouvoir rotatoire spécifique* de la substance (pour la lumière jaune) sera donné par la formule

$$[\alpha]_D = \frac{\alpha . v}{l . p}.$$

Si l'on a opéré sur un liquide actif sans employer de dissolvant, le rapport $\frac{v}{p}$ devient égal à la densité d, et l'on a

$$[\alpha]_D = \frac{\alpha}{ld}.$$

La condition absolue pour qu'une mesure de pouvoir rotatoire puisse être effectuée avec quelque approximation, c'est que le liquide ou la solution soient très peu colorés et absolument limpides. On vérifiera ce point en regardant à travers le tube plein un objet éclairé, placé à quelques mètres de distance. Les contours de cet objet doivent apparaître absolument nets.

Il arrive quelquefois qu'en dissolvant la substance dans du benzène ou du chloroforme, la liqueur devient opalescente; cela provient d'un peu d'humidité apportée par la substance. On la fera disparaître en introduisant dans la liqueur un fragment bien sec de chlorure de calcium fondu, et en agitant pendant un instant. Il ne faut jamais filtrer, car la concentration de la liqueur varierait.

L'emplissage du tube nécessite certaines précautions. On commence par nettoyer soigneusement l'intérieur du tube et les disques avec de l'eau et de l'alcool, puis avec un peu d'éther et enfin avec des bandes de papier à filtrer enroulées sur une baguette de verre. Lorsque le tout est bien sec, on enduit d'un peu de suif les extrémités rodées du tube, on applique l'un des disques, et l'on fixe le couvercle. Le tube est retourné, l'orifice en haut; on le remplit aussi rapidement que possible du liquide ou de la solution, au moyen d'un petit entonnoir, et en s'arrangeant pour avoir un ménisque fortement convexe. On attend quelques secondes, afin de laisser aux bulles d'air le temps de disparaître, et on glisse latéralement le deuxième disque, en chassant l'excès de liquide qu'on enlèvera ensuite avec un peu de papier à filtrer. On place ensuite le couvercle, et l'on donne au tube un vigoureux mouvement de rotation autour de son axe, de manière à détruire les stries qui se produisent toujours dans le liquide par suite des variations de température.

Si le disque de verre a été mal placé, il restera une bulle qu'on ne pourra faire disparaître qu'en recommençant l'opération. Toutefois, si cette bulle est de petites dimensions, on peut faire la lecture quand même.

La préparation des solutions de la substance active peut être faite rapidement par le procédé suivant : On pèse dans un petit ballon bien propre et bien sec une certaine quantité de substance, on ajoute au moyen d'une pipette un volume déterminé de dissolvant, on bouche, et on agite jusqu'à ce que la dissolution soit effectuée. Il ne faut jamais chauffer. On préparera un volume de solution tel, qu'il reste au moins 2 ou 3 centimètres cubes de liqueur après le remplissage du tube, ceci en prévision d'un accident, bulle, glissement du disque, etc.

Choix du dissolvant. — Le dissolvant pourra être quelconque, pourvu qu'il satisfasse aux quatre conditions suivantes :

1° Ne pas réagir sur la substance dissoute;

2° Être rigoureusement inactif sur la lumière polarisée;

3° Être peu volatil;

4° Dissoudre suffisamment de substance pour qu'il n'y ait pas formation d'une solution saturée.

Certains dissolvants modifient notablement le pouvoir rotatoire des corps actifs; aussi fera-t-on bien de se servir du corps pur, ou, si celui-ci est solide, d'effectuer un grand nombre de mesures, à diverses concentrations et dans plusieurs dissolvants.

On se servira de préférence de l'alcool à 95°, de l'acétone et du bromure d'éthylène, ces dissolvants étant les plus sûrs dans la généralité des cas.

Solutions sucrées. — Dans le cas d'une solution sucrée, on abrégera la marche générale en se servant du *saccharimètre de Soleil* qui donne directement la teneur pour cent en saccharose d'une solution sucrée.

On met d'abord l'appareil au zéro en interposant entre l'analyseur et le polariseur un tube de 20 centimètres plein d'eau distillée, puis on remplit ce tube avec une solution de 16,35 grammes de sucre dans 100 centimètres cubes d'eau, et l'on rétablit la teinte primitive en déplaçant le curseur.

Si la liqueur ne renferme que de la saccharose, le chiffre donné par le zéro du vernier indique exactement la teneur en saccharose pure de la substance primitive.

S'il y a en outre de la glucose ou d'autres sucres, on intervertira le mélange comme il est indiqué dans l'*Agenda du Chimiste 1897*, p. 376.

Lorsqu'on prépare une solution sucrée, il arrive souvent que celle-ci est trouble ou colorée. On y remédiera en ajoutant à la liqueur quelques centimètres cubes de sous-acétate de plomb saturé de litharge, étendant ensuite à 100 centimètres cubes et filtrant sur un filtre sec.

La compression pouvant donner au verre des disques la propriété de polariser la lumière, il faut éviter de les serrer trop énergiquement. C'est surtout avec les tubes qui ferment à vis que cet inconvénient est à redouter. Aussi devra-t-on toujours intercaler entre le couvercle métallique et le disque de verre un anneau de cuir ou de caoutchouc, grâce auquel le serrage se fait juste assez pour assurer la fermeture sans comprimer énergiquement le verre.

VI. — Pouvoir réfringent.

L'appareil le plus pratique pour la détermination de l'indice de réfraction d'un liquide est le *réfractomètre* de M. Féry (*Bull. Soc. Chim.* [3], **9**, 244).

Cet appareil (fig. 21) se compose d'un micromètre, d'une lunette servant de viseur et d'une cuve mobile ayant la forme d'un prisme et dont les parois sont formées de deux segments de lentille destinés à compenser la déviation imprimée par le prisme liquide. Nous renvoyons au mémoire original pour la théorie de l'appareil.

La manipulation est des plus simples. La cuve est portée entre des butées fixes sur une plate-forme qui supporte un vernier se déplaçant devant une graduation fixe. On se sert de la lumière monochromatique, comme pour le polarimètre. Pour régler l'appareil, on amène le zéro du vernier en coïncidence avec le zéro de l'échelle; au moyen d'une petite vis, on fait coïncider l'image de la fente du collimateur avec le réticule de la lunette. On verse alors le liquide dans la cuve : une épaisseur de 4 à 5 millimètres suffit. L'image disparait, car elle est déviée hors du champ de la lunette : en déplaçant la plate-forme au moyen de la vis, on la ramène sur le réticule. Il ne reste plus qu'à lire l'indice, donné directement par l'échelle. Avec l'appareil ordinaire, on peut compter sur la troisième décimale.

On doit noter la température du liquide au moment de la lecture.

Cet appareil est d'un maniement très simple, il permet d'opérer rapidement. C'est tout à fait l'appareil des laboratoires de chimie.

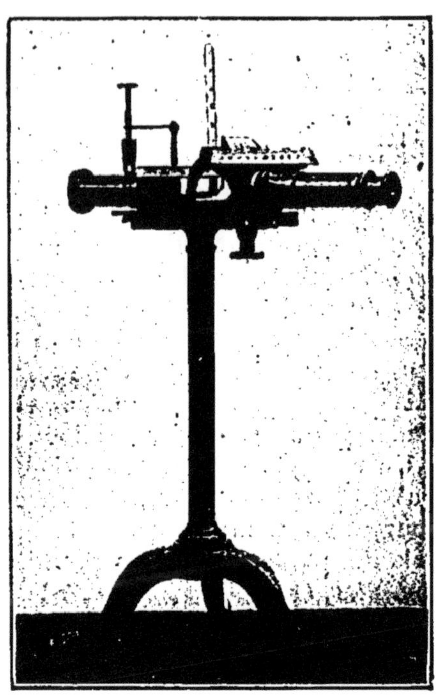

Fig. 21. — Réfractomètre Féry.

Nous verrons, à propos de la détermination de la constitution des corps, l'utilité de la détermination de l'indice de réfraction.

La détermination de l'indice de réfraction d'un solide est un problème d'ordre physique et minéralogique qui ne rentre pas dans le cadre de cet ouvrage.

VII. — Formes cristallines.

Nous n'avons pas l'intention de décrire ici les méthodes par lesquelles on détermine les constantes géométriques et physiques d'un cristal, car ce sont là des questions du ressort de la Cristallographie pure. Notre but est simplement de montrer brièvement que l'emploi du microscope peut rendre de grands services au chimiste, lorsque celui-ci s'est familiarisé avec l'aspect microcristallin des sels et des composés les plus courants.

Certains sels, en particulier ceux des amines, ont des formes absolument spéciales, telles qu'il suffit de les avoir observées une fois au microscope pour pouvoir les retrouver ensuite avec une certitude absolue au milieu d'un mélange complexe et même de matières résineuses.

Lorsqu'on veut examiner un composé quelconque au microscope, on évapore sur un verre de montre quelques gouttes d'une solution de cette substance, en évitant de chauffer trop fortement et trop rapidement. Puis on place le verre sous le microscope, en lumière blanche d'abord, et en ayant soin de ne pas prendre un grossissement trop fort. On examine la forme des cristaux, en s'arrêtant surtout au mode de groupement qu'ils présentent et en vérifiant soigneusement que tous ont le même aspect. Puis on intercale deux nicols et l'on cherche, en faisant tourner l'analyseur, si ces cristaux présentent ou non des extinctions (on sait que les cristaux cubiques ne présentent pas ces extinctions).

Cette méthode peut servir : d'abord à reconnaître si l'on a affaire à un mélange ou à un corps homogène, et en second lieu à se rendre compte dans une certaine mesure, par des comparaisons avec des corps connus, si la solution qu'on a évaporée renferme ou non de ces derniers.

Un exemple fera mieux comprendre ce qui précède. Lorsqu'on prépare ou qu'on fractionne certaines amines, on obtient souvent en même temps de l'ammoniaque; celle-ci, étant plus volatile, passera dans les premières fractions qui auront été distillées. On pourra constater la présence simultanée de l'ammoniaque et de l'amine en évaporant une goutte de la solution avec un peu d'acide chlorhydrique. Le chlorhydrate d'ammoniaque offre toujours un aspect caractéristique : il est cubique et maclé en longues aiguilles dentelées, qui sont en général réunies en faisceaux perpendiculaires ou obliques à 45°. Les chlorhydrates de la plupart des amines ne sont pas cubiques et présentent un aspect tout différent. Lorsqu'on aura examiné les chlorhydrates en lumière blanche et en lumière polarisée, on les traitera sur le verre de montre par un peu d'eau, puis par quelques gouttes de chlorure de platine, on évaporera et l'on comparera de nouveau. Le chloroplatinate d'ammonium cristallise en octaèdres tronqués, qu'on ne pourra pas confondre avec les paillettes monoaxes ou biaxes des chloroplatinates des autres amines.

Le microscope est donc un instrument d'analyse précieux, qui évite souvent de grandes pertes de temps. Mais une pratique sérieuse permet seule d'en tirer quelque profit.

Lorsqu'on compare les formes cristallines de deux corps, il est nécessaire d'évaporer des solutions préparées de la même façon (même dissolvant, même réaction acide, alcaline ou neutre, etc.). Sans cela, on s'expose à prendre pour deux corps différents un même corps a des états de pureté différents.

VIII. — Conductibilité électrique.

Quoique la détermination de la conductibilité électrique d'un liquide ou d'une solution rentre dans le domaine de la Physique, ces déterminations jouent aujourd'hui un si grand rôle dans

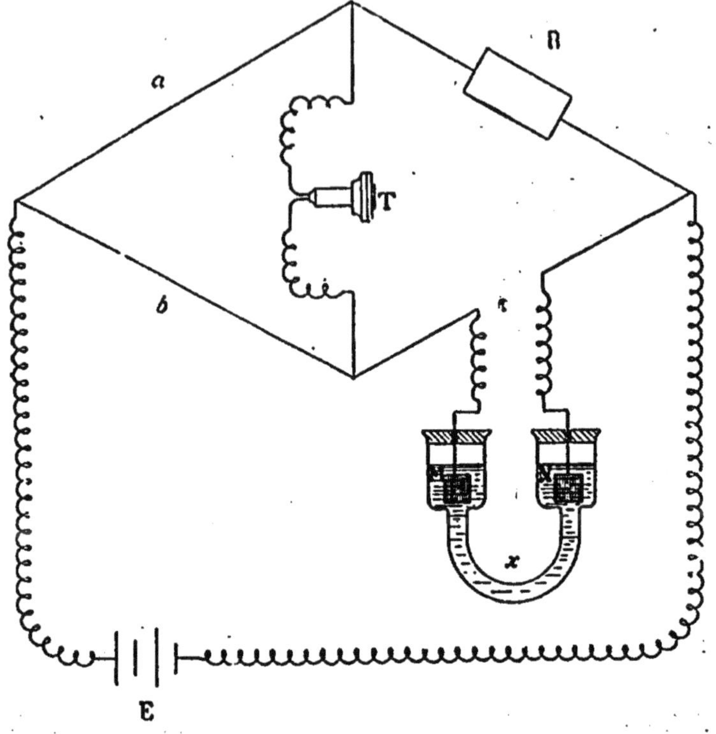

Fig. 22. — Montage du pont de Kohlrausch.

les questions de constitution, que nous croyons utile de décrire ici la *méthode de Kohlrausch*, qui est la plus pratique à l'heure actuelle, tout en étant suffisamment exacte.

L'appareil de M. Kohlrausch (fig. 22) est constitué par un pont de Wheatstone dans lequel le galvanomètre est remplacé par un téléphone T. E est une bobine d'induction reliée à une batterie de piles. En R se trouve une résistance du même ordre de grandeur que celle du liquide. En x enfin se trouve le liquide ou la solution, contenue dans une sorte de tube en U, dans les branches duquel plongent des électrodes de platine.

La bobine d'induction envoie dans le pont des courants

alternatifs qui se partagent en a et b, de sorte que la polarisation des électrodes peut être considérée comme négligeable. La ligne ab constitue un conducteur linéaire sur lequel on fera mouvoir le contact au moyen d'un curseur, jusqu'à ce que l'on arrive à un silence complet ou tout au moins à un minimum de sonorité du téléphone. Ce minimum est très facilement perceptible avec un peu d'habitude. La résistance du liquide x sera donnée par la formule ordinaire

$$x = R \times \frac{\text{long. } bd}{\text{long. } ad}.$$

La conductibilité du liquide est naturellement égale à $\frac{1}{x}$.

Comme la conductibilité mesurée dépend des dimensions et de la forme du tube L, on aura à déterminer au préalable le coefficient K qui permet de transformer la conductibilité déterminée en conductibilité moléculaire. Dans ce but on fera une première expérience avec un liquide de conductibilité moléculaire connue. Soit M cette conductibilité, et V la dilution (le volume du liquide ou de la solution qui renferme 1 milligramme de substance), on calculera le coefficient K par la formule

$$M = K \times \frac{V}{R} \times \frac{ad}{bd}, \qquad (1)$$

puis on introduira cette constante dans une seconde équation :

$$u = K \times \frac{V'}{R} \times \frac{a'd'}{d'b'}, \qquad (2)$$

dans laquelle u sera la conductibilité moléculaire cherchée.

Pour la discussion des équations (1) et (2), on se reportera aux Traités de Physique, ou au livre de M. Ostwald.

IX. — Détermination des constantes thermiques[1].

Nous nous bornerons aux modes opératoires relatifs aux déterminations suivantes :

Chaleur de neutralisation.
— de dissolution.
— de combustion.

Nous devons décrire auparavant quelques-uns des appareils employés en Thermochimie.

1. M. Valeur, préparateur au Collège de France, a bien voulu se charger de rédiger ce Chapitre. Nous lui en adressons tous nos remerciements. Le lecteur qui désirerait acquérir des notions plus complètes les trouvera dans le *Traité pratique de Calorimétrie chimique* de M. Berthelot.

Calorimètres. — Dans les opérations thermochimiques, on mesure les quantités de chaleur par la variation de température d'une masse d'eau déterminée. Cette eau est contenue dans un récipient appelé calorimètre. Celui-ci peut être en métal ou en verre.

En général, on se sert de vases cylindriques en platine, métal dont la chaleur spécifique est très petite et qui se met rapidement en équilibre de température avec le milieu ambiant.

Le poids du calorimètre, multiplié par la chaleur spécifique du platine, donne la *valeur en eau* de l'instrument.

Pour éviter toute perte ou gain de chaleur provenant d'une cause extérieure, on entoure le calorimètre de deux séries d'enceintes. Voici le dispositif adopté par M. Berthelot :

Le calorimètre en platine repose, par l'intermédiaire de trois pointes de liège, sur le fond d'un cylindre de cuivre. Les parois de ce dernier sont plaquées intérieurement d'argent poli, de manière à réduire autant que possible le rayonnement. Ce système est placé dans une deuxième enceinte constituée par un cylindre de cuivre à doubles parois, entre lesquelles se trouve une grande masse d'eau; ce deuxième cylindre repose également sur trois supports de liège. Enfin l'enveloppe externe est recouverte d'un feutre très épais qui empêche le réchauffement de l'appareil par l'opérateur.

Nous ajouterons que le vase calorimétrique peut être muni d'un couvercle et que dans la masse d'eau externe plongent un agitateur et un thermomètre.

On disposera le calorimètre dans une salle abritée contre les rayons du soleil. Il est important aussi d'y placer plusieurs jours avant la manipulation les liquides ou solides qui doivent être mis en œuvre, afin qu'il y ait équilibre de température entre eux et le milieu ambiant.

Thermomètres calorimétriques. — Ces thermomètres sont destinés à mesurer des variations de température de quelques degrés seulement, aussi leur échelle est-elle très restreinte. Ils sont gradués par comparaison avec des thermomètres-étalons. Chacune de leurs divisions équivaut à un $\frac{1}{200}$ de degré, mais on peut facilement, à l'aide d'une loupe, apprécier le millième de degré; il faut avoir soin pour cela de tenir le thermomètre bien vertical, de manière à éviter l'erreur de parallaxe.

Chaque thermomètre calorimétrique porte inscrits sur sa tige

4

le poids du mercure qu'il contient, le poids du verre de la cuvette et le poids du verre de la tige. Ces données permettent de calculer sa valeur en eau.

Comparaison des thermomètres. — Dans certaines déterminations, notamment dans la mesure des chaleurs de neutralisation, il est nécessaire de connaître au même moment la température de deux liquides différents. Comme, d'autre part, il est très rare de rencontrer deux thermomètres dont les indications concordent exactement, il faut savoir déterminer l'écart qui existe entre leurs indications.

S'il s'agit de comparer deux thermomètres seulement, on peut opérer de la manière suivante :

On place dans le calorimètre une quantité d'eau suffisante pour en remplir les deux tiers. On y fait plonger également les deux thermomètres qui servent en même temps d'agitateurs; on remue constamment le liquide, en s'arrêtant à chaque demi-minute pour lire alternativement les deux échelles thermométriques.

Exemple :

La comparaison des deux thermomètres A et B a donné les chiffres suivants :

	Thermomètre A.	Thermomètre B.
1re minute	15°,325	
		15°,155
2e »	15°,325	
		15°,155
3e »	15°,325	
		15°,155
4e »	15°,325	
		15°,155
5e »	15°,325	
		15°,155

On en déduit :

$$A = B + 0°,170.$$

Mais il peut se faire que la température du calorimètre, au lieu de rester constante, s'élève ou s'abaisse. Dans ce cas on opère de même : seulement on admet qu'au moment où on fait la lecture du thermomètre B (c'est-à-dire à la demi-minute), la température de A correspond à la moyenne des deux lectures faites sur ce thermomètre au commencement et à la fin de la minute; on fait la différence entre cette moyenne et la lecture faite sur B, et la moyenne de ces différences donne l'écart entre les deux thermomètres.

L'exemple suivant fera comprendre cette manière d'opérer.

	Thermomètre A.		Thermomètre B.	
1'	10°,480	moyenne = 10°,490 — — 10°,330, moyenne de	10°,320 . . . . 10°,340	= 0°, 160
2'	10°,500			
3'	10°,520		10°,360	
4'	10°,538		10°,380	
5'	10°,562		10°,400	

En prenant la moyenne des nombres inscrits dans la dernière colonne, on trouve :

$$A = B + 0°,170.$$

DÉTERMINATION DE LA CHALEUR DE NEUTRALISATION. — Soit à déterminer la chaleur de neutralisation de la pipéridine par l'acide chlorhydrique.

On prépare d'abord une solution titrée contenant exactement une molécule d'acide chlorhydrique (36 gr. 5) par litre. On dissout d'autre part 42 gr. 5 (1/2 mol.) de pipéridine dans 2 litres d'eau. Ces liqueurs sont placées dans des vases semblables et conservées l'une près de l'autre pendant plusieurs jours, dans une salle dont la température est constante, de telle sorte que leurs températures soient aussi voisines que possible.

On opère alors de la manière suivante :

On verse un certain volume, soit 100 cc., de la liqueur basique dans un calorimètre en platine que l'on place au centre de la double enceinte, comme il a été dit plus haut. D'autre part, on mesure exactement, au moyen d'une fiole jaugée, 50 cc. de solution chlorhydrique; cette fiole est également placée dans une double enceinte voisine de la précédente. Enfin on fait plonger dans les liquides deux thermomètres qu'on a préalablement comparés. Cela fait, on lit alternativement les deux thermomètres; leurs indications doivent concorder à quelques centièmes de degré près.

Voici un exemple d'une opération de ce genre :

	Thermomètre A.	Thermomètre B.
	Pipéridine = 100^{cc} (1 mol. = 2 l.)	HCl = 50^{cc} (1 mol. = 1 l.)
1'	12°,520	
2'		12°,350
3'	12°,520	
4'		12°,350
5'	12°,520	
6'		12°,350

Les deux thermomètres ont été comparés ; on a trouvé :

Thermomètre B = Thermomètre A — 0°,240.

La température de la solution chlorhydrique rapportée au thermomètre A est donc :

12°,350 + 0°,240 = 12°,590.

Aussitôt la dernière lecture faite, on enlève le thermomètre de la solution chlorhydrique, on saisit la fiole avec une pince en bois de manière à ne point l'échauffer, et on en verse rapidement le contenu dans la liqueur basique. On mélange alors vivement les liquides en se servant du thermomètre comme agitateur, en interrompant seulement à la fin de chaque minute pour faire les lectures. Voici les chiffres obtenus dans la seconde partie de l'expérience :

7e minute........	16°,780
8 —	16°,760
9 —	16°,740
10 —	16°,720
11 —	16°,700

Pour faire le calcul, on admet que les chaleurs spécifiques des deux solutions ne diffèrent pas sensiblement de celles de l'eau, et l'on écrit que la chaleur dégagée est égale au produit de la variation de température par les masses échauffées.

Le poids total de ces dernières est le suivant :

Solution acide....................	50 gr.
Solution basique..................	100
Calorimètre et partie plongée du thermomètre, valeur en eau.....	2,8
	152,8

Il s'agit maintenant d'évaluer la variation de température, c'est-à-dire la différence entre les températures finale et initiale.

La température finale est 16°,780; mais comme, dans chacune des minutes qui suivent l'expérience, la température du calorimètre s'abaisse régulièrement de 0°,020, en rapportant la réaction à la minute 6 1/2, la température finale sera 16°,780 + 0°,010 = 16°,790. Quant à la température initiale, on a : pour la solution chlorhydrique, 12°,590, et pour la solution basique, 12°,520.

Comme le mélange a été opéré entre la 6e et la 7e minute, on admet que, jusqu'à la demi-minute, les deux liquides ont la température moyenne d'un simple mélange et que, pendant la seconde moitié de cette même minute, ils possèdent la même température qu'au commencement de la minute suivante. La température moyenne sera donc :

$$\frac{(102,8 \times 12°,520) + (50 \times 12°,590)}{152,8} = 12°,540.$$

La différence entre les températures finale et initiale sera

$$16°,790 - 12°,540 = 4°,250$$

et la chaleur dégagée :

$$Q = 4,25 \times 152,8 = 648^{cal}4$$

ce qui fait, pour une molécule de pipéridine (= 2 litres) :

$$Q = 648,4 \times 20 = 12\,960^{cal}.$$

On a donc sensiblement 13 grandes calories pour la chaleur de neutralisation de la pipéridine par l'acide chlorhydrique vers 15°.

Détermination de la chaleur de dissolution. — La substance, finement pulvérisée et passée à travers un tamis de soie si elle est solide, est placée dans un flacon qu'on abandonne pendant vingt-quatre heures près du calorimètre, pour qu'elle prenne exactement la température ambiante.

Pour faire l'expérience, on place dans le calorimètre un certain volume d'eau (400 cc. par exemple), tel que la solution renferme environ une molécule de substance pour 2 litres, et l'on suit la variation de la température de cette eau pendant quelques minutes au moyen d'un thermomètre. Lorsque la variation est devenue régulière, on laisse tomber dans le calorimètre une quantité déterminée du corps, et l'on agite vivement au moyen du thermomètre de façon que la dissolution s'opère en moins d'une minute. On continue la lecture du thermomètre pendant les cinq minutes qui suivent, de minute en minute.

La substance peut être pesée dans une cartouche de papier glacé préalablement tarée. D'autre part, pour certaines substances peu solubles, M. Berthelot emploie un écraseur en platine de forme particulière dont on calcule la valeur en eau.

Voici un exemple qui fera comprendre aisément la manipulation :

Supposons qu'il s'agisse de déterminer la chaleur de dissolution de la pipéridine dans l'eau. On introduit une certaine quantité de substance dans une ampoule de verre mince. On plonge l'ampoule dans l'eau du calorimètre afin qu'elle ait exactement la même température que cette eau. On suit pendant quelque temps la marche du thermomètre; on brise alors l'ampoule au moyen de l'écraseur, on agite de manière que la dissolution soit faite avant la fin de la minute et on continue les lectures.

Voici les données de l'expérience :

Substance	10 gr. 75
Eau	200 cc.
Valeur en eau du thermomètre, calorimètre et écraseur	3 gr. 8
	214 gr. 55

La lecture du thermomètre a fourni les chiffres suivants :

1re minute	10°,320
2e —	10°,320
3e —	10°,320
4e —	10°,320
Rupture de l'ampoule.	
5e minute	14°,010
6e —	13°,990
7e —	13°,968
8e —	13°,950
9e —	13°,930

Soit Δt la variation de la température, on a :

$$\Delta t = 14°,010 - 10°,320 = 3°,690.$$

Si l'on admet que la dissolution est effectuée à la demi-minute, il faut ajouter à cette quantité 0°,010 puisque le calorimètre perd 0°,020 par minute dans la période finale.

On a donc pour expression de la chaleur dégagée par la dissolution de 10 gr. 75 de pipéridine :

$$Q = 3,700 \times 214,55 = 793^{cal}\ 8;$$

et pour une molécule = 85 gr. :

$$Q = \frac{73,8 \times 895}{10,75} = 6\ 350^{cal}.$$

Détermination de la chaleur de combustion. — *Bombe calorimétrique de M. Berthelot.* — Cet appareil se compose d'un récipient en acier doublé intérieurement d'une feuille de platine ou d'émail (bombe Malher), susceptible de résister à une pression de 200 à 300 atmosphères. Il peut être fermé au moyen d'une tête conique, ajustée à frottement, qu'on fixe elle-même solidement, au moyen d'un couvercle d'acier vissé sur la bombe et dont le pas de vis est extérieur à celle-ci. La bombe doit être hermétiquement fermée, de façon que, étant remplie d'oxygène à la pression de 30 atmosphères, aucune bulle gazeuse ne s'échappe lorsqu'on la plonge dans le calorimètre. A cet effet, on graissera toujours très légèrement le bord supérieur de la partie conique.

Pour le serrage, on se sert d'un second couvercle emboîtant

le premier et relié à lui par deux tenons et deux rainures, comme le montre la figure 23.

La tête de la bombe est percée en son centre d'un orifice sur lequel est ajustée une tubulure; dans cette tubulure pénètre une vis creuse jouant le rôle de robinet et munie à sa partie supérieure d'un disque qui permet de la serrer.

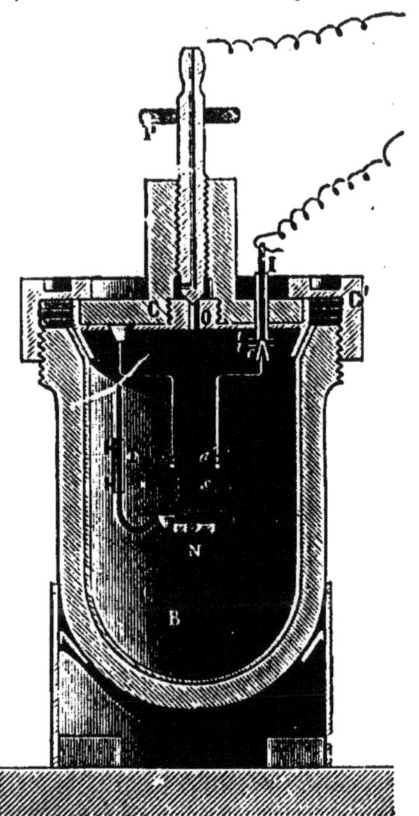

Fig. 23. — Bombe calorimétrique de M. Berthelot.

La tête porte une seconde tubulure latérale : celle-ci est munie d'un ajutage d'ivoire isolant, traversé par un fil de platine I; l'extrémité inférieure de ce fil pénètre à frottement dur dans un petit cylindre creux, également en platine, qui constitue la partie terminale du fil *a'*. Deux lames *l*, *l'* de platine et de mica assurent la protection de l'émail isolateur.

En T se trouve un conducteur de platine, dont la conformation permet de baisser ou d'élever le support circulaire qui soutient la capsule N renfermant la substance à brûler. La spirale *s* est en fer doux : elle doit se trouver en contact avec la pastille *p*, de telle sorte qu'au moment où le courant passe, le fer brûle et provoque la combustion du corps. La spirale de fer est attachée aux conducteurs *a* et *a'* au moyen de fil de platine très fin. Sa chaleur de combustion a été déterminée au préalable[1].

On pèse une quantité de substance telle que l'élévation de température du calorimètre soit de 2 ou 3 degrés. On en fait une pastille en la comprimant dans un moule bien sec de forme spéciale, et on détermine très exactement son poids

1. A cet effet, on se sert d'une spirale de longueur constante obtenue en enroulant un certain nombre de fois le fil de fer autour d'une épingle étalon.

dans la capsule de platine où elle doit brûler. La substance doit toucher la spirale de fer et non pas les montants voisins.

On ferme alors la bombe et, par la vis creuse, on introduit de l'oxygène à la pression de 25 atmosphères. On ferme ensuite au moyen du pointeau, on introduit la bombe dans le calorimètre, en la plaçant exactement au centre de manière à ne pas gêner les mouvements de l'agitateur; on verse dans le calorimètre 2 litres d'eau, on y plonge un thermomètre, et on agite pendant quelques minutes, en notant la température de minute en minute.

Lorsque la variation de la température est devenue régulière pendant cinq minutes, on fait passer l'étincelle, et on continue les lectures; le thermomètre monte pendant plusieurs minutes, puis la température décroît de nouveau régulièrement : l'opération est terminée.

On laisse alors échapper la majeure partie des gaz renfermés dans la bombe, on dévisse un peu le couvercle, et, pour le détacher tout à fait, on refoule un peu d'oxygène dans l'appareil.

Remarque. — Comme on n'a pas fait le vide dans la bombe avant l'expérience, celle-ci renfermait de l'air et par conséquent de l'azote, qui a été transformé partiellement en acide azotique par l'oxygène sous l'influence de l'étincelle électrique. Cet acide a dégagé en se formant une quantité de chaleur dont il importe de tenir compte. Pour cela, on lavera soigneusement l'intérieur de la bombe avec de l'eau distillée, et on dosera l'acidité des eaux de lavage.

Pour éviter une correction due à la vaporisation partielle de l'eau résultant de la combustion du corps, on aura soin d'introduire dans la bombe, avant l'expérience, une quantité d'eau déterminée, de telle sorte que l'atmosphère intérieure soit déjà saturée, et que l'eau provenant de la combustion se condense totalement.

Correction de refroidissement. — Dans toutes les opérations précédentes, nous avons pris pour température de la réaction ou de la dissolution la moyenne entre les températures lues au commencement et à la fin de la minute; mais quand la variation de température se produit pendant plusieurs minutes, cette méthode ne peut plus être appliquée. Or, pendant le cours de l'opération, le calorimètre perd une certaine quantité de chaleur (rayonnements, contact de l'air et des supports, évaporation, etc.). Il importe donc d'introduire une correction dite *correction de refroidissement.*

Dans le système le plus généralement employé, on ne tient pas compte de la température du milieu ambiant, on mesure simplement la variation de température pendant les cinq minutes qui ont précédé l'expérience et pendant les cinq minutes qui l'ont suivie, et on admet que l'excès de la variation de température Δt_n éprouvée pendant la onzième minute par exemple sur la variation Δt_0 éprouvée au début de l'expérience est proportionnel à la différence entre la température actuelle et la température initiale, soit :

$$\Delta t_n - \Delta t_0 = K(t_n - t_0).$$

Cela posé, soient

$$t_1, t_2, t_3, t_4, t_5,$$

les températures lues pendant les cinq minutes préliminaires,

$$\theta_1, \theta_2, \theta_3, \theta_4, \theta_5,$$

les températures lues pendant la réaction, et

$$T_1, T_2, T_3, T_4, T_5,$$

celles qui sont lues pendant la période finale.

Si on applique l'hypothèse précédente pendant la minute qui sépare t_5 de θ_1, et si on admet que la température pendant cette minute est la moyenne de ces deux températures, soit $\frac{t_5 + \theta_1}{2}$, on aura

$$\Delta\theta - \Delta t_0 = K\left(\frac{t_5 + \theta_1}{2} - t_5\right)$$

Si on continue pour chacune des minutes

$$\theta_1\ \theta_2,\ \theta_2\ \theta_3,\ \theta_3\ \theta_4, \ldots.$$

on a

$$\Sigma\,\Delta\theta = n\,\Delta t_0 + K\left(\frac{t_5}{2} + \theta_1 + \theta_2 + \theta_3 + \ldots.. \frac{\theta_n}{2} - nt_5\right).$$

Il reste à déterminer K; pour cela on considère les périodes initiale et finale, et l'on déduit par un raisonnement analogue

$$K = \frac{\Delta Tt - \Delta t_0}{T_3 - t_3}$$

T_3 et t_3 étant les températures moyennes des deux périodes.

On a donc

$$\Sigma\,\Delta\theta = n\,\Delta t_0 + \frac{\Delta T - \Delta t_0}{T_3 - t_3}\left(\frac{t_5}{2} + \theta_1 + \theta_2 \ldots.. + \frac{\theta_n}{2} - nt_5\right).$$

La quantité $\Sigma\,\Delta\theta$ représentant la *correction de refroidissement* devra être ajoutée à la différence $\theta_n - t_5$.

Exemple. — Combustion de la quinone $C^6H^4O^2$.

Poids de la substance $= 0^{gr},7622$.

Valeur en eau du calorimètre avec ses accessoires (bombe, oxygène, agitateur, thermomètre) $= 2308^{gr},8$.

La lecture du thermomètre a donné les chiffres suivants :

1° Période préliminaire.	2° Combustion.	3° Période finale.
13°,780	15°,010	15,696
13°,780	15°,670	15°,686
13°,780	15°,706	15°,675
13°,780		15°,665
13°,780		15°,654

On a

$$\Delta t_0 = 0,000$$
$$\Delta T = 0,010.$$

Élévation brute de température : 15°,706 — 13°,780 = 1°,926.

La correction de refroidissement C sera calculée au moyen de la formule établie plus haut.

$$C = \frac{0,010}{15,676 - 13,780}(6,890 + 15,010 + 15,670 + 7,853 - 3 \times 13,780) = 0°,021$$

L'élévation de température corrigée est donc

$$1°,926 + 0°,021 = 1°,947$$

Ce qui fait pour la chaleur Q, dégagée par la combustion de $0^{gr},7622$ de quinone :

$$Q = 2398,8 \times 1,947 = 4670^{cal},46.$$

Il faut retrancher de cette quantité :

1° La chaleur dégagée par la combustion du fil de fer (soit $20^{cal},77$).

2° La chaleur dégagée par la formation d'une petite quantité d'acide nitrique, laquelle, dans cette expérience, était égale à $16^{cal},126$.

Le nombre ainsi corrigé devient :

$$Q = 4633^{cal},56$$

et pour 1 gr. de substance :

$$Q = 4633,56 : 0,7622 = 6070^{cal},2$$

pour une molécule $C^6 H^4 O^2 = 108$.

$$Q = 108 \times 6070,2 = 656500^{cal}.$$

Telle est la chaleur de combustion *à volume constant* d'une molécule de quinone. Pour connaître la chaleur de combustion à pression constante, on se sert de la formule :

$$Q_{T_p} = Q_{T_v} + 0,5424 (N - N') + 0,002 (N - N')t,$$

dans laquelle

N est le nombre d'unités de volume moléculaire occupées par les composants,

N' représente le nombre correspondant d'unités de volumes moléculaires occupées par les produits de la réaction,

Q_{T_p} étant la chaleur dégagée à pression constante par une réaction effectuée à la température T,

Q_{T_v} la chaleur à volume constant dégagée par la même réaction à la même température.

Dans l'exemple choisi on a :

$$C^6H^4O^2 + 6O^2 = 6CO^2 + 2H^2O.$$

$$N = 6;\ N' = 6;\ N - N' = 0.$$

La chaleur de combustion à volume constant se confond donc, dans ce cas particulier, avec la chaleur à pression constante.

Chaleur de formation a partir des éléments. — Une molécule de quinone produit, en brûlant, 6 molécules de CO^2 et 4 molécules de H^2O. Or, la formation d'une molécule de CO^2 à partir du carbone diamant et de l'oxygène dégage $94^{cal},3$ (grandes calories), d'autre part la formation d'une molécule d'eau liquide à partir de l'hydrogène et de l'oxygène est accompagnée d'un dégagement de 69^{cal}.

Si les différents atomes qui composent la quinone n'avaient perdu en s'unissant une certaine quantité d'énergie, la combustion d'une molécule de quinone dégagerait

$$Q = 6 \times 94,3 + 2 \times 69 = 703^{cal},8.$$

Or nous avons trouvé expérimentalement le nombre $656^{cal},5$.

La différence entre ces deux nombres représente *la chaleur de formation à partir des éléments*, carbone, hydrogène, oxygène, soit $+\ 47^{cal},3$.

Pour la chaleur de combustion des corps liquides, des composés chlorés ou sulfurés, nous renverrons au *Traité de calorimétrie pratique* de M. Berthelot.

CHAPITRE III

ANALYSE ÉLÉMENTAIRE

Essais préliminaires.

De même que l'analyse minérale, l'analyse quantitative d'une matière organique doit être précédée d'une analyse qualitative. Le mode opératoire varie, en effet, suivant la composition de la substance. On doit donc constater, avant tout, à côté du carbone, de l'hydrogène et de l'oxygène, la présence possible de l'azote, du soufre, du phosphore, du chlore, du brome ou de l'iode.

Recherche de l'azote. — Dans un tube à essai, on introduit environ 1 décigramme de substance avec un petit morceau de potassium. On chauffe à la flamme d'un bec de gaz : lorsqu'on a aperçu la vive lueur produite par la combustion du potassium, la réaction est terminée. Sans laisser refroidir le tube, on le porte dans un verre à expérience contenant un peu d'eau où il se brise. On filtre pour séparer les débris de verre et le charbon. Si la matière contenait de l'azote, il s'est formé du cyanure de potassium; en ajoutant à la solution deux ou trois gouttes d'une solution de sulfate ferreux contenant un peu de sulfate ferrique, puis de l'acide chlorhydrique pour neutraliser, on voit la liqueur se colorer en bleu et des flocons bleus se déposer.

Ce procédé est très sensible, et il réussit dans tous les cas qui se présentent dans la pratique. Il est plus sûr que celui qui consiste à chauffer la substance avec de la chaux sodée et à constater le dégagement d'ammoniaque.

Recherche du soufre. — La matière bien desséchée est introduite dans le fond d'un petit tube fermé avec un petit morceau de sodium. On chauffe, et, après combustion du sodium, on porte dans un verre contenant de l'eau, comme dans la recherche de l'azote. Si la matière était sulfurée, il s'est formé du sulfure de sodium, que l'on reconnaît facilement à l'odeur, et par son action sur une lame d'argent, sur du papier à l'acétate de plomb, etc.

Recherche du phosphore. — On calcine la matière dans un creuset de porcelaine fermé, on détache le charbon, on le broie, et on l'introduit dans un petit tube avec environ la moitié de son volume de magnésium en poudre. On chauffe assez fortement, en ayant soin d'agiter le tube pour que les gaz qui se dégagent ne projettent pas la masse pulvérulente au dehors. S'il y a du phosphore, on aperçoit une lueur phosphorescente dans le tube et on constate quelquefois un petit dépôt de phosphore rouge. La plus grande partie du métalloïde se trouve combinée à l'état de phosphure de magnésium. On brise le tube sur une soucoupe. En soufflant sur les fragments avec la bouche ou en les humectant avec de l'eau, on provoque le dégagement de l'hydrogène phosphoré, facilement reconnaissable.

Recherche du chlore, du brome et de l'iode. — Si la matière est liquide, on peut en enflammer une petite quantité au bout d'une baguette de verre, en recouvrant la flamme d'un verre renversé dont on a, au préalable, humecté les parois avec de l'eau distillée. Les acides chlorhydrique, bromhydrique, iodhydrique qui prennent naissance dans la combustion se dissolvent. On ajoute un peu d'eau distillée, on filtre et on recherche les halogènes au moyen du nitrate d'argent.

Un bon procédé consiste à prendre dans la boucle d'un fil de platine, disposé comme pour faire une perle, un peu d'oxyde de cuivre. On chauffe cette perle au rouge dans un bec Bunsen, on l'humecte avec de l'eau et on la chauffe de nouveau; on ne doit observer aucune coloration de la flamme. On prend alors sur l'oxyde un peu de la substance, et on chauffe dans la partie oxydante de la flamme. Si la substance renferme un élément halogène, on perçoit très nettement la coloration bleue ou verte que donne à la flamme le composé cuivrique.

I. — Dosage du carbone et de l'hydrogène.

C'est l'opération qu'on désigne sous le nom de *combustion*. Elle consiste, en effet, à brûler le carbone et l'hydrogène de la matière et à recueillir et à peser l'acide carbonique et l'eau formés à leurs dépens.

On emploie comme corps comburants l'oxyde de cuivre et l'oxygène gazeux.

L'oxyde de cuivre s'obtient en grillant, dans un moufle chauffé au rouge, des planures de cuivre du commerce. On doit s'assurer, avant de monter son tube, que l'oxyde ne renferme pas de chlorure, en opérant comme nous l'avons indiqué à propos de la recherche du chlore.

L'oxygène se prépare ordinairement par calcination du chlorate de potasse dans la cornue de Salleron. On l'emmagasine dans un grand gazomètre d'où on le répartit ensuite suivant les besoins dans de petits gazomètres de 25 litres. L'oxygène doit naturellement être employé pur et sec. Pour cela on le fait passer au sortir du gazomètre dans un appareil tel que celui que représente la figure 24, comprenant une série de tubes en U, garnis, en nommant les matières dans l'ordre de passage du gaz, de ponce potassée, de fragments de potasse fondue, de chlorure de calcium, enfin de ponce sulfurique. Comme l'appareil doit servir à un grand nombre de combustions, il importe que la masse de ces matières soit assez considérable. En sortant, le gaz traverse un petit barboteur à acide sulfurique qui permet de vérifier la vitesse du passage.

Dans certains laboratoires, on emploie l'oxygène industriel comprimé dans des réservoirs. On a constaté que ce gaz contenait toujours des quantités appréciables de matières carbonées (oxyde de carbone, huile provenant des pompes de compression). Il n'est pas inutile, lorsqu'on emploie ce gaz, d'intercaler entre le réservoir et les appareils de purification un petit tube à oxyde de cuivre chauffé au rouge. On transforme ainsi le carbone de ces matières en acide carbonique qui est ensuite absorbé dans l'appareil de purification.

Montage de l'appareil. — La combustion s'opère dans un tube en verre de Bohême, le plus infusible qu'on pourra trouver, chauffé sur une grille à gaz. Ce tube doit dépasser la grille d'environ 3 ou 4 centimètres à chaque extrémité. Il est soutenu par une gouttière en fer; on interpose en outre entre le verre et le métal des filaments d'amiante, pour éviter l'adhérence qui se produirait sous l'action de la chaleur. A 5 centimètres d'une des extrémités, on place un rouleau de toile de cuivre ayant 1 centimètre de longueur, afin d'arrêter l'oxyde de cuivre, et on remplit d'oxyde jusqu'à 25 centimètres environ de l'autre extrémité. On y loge un semblable rouleau de toile de cuivre; c'est en cet endroit que se trouvera la matière à brûler. En avant, on placera un rouleau de cuivre oxydé, obtenu en enroulant un morceau de toile de cuivre de 15 à 20 centimètres de longueur autour d'un gros fil de même métal. On en règle le diamètre de telle façon que le système entre dans le tube à frottement assez dur pour que les gaz ne puissent circuler facilement entre le rouleau et la paroi du tube. Avec une pince, on fait une boucle aux deux extrémités du fil. On pourra ainsi facilement introduire ou retirer le rouleau au moyen d'une tige de cuivre terminée par un crochet. Le rouleau terminé est oxydé à la flamme de la lampe d'émailleur.

Cette disposition convient lorsque la substance ne contient ni azote, ni élément halogène, ni soufre (ou sélénium).

Les corps azotés, surtout ceux où l'azote est uni à l'hydrogène, peuvent dégager dans la combustion de l'hypoazotide dont l'absorption viendrait fausser les résultats. Il est nécessaire alors de placer à la sortie du tube un rouleau de toile de cuivre préparé comme il a été dit plus haut. On l'oxyde en le chauffant à la lampe d'émailleur, puis on le réduit. Quelques auteurs recommandent d'effectuer la réduction dans un courant d'hydrogène. Il vaut mieux employer comme réducteur l'acide formique. On a un tube en verre vert ayant environ 30 centimètres de longueur, fermé à une extrémité; on y verse une ou deux gouttes d'acide formique, puis on y introduit, chaud, le rouleau oxydé; il est bon de mettre par-dessus un second rouleau, également chaud, lequel fixera l'oxygène qui pourra rentrer dans le tube et préservera le premier de toute oxydation. Sous l'influence de la chaleur, l'acide est vaporisé, et on voit apparaître instantanément la belle couleur du cuivre réduit. On porte alors le tube sur une grille et on le chauffe en commençant par l'extrémité fermée, de façon à chasser toute trace d'acide formique. Quand tout le tube a été chauffé, on éteint la grille et, sitôt qu'on le peut, on bouche avec un bon bouchon de caoutchouc.

On obtient ainsi un métal poreux qui décompose énergiquement toute trace de composé nitreux.

Dans le cas particulier d'une substance chlorée, l'opération de la réduction peut être évitée : il suffit d'employer, à la place du rouleau de toile de cuivre, un faisceau de fils d'argent qui remplit le même objet.

Si la matière contient du soufre ou du sélénium, on mélangera à l'oxyde de cuivre du chromate de plomb : le soufre ou le sélénium sera retenu à l'état de sulfate ou de séléniate de plomb.

La matière, qui doit être parfaitement desséchée, est contenue soit dans une petite nacelle de platine (substances solides ou liquides visqueux non volatils), soit dans une ampoule de verre (liquides volatils). On en prend une quantité qui varie entre 0 gr. 2 et 0 gr. 4, suivant la teneur supposée en carbone.

Si l'on emploie la nacelle, on chauffe celle-ci au rouge pendant quelques instants sur la lampe d'émailleur; on la laisse refroidir dans un dessiccateur, et on la pèse. On y verse ensuite la substance, dont on note le poids, et on la laisse dans le dessiccateur jusqu'au moment de l'introduire dans le tube. On se servira pour cela de la tige de cuivre terminée par un crochet qui sert à la manœuvre du rouleau de cuivre oxydé.

Pour les liquides volatils, on souffle dans un tube de verre une petite ampoule d'un diamètre tel qu'elle entre facilement dans le tube à combustion. On la pèse vide, après l'avoir abandonnée pendant quelque temps dans le dessiccateur, puis on la remplit. Pour cela, on la chauffe doucement au-dessus d'un bec de gaz, la pointe étant renversée dans le liquide. On éloigne la flamme, le liquide monte. On la retourne alors, de façon à faire tomber dans la panse le liquide qui remplit la queue et on ferme à la flamme l'extrémité de cette queue. On pèse, et on abandonne dans le dessiccateur. Au moment de l'introduire dans le tube, on casse l'extrémité de la pointe; on retire rapidement le rouleau de cuivre oxydé, et on engage l'ampoule dans le tube, la pointe en avant. On introduit derrière le rouleau de cuivre oxydé, et on le pousse brusquement, de façon à provoquer la rupture de l'ampoule, puis on met rapidement le bouchon.

Cette extrémité du tube est fermée par un bouchon de caoutchouc bien choisi, exempt de fissures. Il est percé d'un trou dans lequel s'engage un tube de verre relié, par l'intermédiaire d'un tube de caoutchouc, avec l'appareil à dessécher l'oxygène.

Le tube de caoutchouc doit être choisi avec grand soin, ne pas présenter de fuites. Il ne doit jamais avoir servi au passage de gaz d'éclairage ou de tout autre gaz, car le caoutchouc dissout ces gaz et les restitue ensuite. On y place une pince à vis qui permet de régler la vitesse du courant gazeux.

S'il s'agit de comburer une matière volatile à basse température, on ne peut songer à l'introduire en masse au sein du tube, car la combustion aurait lieu trop rapidement. On la fait passer dans une ampoule portant deux prolongements dont l'un pénètre à travers le bouchon qui ferme le tube, et dont l'autre, effilé, reçoit le caoutchouc qui amènera l'oxygène. L'oxyde de cuivre étant chauffé au rouge, on mène la distillation du produit avec la lenteur suffisante en immergeant l'ampoule dans de l'eau à la température voulue. Quand tout a distillé, on brise la pointe : l'oxygène en passant balaie les dernières traces de substance.

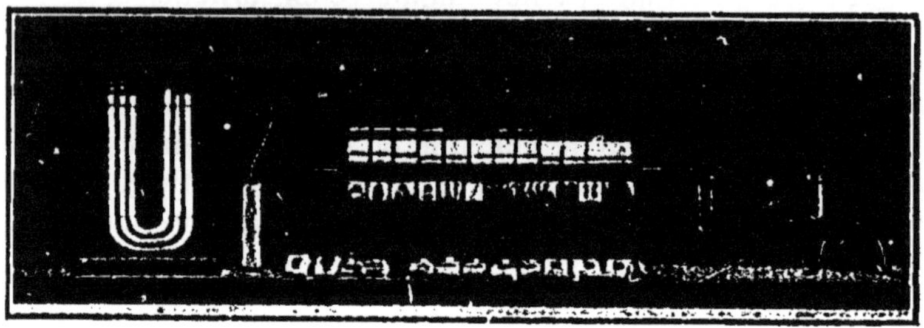

Fig. 21. — Dosage du carbone et de l'hydrogène.

Appareil d'absorption. — L'appareil d'absorption se compose de trois tubes :

Un tube en U garni de ponce sulfurique destiné à arrêter la vapeur d'eau. Le dispositif représenté par la figure est le plus simple et remplit très bien son office. La branche libre est fermée avec un bouchon de liège bien choisi, garni de cire à cacheter. Dans ce bouchon s'engage un petit tube coudé qui sert à établir la communication avec le tube à boules. Pour préparer la ponce sulfurique, on prend de la ponce en fragments d'environ 1 à 2 millimètres de diamètre qu'on calcine légèrement dans un petit creuset, afin de la débarrasser de toute trace de matières organiques. On l'imbibe alors d'acide sulfurique pur et on la chauffe modérément dans une capsule de platine, jusqu'à ce qu'il se dégage des fumées d'anhydride. On l'introduit encore chaude dans le tube, en la maintenant avec deux petits tampons de coton de verre, puis on place et on garnit de cire le bouchon.

En Allemagne, on emploie pour absorber l'eau un tube à chlorure de calcium, bien exempt d'alcali. Mais de nombreuses expériences ont montré que cette substance n'absorbe pas aussi bien la vapeur d'eau que la ponce sulfurique.

Pour absorber l'acide carbonique, on emploie deux tubes. Le premier est un tube de Liebig modifié, tel que celui que représente la figure; c'est le meilleur des nombreux dispositifs essayés. Il produit une pression plus forte que celui de Liebig, mais l'absorption s'y fait mieux, le barbotage étant plus parfait. On y fait pénétrer par aspiration une solution de potasse concentrée, obtenue en dissolvant dans une partie d'eau une partie de bonne potasse caustique. En ne dépassant pas cette concentration, on n'a pas à craindre la cristallisation de bicarbonate de potassium qui obstruerait le tube d'amenée du gaz. L'appareil garni de cette solution peut servir deux fois au moins.

Le tube doit être rempli seulement jusqu'à la naissance des deux boules latérales. Il faut prendre garde en montant l'appareil que le sens du passage n'est pas indifférent; l'absorption ne se fait que dans un sens, que l'expérience indique une fois pour toutes.

Après le tube à boules vient un petit tube en U. On le divise en deux capacités indépendantes, en engageant dans la partie coudée une spirale de fil de cuivre et tamponnant au-dessus du coton de verre. Dans l'une des branches on place de la ponce potassée, dans l'autre de la ponce sulfurique; on les recouvre d'un petit tampon de coton de verre, et on ajuste des bouchons munis de tubes coudés, comme on a fait pour le tube à eau. La ponce potassée vient à la suite du tube à boules; elle retient les traces d'acide carbonique qui auraient pu échapper. La ponce sulfurique arrête la vapeur d'eau que le gaz sortant a pris dans les tubes précédents.

Entre les opérations, les tubes sont bouchés au moyen de tubes de caoutchouc fermés par des bouts d'agitateur. On retire ces tubes pour la pesée: on pèse le tube à eau, puis ensemble les deux tubes à acide carbonique. Dans cette opération il est bon de ne pas trop manier les tubes avec les doigts, qui sont toujours humides, et de les essuyer soigneusement avec du papier de soie.

La jonction des tubes se fait avec du tube de caoutchouc bien exempt de fissures. On a soin de mettre bout à bout les extrémités des tubes de verre. Pour surcroît de précaution, on assure l'étanchéité des joints du tube à eau avec le tube à boules au moyen de deux ligatures de fil de cuivre fin.

Le tube à eau communique avec le tube à combustion par un bouchon de caoutchouc bien net, entrant à frottement dur.

Marche de la combustion. — On commence par priver le tube de toute trace d'humidité. Pour cela, on le chauffe au rouge dans toute sa longueur et on y fait passer lentement de l'oxygène sec. Pendant ce temps on pèse les tubes et la matière.

Le tube étant rouge et l'oxygène sortant à l'extrémité, on éteint la moitié postérieure de la grille et on maintient l'autre partie du tube au rouge sombre. Sitôt que la partie postérieure est assez refroidie pour qu'on puisse la toucher, on monte les appareils absorbants et on règle le courant d'oxygène de telle façon qu'il passe dans le tube à boules à peu près une bulle en deux secondes; alors on débouche le tube, on retire le rouleau de toile de cuivre oxydé, et on introduit la nacelle ou l'ampoule en prenant les précautions indiquées plus haut. On chauffe alors au rouge cerise la partie antérieure, puis la spirale de cuivre oxydé, en commençant par l'extrémité la plus éloignée de la matière. Les trois briques correspondant à l'emplacement de celle-ci doivent être enlevées.

Le mode de conduite du chauffage doit évidemment varier avec la volatilité de la matière. Si elle est très volatile, on ne chauffera la partie du tube où elle se trouve que tout à fait à la fin; le courant d'oxygène chaud suffit à la vaporiser et à l'entraîner sur l'oxyde de cuivre chauffé au rouge. Si elle ne se volatilise qu'à haute température, lorsque le cylindre de cuivre oxydé est rouge, on chauffe progressivement la place de la nacelle ou de l'ampoule jusqu'à atteindre la température du rouge.

On est averti que la matière commence à brûler par la buée qui vient se condenser à l'extrémité du tube, près du bouchon. Puis l'acide carbonique à son tour se dégage. On suit l'absorption, et on règle le dégagement en modérant ou accélérant le chauffage de la partie où se trouve la matière. Il ne doit pas passer plus d'une bulle par seconde. Si cette vitesse était dépassée, il faudrait rapidement éteindre sous la matière, et retirer les briques avoisinantes. Lorsqu'on voit la combustion ainsi *s'emballer*, l'opération est bien compromise.

Pour éviter que l'eau condensée ne séjourne dans le tube, on place en cet endroit une petite gouttière en clinquant qui s'échauffe par conductibilité. On règle la température en l'avançant ou en la reculant. L'eau doit se vaporiser lentement, sans bouillir, car la condensation de gouttelettes liquides pourrait amener la rupture du tube. Il est à peine utile de recommander de ne pas pyrogéner le bouchon.

Quand le dégagement gazeux se ralentit, on continue la chauffe et on accélère un peu le courant d'oxygène, afin de réoxyder le cuivre réduit et de balayer l'acide carbonique contenu dans le tube. On continue jusqu'à ce que l'oxygène sorte à l'extrémité de l'appareil absorbant.

La combustion est alors terminée. On enlève les tubes absorbants, on éteint la grille, on bouche le tube et on le laisse refroidir plein d'oxygène.

On laisse l'appareil absorbant reprendre la température de la salle de la balance. On chasse l'oxygène qui le remplit en aspirant, au moyen d'un caoutchouc, environ 50 centimètres d'air purifié par passage dans un petit tube à ponce sulfurique et à ponce potassée. On pèse : l'augmentation de poids donne l'eau et l'acide carbonique.

Si l'on emploie un rouleau de cuivre réduit, il faut naturellement ne le chauffer que, lorsqu'on juge que le tube est plein d'acide carbonique, c'est-à-dire lorsque la buée apparaît. On le chauffe alors au rouge vif, et on l'y maintient jusqu'à la fin.

Ce mode opératoire est le plus rapide, il convient dans la plupart des cas. Nous devons cependant décrire la méthode du *tube fermé*, ou *tube à baïonnette*, que l'on emploie pour brûler les matières difficilement combustibles et que l'action du courant d'oxygène au rouge ne suffit pas à brûler complètement. Tels sont les composés du groupe de l'anthracène.

On prend un tube en verre vert; on étire une de ses extrémités à la lampe en la recourbant et on ferme la pointe. L'oxyde de cuivre est calciné modérément dans un creuset au four Perrot, en flamme très oxydante, et sans dépasser le rouge sombre. On le verse chaud sur une lame de clinquant qu'on a portée au préalable au rouge à la lampe d'émailleur pour détruire toute matière organique, et on l'introduit, aussi chaud que possible, dans un matras de verre que l'on bouche avec un bon bouchon de caoutchouc. L'oxyde de cuivre est en effet très hygroscopique.

Après avoir chauffé pendant quelques minutes le tube vide au rouge sombre, dans un courant d'oxygène, afin de détruire les matières organiques qu'il peut contenir, on le rince avec un peu d'oxyde de cuivre que l'on rejette; on introduit une colonne d'oxyde d'environ 15 centimètres, puis la matière. Si celle-ci est solide, on l'a pesée dans un petit tube bouché; on la verse dans le tube à combustion, on rebouche le petit tube et on le reporte sur la balance. La différence de poids fait connaître le poids de matière employé. Si elle est liquide, on l'a pesée dans une ampoule, on brise la pointe, on l'introduit la tige en avant, et on la rompt en laissant tomber dessus un bout de baguette de verre bien propre. On achève de remplir avec de l'oxyde de cuivre, et on place, si besoin est, une spirale de cuivre réduit. On bouche alors soigneusement le tube, et on l'entoure avec une lame de clinquant que l'on roule en spirale et que l'on fixe aux extrémités avec deux ligatures de fil de cuivre.

Le tube ainsi préparé est installé sur la grille, sans gouttière; on fixe les appareils absorbants, puis on adapte à la pointe de la baïonnette, toujours fermée, le tube de caoutchouc de l'appareil à oxygène. On chauffe au rouge la partie antérieure, puis doucement l'extrémité postérieure jusqu'à la matière, en observant les mêmes précautions que précédemment.

Lorsque le dégagement gazeux se ralentit, on met l'appareil à oxygène sous pression en desserrant légèrement la vis, et avec une pince on brise adroitement la pointe de la baïonnette. L'oxygène passe, réoxyde le cuivre et balaie l'acide carbonique. On constate, comme plus haut, la fin de l'opération et on termine de même.

Enfin, si la matière est tout à fait réfractaire, on la mélange intimement dans un petit mortier sec et chaud avec du chromate de plomb en poudre, bien desséché. On frappe le tube sur une table, afin de ménager un petit canal dans la masse pulvérulente pour le dégagement des gaz.

En observant exactement les précautions que nous avons minutieusement indiquées, on obtiendra toujours des résultats d'une haute précision.

Quelques chimistes opèrent en plaçant à la sortie des appareils absorbants un aspirateur à eau. Évidemment cette pratique ne présente aucun inconvénient, mais les avantages qu'on invoque en sa faveur ne sont pas assez marqués pour que nous pensions qu'on doive s'embarrasser de cette complication.

Calcul de l'analyse. — Si P est le poids de l'eau, P' le poids de l'acide carbonique, les poids d'hydrogène et de carbone sont donnés par les équations

$$H = \frac{P}{9}, \qquad C = \frac{P' \times 3}{11}.$$

On les exprime en teneur pour 100 du poids de la matière.

On disposera ainsi les résultats de l'analyse :

Combustion d'une matière fusible à 112°, renfermant de l'azote.

30 gr. = nacelle +	4,6167
30 gr. = matière + nacelle +	4,4009
Poids de la matière.................	0,2158

60 gr. = tube à acide sulfurique + 6,5213
60 gr. = eau + tube à acide sulfurique + 6.3853
Eau.................... 0,1360

$$\text{Hydrogène} = \frac{0,136 \times 100}{9 \times 0,2158} = 7\ 0/0$$

110 gr. = tubes à acide carbonique + 11,0215
110 gr. = acide carbonique + tubes + 10,4609
Acide carbonique............... 0,5606

$$\text{Carbone} = \frac{0,5606 \times 3 \times 100}{11 \times 0,2158} = 70,85\ 0/0$$

II. — Dosage de l'azote.

La méthode de Dumas donne dans tous les cas des résultats très précis. Elle consiste à brûler la substance par combustion au contact de l'oxyde de cuivre et à recueillir et mesurer l'azote après s'être débarrassé de l'acide carbonique.

On emploie, pour chasser l'air de l'appareil au début de la combustion et pour balayer l'azote à la fin, un courant d'acide carbonique pur, que l'on produit en chauffant du bicarbonate de sodium, du carbonate de manganèse ou du carbonate de magnésium. Il vaut mieux éviter l'emploi du carbonate du manganèse qui peut contenir de l'oxyde de fer lequel dégage de l'oxyde de carbone par la calcination. Au lieu de placer la matière génératrice d'acide carbonique dans le tube même où se fait la combustion, il vaut mieux se servir d'un tube distinct. L'avantage de ce mode d'opérer réside en ce qu'on peut prendre une plus grande masse de carbonate : on ne risque pas ainsi de manquer d'acide carbonique à la fin de l'opération ; de plus, si l'on se sert de bicarbonate de sodium qui dégage de l'eau en se décomposant, on ne risque pas de voir se produire une rupture du tube par suite du contact d'une goutte d'eau condensée sur le verre rouge.

On prend un tube en verre vert, tel que ceux qui servent pour les combustions en tube fermé. On rétrécit à la lampe une des extrémités en ménageant des étranglements de telle façon qu'on puisse y adapter un tube de caoutchouc à vide. L'oxyde de cuivre a été préparé comme pour la combustion en tube fermé, en négligeant toutefois les précautions relatives à l'humidité de l'oxyde, qui est ici indifférente. On engage un tampon de coton de verre dans l'étranglement du tube, ensuite une colonne de 15 centimètres d'oxyde de cuivre, puis la matière mélangée au mortier avec de l'oxyde fin, de l'oxyde pur par-dessus, et enfin un rouleau de toile de cuivre réduit. Le tube ainsi préparé est entouré de clinquant.

Un morceau de tube analogue, d'une longueur de 30 centimètres environ, est fermé à la lampe à une extrémité. On y introduit du bicarbonate de soude bien exempt d'ammoniaque et on rétrécit l'extrémité comme celle du tube à combustion. Si le bicarbonate est pulvérulent, on frappe le tube sur la table pour ménager un canal.

Au moyen de deux bouts de caoutchouc à vide, on relie les deux tubes ainsi préparés en intercalant entre eux un petit barboteur contenant une goutte de mercure. Ce barboteur sert à

Fig. 25. — Dosage de l'azote.

condenser la vapeur d'eau émise par le bicarbonate; il permet, grâce au mercure, de suivre et de régler la vitesse du dégagement de l'acide carbonique. On assure l'étanchéité de l'ensemble au moyen de ligatures en fil de cuivre. Les deux tubes sont placés chacun sur une grille; le tube à bicarbonate, qui est nu, est soutenu par une gouttière en fer garnie d'amiante (fig. 25).

L'azote est recueilli dans l'appareil spécial de M. Dupré. Cet appareil se compose d'un flacon de 250 à 300 cc. de capacité, qui porte à sa partie inférieure deux tubulures latérales, fermées par des bouchons de caoutchouc. Par l'un de ces bouchons passe un tube coudé dont l'extrémité inférieure pénètre à l'intérieur du flacon, tandis que l'autre est reliée au tube à combustion, au moyen d'un bouchon de caoutchouc. L'autre bouchon donne passage à un tube de verre fixé dans un tube de caoutchouc de 30 à 40 centimètres de longueur qui le relie à la tubulure inférieure d'un second flacon. Le goulot du premier flacon est usé à l'émeri et fermé par un bouchon creux en verre dont les bords sont taillés en biseau et dont la partie supérieure se prolonge en un tube muni d'un robinet. Un bouchon de caoutchouc reçoit ce tube et s'engage dans l'ouverture d'une coupelle.

On verse dans le fond du premier vase assez de mercure pour qu'il recouvre l'extrémité du tube à dégagement, puis dans le second une lessive de potasse ordinaire (à 36° Baumé). En ouvrant le robinet supérieur et élevant le flacon libre, on remplit complètement de potasse le premier flacon : le mercure empêche la potasse de monter dans le tube abducteur.

L'appareil est alors prêt à fonctionner. On chauffe modérément le tube à bicarbonate en allumant un bec à l'extrémité la plus éloignée. L'acide carbonique se dégage et entraîne l'air contenu dans l'appareil. En même temps, on commence à chauffer le cuivre réduit. Les gaz se rendent dans le flacon et montent au sommet. En élevant le flacon libre et ouvrant le robinet, on les expulse. Peu à peu l'air est chassé; on reconnaît qu'il l'est complètement lorsque le gaz qui se rend dans le flacon s'absorbe intégralement dans la potasse. On favorise l'absorption par une pression qu'on établit en élevant le flacon libre.

Le temps nécessaire à l'expulsion totale de l'air peut être très réduit si l'on fait le vide dans le tube au moyen d'une trompe à eau. Il suffit d'employer un tube de dégagement portant un robinet à trois voies qui permet d'établir la communication du tube avec la trompe ou avec le flacon à potasse. On fait le vide, puis on chauffe le bicarbonate; quand la pression d'acide carbonique est devenue égale à la pression atmosphérique, on cesse de chauffer et on fait le vide une seconde fois. On chauffe à nouveau, et quand la pression est de nouveau rétablie, on fait communiquer le tube et le flacon à potasse.

L'appareil étant purgé d'air, on procède à la combustion en prenant toutes les précautions indiquées pour le dosage du carbone et de l'hydrogène. On chauffe au rouge le cuivre réduit, et on continue à faire dégager très doucement l'acide carbonique. La combustion doit être menée lentement, afin de laisser aux oxydes d'azote le temps de se décomposer au contact du cuivre.

L'azote se réunit au sommet du flacon. Quand le dégagement se ralentit, on le fait passer dans la cloche où il sera mesuré. C'est une éprouvette d'un diamètre de 12 à 15 millimètres d'une capacité d'environ 60 centimètres cubes, divisée très exactement en dixièmes de centimètre cube. On la remplit d'eau et on la retourne, en bouchant l'orifice avec le pouce, dans une grande éprouvette à pied. On remplit également d'eau la coupelle qui surmonte l'appareil, on enlève la cloche de l'éprouvette au moyen d'une sorte de cuiller spéciale, et on la porte sur la coupelle au-dessus du tube à robinet. Cela fait, on soulève le flacon libre et on tourne *lentement* le robinet. Cette précaution est indispensable ; faute de l'observer, on voit le gaz s'échapper en une grosse bulle qui n'est pas recueillie tout entière dans l'éprouvette. Le flacon libre étant remis en place, on active le dégagement d'acide carbonique : l'azote resté dans le tube est balayé et vient se réunir au sommet de la cloche; on le fait passer dans l'éprouvette. On continue le courant d'acide carbonique tant qu'il passe du gaz non absorbé. On constate, comme au début, que le gaz qui se dégage n'est que de l'acide cabonique.

L'opération étant terminée il ne reste plus qu'à achever la purification de l'azote et à le mesurer. On prend le tube gradué et on le porte dans la grande éprouvette. On y fait passer un petit fragment de potasse et on le retourne plusieurs fois en bouchant avec le pouce. L'acide carbonique, s'il en reste, est absorbé. On saisit le tube avec une pince en bois afin que la chaleur des doigts ne l'échauffe pas, on le plonge complètement dans l'eau pendant quelques minutes pour qu'il en prenne la température T, que l'on note, en même temps que la température ambiante t et la pression atmosphérique du moment H_t. On élève alors le tube gradué de telle sorte que les deux ménisques intérieur et extérieur soient sur le même plan horizontal, et on fait la lecture.

Pour s'assurer qu'il ne s'est pas dégagé de composés nitreux, on fait passer dans le tube un cristal de sulfate ferreux et on agite, puis on fait une nouvelle lecture : le volume ne doit pas avoir diminué.

Calcul de l'analyse. — Soit V le volume de l'azote à T° et à la pression H (ramenée à 0°), f la force élastique de la vapeur d'eau à T°; le poids de l'azote est donné par la formule

$$P = 0{,}0012511 \left(V \times \frac{1}{1 + \alpha T} \times \frac{H - f}{760}\right).$$

La table suivante, calculée par A. Combes et empruntée à l'*Agenda du chimiste*, permet d'éviter le calcul. Elle donne le poids en milligrammes d'un centimètre cube d'azote mesuré sur l'eau (poids du centimètre cube d'azote chimique d'après Lord Rayleigh et M. W. Ramsay, 0 gr., 0012511). Les températures sont les températures de l'azote au moment de la mesure, les pressions sont les valeurs de (H — f).

T	700	702	704	706	708	710	712	714	716	718	720	722	724	726	728	730	732	734	736	738
10°	1,1115	1,1147	1,1179	1,1211	1,1242	1,1274	1,1306	1,1338	1,1369	1,1401	1,1433	1,1465	1,1496	1,1528	1,1560	1,1592	1,1624	1,1655	1,1687	1,1719
11	1076	1108	1139	1171	1203	1235	1266	1298	1330	1362	1393	1424	1456	1488	1519	1551	1583	1615	1646	1677
12	1037	1069	1100	1132	1164	1195	1226	1258	1290	1321	1353	1384	1416	1447	1479	1510	1542	1573	1605	1636
13	0999	1030	1061	1093	1124	1156	1187	1219	1250	1281	1313	1344	1376	1407	1438	1470	1501	1533	1564	1596
14	0960	0991	1023	1054	1085	1117	1148	1179	1211	1242	1273	1305	1336	1367	1399	1430	1461	1492	1524	1555
15	0922	0953	0984	1016	1047	1078	1109	1140	1172	1203	1234	1265	1297	1328	1359	1390	1421	1453	1484	1515
16	0884	0915	0946	0977	1009	1040	1071	1102	1133	1164	1195	1226	1257	1288	1319	1350	1381	1412	1443	1475
17	0847	0878	0909	0940	0971	1002	1033	1064	1094	1125	1156	1187	1218	1249	1280	1311	1342	1373	1404	1435
18	0809	0840	0871	0902	0933	0964	0995	1026	1056	1087	1118	1149	1180	1211	1242	1272	1303	1334	1365	1396
19	0772	0803	0834	0864	0895	0926	0957	0988	1018	1049	1080	1111	1141	1172	1203	1234	1265	1295	1326	1357
20	0735	0766	0797	0827	0858	0889	0919	0950	0981	1011	1042	1073	1103	1134	1165	1195	1226	1257	1287	1318
21	0699	0729	0760	0790	0821	0852	0882	0913	0943	0974	1004	1035	1066	1096	1127	1157	1188	1218	1249	1280
22	0662	0693	0723	0754	0784	0815	0845	0875	0906	0937	0967	0998	1028	1058	1089	1119	1150	1180	1211	1241
23	0626	0657	0687	0717	0748	0778	0808	0839	0869	0900	0930	0960	0991	1021	1051	1082	1112	1142	1173	1203
24	0590	0621	0651	0681	0712	0742	0772	0802	0833	0863	0893	0923	0954	0984	1014	1044	1075	1105	1135	1165
25	0555	0585	0615	0645	0676	0706	0736	0766	0796	0826	0856	0887	0917	0947	0977	1007	1037	1068	1098	1128

T	740	742	744	746	748	750	752	754	756	758	760	762	764	766	768	770	772	774	776	778
10°	1,1751	1,1782	1,1814	1,1846	1,1878	1,1909	1,1941	1,1973	1,2005	1,2036	1,2068	1,2100	1,2132	1,2163	1,2195	1,2227	1,2259	1,2290	1,2322	1,2354
11	1709	1741	1772	1804	1836	1868	1899	1931	1963	1995	2026	2057	2089	2121	2152	2184	2216	2248	2279	2311
12	1668	1699	1731	1763	1794	1826	1857	1889	1920	1952	1983	2015	2046	2078	2109	2141	2172	2204	2236	2267
13	1627	1658	1690	1721	1753	1784	1816	1847	1878	1910	1941	1973	2004	2036	2067	2098	2130	2161	2193	2224
14	1586	1618	1649	1680	1712	1743	1774	1806	1837	1868	1900	1931	1962	1994	2025	2056	2087	2119	2150	2181
15	1546	1577	1609	1640	1671	1702	1733	1765	1796	1827	1858	1889	1921	1952	1983	2014	2045	2077	2108	2139
16	1506	1537	1568	1599	1630	1661	1692	1723	1754	1785	1817	1848	1879	1910	1941	1972	2003	2034	2065	2096
17	1466	1497	1528	1559	1590	1621	1652	1683	1714	1745	1776	1807	1838	1869	1900	1931	1962	1993	2024	2055
18	1427	1458	1489	1520	1550	1581	1612	1643	1674	1705	1736	1767	1798	1828	1859	1890	1921	1952	1983	2014
19	1388	1418	1449	1480	1511	1542	1572	1603	1634	1665	1695	1726	1757	1788	1819	1849	1880	1911	1942	1972
20	1349	1379	1410	1441	1471	1502	1533	1563	1594	1625	1655	1686	1717	1747	1778	1809	1839	1870	1901	1932
21	1310	1341	1371	1402	1432	1463	1494	1524	1555	1585	1616	1646	1677	1707	1738	1769	1799	1830	1860	1891
22	1272	1302	1333	1363	1394	1424	1459	1485	1515	1546	1576	1607	1637	1668	1698	1729	1759	1790	1820	1851
23	1234	1264	1294	1325	1355	1385	1416	1446	1476	1507	1537	1568	1598	1628	1659	1689	1719	1750	1780	1810
24	1196	1226	1256	1286	1317	1347	1377	1407	1438	1468	1498	1528	1559	1589	1619	1650	1680	1710	1740	1771
25	1158	1188	1218	1248	1279	1309	1339	1369	1399	1429	1460	1490	1520	1550	1580	1610	1641	1671	1701	1731

Exemple de calcul :

Dosage d'azote dans le corps fusible à 112°.

10 gr. =	tube +	5,2157
« =	tube + matière +	4,9944
Poids de la matière................		0,2213

Volume d'azote.................	$V = 19^{cmc},3$
Température de l'eau...........	$T = 15°$
Hauteur barométrique..........	$H_t = 763^{mm}$
Température ambiante..........	$t = 17°$

Au moyen de tables de Delcros, on ramène d'abord la pression barométrique à 0° :

$$H_{17} = 763^{mm} \quad H_0 = 763 - 2,0 = 761^{mm}.$$

On calcule alors la valeur (p — m).

Dans la table de Broche (*Agenda du chimiste*), on trouve pour la valeur de f (tension de la vapeur d'eau à 15°) le nombre 12 mm. 7.

$$(H - f) = 761 - 12,7 = 748^{mm},3$$

On n'a plus alors qu'à chercher dans la table la valeur de *a* correspondant à 748 mm. 3 et 15°. On trouve, par interpolation

$$\text{pour } 748^{mm}\ldots\ldots\ldots\ldots \quad 1,1671$$

$$- \quad 0^{m}3 \quad \frac{0,0031 \times 3}{20} \quad \frac{0,00046}{1,16756}$$

On trouve le poids d'azote en effectuant le produit

$$1,16756 \times 19,3 = 0 \text{ gr. } 0226$$

soit pour 100

$$\frac{0,0226 \times 100}{0,2213} = 10,20\ 0/0$$

Dosage de l'azote par la méthode de Kjeldahl. — Dans certains cas, lorsqu'on a affaire à un composé difficile à brûler, on dosera avec avantage l'azote par la méthode de Kjeldahl. Cette méthode consiste à oxyder la matière organique au moyen du permanganate de potassium et de l'acide sulfurique; l'azote est ainsi transformé en ammoniaque. On sursature par la soude, et on distille la base que l'on recueille dans une solution titrée d'acide chlorhydrique.

3 décigrammes de substance sont pesés dans un tube taré et introduits dans un ballon de 250 cc. renfermant environ 15 cc. d'acide sulfurique concentré pur. On chauffe ce ballon sur une toile métallique (sans arriver tout à fait à l'ébullition) jusqu'à ce que la liqueur soit complètement décolorée,

ce qui exige 2 heures environ. On laisse refroidir complètement, puis l'on ajoute, par petites portions, de 2 à 3 grammes de permanganate de potassium de façon à compléter l'oxydation. Lorsque le sel a disparu complètement, on verse le liquide dans un ballon, en ajoutant soigneusement les eaux de lavage. On sature par la soude diluée en présence de tournesol et l'on ajoute ensuite de 20 à 30 grammes de soude caustique solide, en évitant l'ébullition de la masse. On ajuste immédiatement le bouchon de l'appareil distillatoire, et l'on commence à chauffer.

Cet appareil distillatoire affecte une forme spéciale. Il est constitué par un ballon de 500 cc. auquel est adapté un tube coudé faisant corps avec le réfrigérant; une boule sert à empêcher l'entraînement mécanique d'alcali fixe. L'extrémité inférieure du réfrigérant aboutit, par l'intermédiaire d'une petite allonge, dans une solution titrée d'acide chlorhydrique (25-30 cc. de solution normale) additionnée de quelques gouttes de tournesol. L'acide chlorhydrique devra toujours rester en excès.

La distillation doit être continuée pendant une heure. Elle est accompagnée de soubresauts violents, mais ceux-ci pourront être un peu atténués en mettant un copeau de zinc ou du mercure dans le ballon. Le dégagement d'hydrogène ainsi produit facilite l'ébullition. On ne devra jamais interrompre la distillation, afin d'éviter que le liquide distillé remonte dans le réfrigérant. Lorsqu'on voudra arrêter l'opération, on séparera d'abord l'allonge du réfrigérant avant d'éloigner le feu.

On rincera l'allonge avec une pissette, et l'on titrera l'excès d'acide chlorhydrique avec une solution normale de soude.

La pratique de la méthode de Kjeldahl exige un peu d'habileté, mais elle donne de bons résultats, en particulier dans l'analyse des engrais (azote total).

III. — Dosage du chlore, du brome et de l'iode.

I. Combustion avec la chaux. — On prend un tube en verre de Bohême d'un diamètre de 8 à 10 millimètres, long de 30 centimètres, dont on ferme une des extrémités à la lampe d'émailleur. On doit avoir de la chaux exempte de chlore, vérifiée au préalable. On introduit au fond du tube environ 5 centimètres de cette chaux pulvérisée, puis on mélange dans le mortier la matière (0 gr. 2 à 0 gr. 4, suivant la teneur probable en chlore) avec de la chaux, de façon que le mélange occupe dans le tube environ 5 centimètres. On rince le mortier avec de la chaux et on achève de remplir le tube. On maintient la chaux avec un petit tampon de coton de verre. Il faut avoir soin de frapper le tube sur une table, afin de ménager un petit canal pour l'échappement des gaz de la combustion.

Le tube ainsi préparé est chauffé sur une grille, en commençant par l'avant. Quand cette partie est au rouge, on chauffe l'arrière, puis, doucement, la partie où se trouve la matière. Celle-ci est décomposée : le chlore, le brome ou l'iode se fixent sur le calcium ; les produits volatils se dégagent en partie ; une partie du charbon reste mélangée à la chaux. On chauffe jusqu'au rouge vif que l'on maintient pendant une demi-heure environ. Après refroidissement, on vide le tube dans un vase contenant de l'eau distillée et on le rince soigneusement. On verse goutte à goutte de l'acide nitrique pur de façon à dissoudre la chaux; on filtre pour éliminer le charbon et on précipite la liqueur claire par le nitrate d'argent, en prenant les précautions usitées pour cette sorte de dosage.

Cette méthode est d'une application facile dans le cas du chlore et du brome. Avec l'iode, il convient de prendre certaines précautions, une partie de l'iode pouvant être mise en liberté. Il faut alors, avant de précipiter par le nitrate d'argent, ajouter quelques gouttes d'une solution d'acide sulfureux qui ramène l'iode à l'état d'acide iodhydrique, ou bien faire passer sur la masse calcinée, pendant plusieurs heures, un courant d'acide carbonique humide. On opère ensuite comme plus haut, en prenant soin de ne pas ajouter un excès d'acide azotique (bien exempt de vapeurs nitreuses) pour dissoudre la chaux.

II. Procédé Carius. — On opère en tube scellé. La matière est pesée dans un petit tube bouché par un bouchon de verre. Le tube étant prêt, on y introduit environ 4 grammes d'acide nitrique d'une densité de 1,5, puis quelques cristaux de nitrate d'argent. On y fait alors descendre avec précaution le petit tube contenant la matière, en évitant le contact de celle-ci avec l'acide et on ferme le tube. On chauffe entre 150 et 175°. La matière est oxydée; le chlore, le brome ou l'iode se combinent et se déposent à l'état de chlorure, bromure ou iodure d'argent. Au bout de cinq à six heures de chauffe, on laisse refroidir le tube et on l'ouvre à la lampe avec les précautions indiquées à propos des tubes scellés. Si, à cause de la position horizontale des tubes dans le bain d'huile, une parcelle du composé argentique était engagée dans la pointe du tube, il faudrait s'efforcer de la chasser en chauffant doucement la pointe, sans cela elle serait projetée au dehors lors de l'ouverture. On fait écouler le contenu du tube dans un vase de Bohême, on retire au moyen d'un agitateur le petit tube qui a contenu la substance, on le rince, et on continue l'analyse comme à l'ordinaire.

Le dosage de l'iode est également délicat par cette méthode. L'iodure d'argent et l'excès de nitrate peuvent fondre dans le tube en une masse jaune qui devient solide et opaque par le refroidissement. Pour la débarrasser complètement du nitrate d'argent, il faut la chauffer au moins deux heures sous le liquide étendu.

Il faut aussi éviter d'employer un grand excès de nitrate d'argent, car l'iodure d'argent est sensiblement soluble dans une liqueur contenant de l'acide nitrique et du nitrate d'argent.

Il va sans dire que, si l'étude du composé a montré qu'il se décomposait sous l'influence de l'eau ou des alcalis, on n'aura pas besoin de recourir à ces méthodes, l'élément halogéné se trouvant ainsi plus simplement amené en solution précipitable par le nitrate d'argent.

IV. — Dosage du soufre.

Le soufre est transformé en sulfate de baryum et pesé sous cette forme.

Méthode de Carius. — On obtient d'excellents résultats par cette méthode, qui se pratique comme nous l'avons décrite à propos du dosage des halogènes. On supprime naturellement le nitrate d'argent. Le temps de chauffe varie suivant la nature de la substance. Pour les unes, l'oxydation est complète en 1 heure à 150°; pour certains dérivés sulfoniques, il faut chauffer 10 et 12 heures à 300°. L'expérience indiquera les meilleures conditions. Dans ce dernier cas, afin d'éviter les chances de rupture sous la pression, il sera bon d'ouvrir et de refermer plusieurs fois le tube afin d'expulser l'acide carbonique. Le liquide est extrait du tube et précipité par le chlorure de baryum avec les précautions usitées.

Les composés fixes peuvent être mis en suspension dans de l'acide nitrique placé dans une capsule de porcelaine; on y ajoute par petites portions du chlorate de potassium. On évapore ensuite à sec, on reprend par l'eau et on traite par le chlorure de baryum.

Enfin une méthode qui donne de bons résultats dans beaucoup de cas consiste à chauffer la matière avec une lessive de potasse pure, à étendre ensuite de deux volumes d'eau et à faire passer un courant de chlore. On chasse finalement l'excès de chlore en chauffant, on acidule, on filtre et on précipite par le chlorure de baryum.

V. — Dosage du phosphore.

I. — On peut employer la méthode de Carius. On chauffe de 0 gr. 3 à 0 gr. 5 de substance, pesés dans un petit tube, avec 5 cc. d'acide nitrique d'une densité de 1,41, en tube scellé à 170-180°, pendant 2 heures. La matière est complètement brûlée, le phosphore est transformé en acide ortho-phosphorique. On ouvre le tube avec les précautions d'usage, on verse le contenu dans un verre de Bohême, on rince plusieurs fois avec de l'eau distillée. Si la matière ne renfermait ni métal alcalino-terreux, ni métal lourd, on sursature par l'ammoniaque et, après refroidissement, on précipite au moyen de la mixture magnésienne.

Au cas où la solution azotique renfermerait des métaux lourds, on la traiterait par le molybdate et l'azotate d'ammonium.

II. — Si la matière n'est pas volatile, on la chauffe dans un vase d'Erlenmeyer avec de l'acide azotique, et on y ajoute par petites portions 2 ou 3 grammes de permanganate de potassium jusqu'à ce qu'on observe une coloration violette persistante. Lorsque le dégagement de vapeurs nitreuses a cessé, on redissout le précipité d'oxyde de manganèse en ajoutant un peu d'azotite de sodium pur, et on précipite l'acide phosphorique, comme précédemment, par une des méthodes connues.

VI. — Dosage des métaux.

Métaux alcalins et alcalino-terreux. — Pour doser les métaux alcalins ou alcalino-terreux entrant dans les composés organiques, on chauffe au bain de sable, dans un creuset de porcelaine taré, une quantité de substance variant de 0 gr. 3 à 0 gr. 5 avec un ou deux centimètres cubes d'acide sulfurique concentré. On élève doucement la température, puis on évapore à sec. S'il reste un peu de carbone, on ajoute quelques cristaux de nitrate d'ammonium pur. Enfin on calcine un instant au chalumeau, on laisse refroidir dans un dessiccateur et on pèse le résidu de sulfate anhydre.

Le dosage du *plomb* s'effectue de la même façon.

Cuivre. — On décompose la matière en la chauffant dans une petite capsule ou dans un creuset de porcelaine avec un peu d'acide nitrique; on évapore à sec, on reprend par l'acide sulfurique dilué et dans la liqueur on dose le cuivre par les méthodes usuelles.

Argent. — On chauffe la matière dans un creuset de porcelaine avec 1 ou 2 cc. d'eau régale. On obtient du chlorure d'argent pur que l'on pèse comme à l'ordinaire.

Or, platine. — Ce dosage s'effectue par calcination dans un creuset de porcelaine taré. Il faut mener le chauffage lentement au début afin d'éviter une combustion brusque qui pourrait avoir pour effet de projeter des parcelles de métal hors du creuset. Le résidu est pesé comme métal pur.

Mercure. — On prend un tube analogue à celui que l'on emploie pour le dosage du chlore par la chaux. On le ferme à un bout et on y introduit, d'abord un mélange de bicarbonate de soude et de craie en poudre, puis de la chaux, le mélange intime de substance (0 gr. 3 à 0 gr. 6) avec de la chaux, et enfin une colonne de chaux, de façon à laisser libre la partie antérieure du tube sur une longueur de 6 à 8 centimètres. On place alors un tampon de coton de verre, et on courbe l'extrémité libre de façon à lui donner une inclinaison d'environ 120°.

Le tube ainsi préparé est disposé, après avoir été frappé, sur une grille à analyse, la partie courbée venant affleurer la surface de l'eau contenue dans une petite fiole d'Erlenmeyer. On chauffe d'abord la chaux, puis le mélange de chaux et de substance, enfin le bicarbonate et la craie. L'acide carbonique dégagé chasse les dernières traces de mercure.

Tandis que le tube est encore rouge, on le coupe à la courbure et on lave l'extrémité coupée avec un jet de pissette. L'eau est décantée et les globules de mercure versés dans un petit creuset de porcelaine taré. On enlève la plus grande partie de l'eau avec du papier à filtre et on sèche dans un dessiccateur sur l'acide sulfurique. Une nouvelle pesée donne le poids du mercure.

CHAPITRE IV

ETABLISSEMENT DE LA FORMULE D'UN COMPOSÉ ORGANIQUE

I. — Détermination de la grandeur moléculaire.

I. MÉTHODE CHIMIQUE. — Cette méthode consiste en principe à combiner le corps dont il s'agit avec d'autres corps simples ou composés, et à analyser les combinaisons ainsi obtenues. Ce procédé est très simple dans le cas d'un acide ou d'une base, mais il ne conduit pas toujours à des résultats certains.

Exemple : L'analyse élémentaire de l'acide lactique amène à la formule brute $(CH^2O)^n$. Il faut déterminer la valeur de l'exposant *n*.

Pour cela, on transforme l'acide lactique en *sel d'argent*, puis on dose l'argent dans ce sel. Or on trouve 54,8 p. 100 d'argent; on aura donc

$$M = \frac{\text{(poids mol. du lactate)}}{108} = \frac{100}{54,8}, \qquad \text{d'où } M = 197.$$

Le poids moléculaire de l'acide lactique sera donc égal à $197 - 108 + 1 = 90$, c'est-à-dire que la formule $CH^2O = 30$ devra être triplée.

Dans le calcul précédent, on a supposé que l'acide lactique est monobasique, ou tout au moins que le sel analysé est le sel d'argent de l'acide qui renferme le moins de métal.

S'il s'agit d'une base, on en analysera le chloroplatinate ou le picrate, et l'on effectuera le calcul d'une façon analogue.

Enfin, dans le cas d'un carbure, on pourra se servir d'un dérivé monochloré ou d'un dérivé mononitré.

II. MÉTHODES PHYSIQUES. — *A. Liquides.* — Le poids moléculaire à l'état liquide ne peut guère être déterminé que par la méthode des tensions superficielles de M. Ramsay; cette méthode nécessite des appareils spéciaux, peu usités dans les Laboratoires, et elle n'offre guère d'intérêt qu'au point de vue théorique.

B. Solutions. — Le poids moléculaire d'un corps dissous sera déterminé en pratique par la cryoscopie ou par l'ébullioscopie.

MÉTHODE CRYOSCOPIQUE. — Cette méthode, découverte par M. Raoult, consiste à déterminer l'abaissement du point de congélation d'un liquide produit par la dissolution dans ce liquide, d'un poids connu de la substance dont on veut déterminer le poids moléculaire.

L'appareil le plus usité est composé d'une marmite en fonte, munie d'un trépied, sur les bords de laquelle sont rivées, aux extrémités d'un même diamètre, deux tiges de laiton verticales (fig. 26).

Sur l'une de ces tiges se meut un anneau de support universel qui sert à maintenir au centre de la marmite un cylindre de laiton fermé à sa partie inférieure. Dans ce cylindre se trouve une éprouvette en verre dont le diamètre extérieur est un peu inférieur à celui du cylindre; cette éprouvette est destinée à renfermer le liquide, dissolvant ou solution, dont on veut déterminer le point de solidification; elle est fermée par un bouchon de caoutchouc percé de trois trous. Le bouchon lui-même est traversé :

1° Par un thermomètre gradué en $\frac{1}{50}$ de degré;

2° Par un tube de verre très court dans l'orifice duquel passe la tige d'un agitateur annulaire en platine;

3° Par un autre tube de verre plus large, permettant d'introduire une parcelle du dissolvant solidifié si cela est nécessaire.

L'agitateur de platine est muni d'un fil qui s'enroule sur une poulie supportée par la deuxième tige de laiton; on peut ainsi mélanger facilement et constamment les couches du liquide refroidi.

L'éprouvette, préalablement nettoyée et séchée, est remplie aux deux tiers avec du dissolvant pur. On replace le bouchon en introduisant le thermomètre de telle façon qu'il ne touche pas le fond et que le réservoir n'émerge pas du liquide et se trouve dans l'axe de l'anneau de l'agitateur. Ceci fait, on place l'éprouvette dans le cylindre, et l'on remplit la marmite de glace pilée (ou de glace et de sel), en prenant bien soin qu'il ne tombe ni eau ni glace dans le cylindre de laiton.

Aussitôt que l'opération est commencée, on mélange d'une façon continue les couches du liquide, au moyen de l'agitateur de platine, qui ne doit jamais émerger; un mouvement de va-et-vient doit s'effectuer sensiblement en une seconde. La colonne du thermomètre ne doit jamais être perdue de vue, surtout lorsque la température s'approche du point de solidification. Au moment où le dissolvant commence à cristalliser, on voit le mercure rester stationnaire, puis remonter brusquement et s'arrêter de nouveau, pour redescendre ensuite lorsque la congélation s'est effectuée complètement. On note cette température maximum, et l'on répète une seconde fois l'expérience, en sortant au préalable l'éprouvette du cylindre, de façon à permettre au dissolvant de reprendre l'état liquide. Les deux lectures doivent concorder à $\frac{1}{100}$ de degré près.

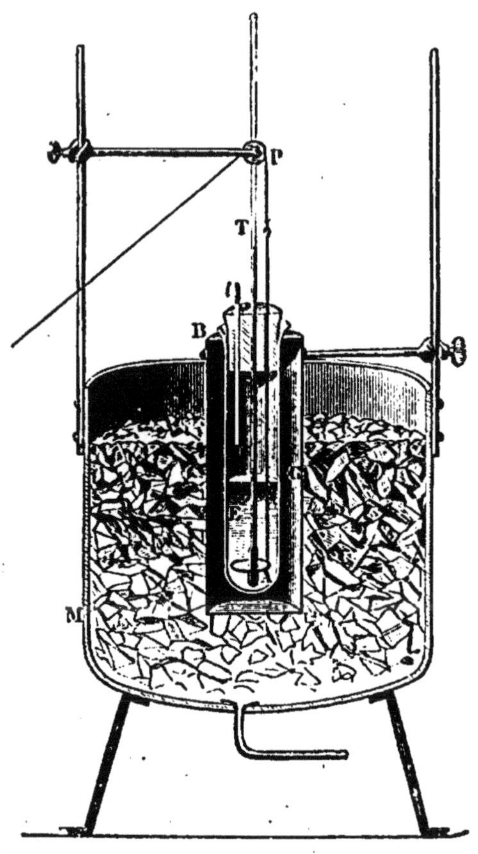

Fig. 26. — Appareil de M. Raoult.

Une fois le point de congélation du dissolvant déterminé, on prépare une dissolution de la substance à étudier, dans le même dissolvant, c'est-à-dire dans une portion de liquide provenant du même flacon et prélevée en même temps que la portion avec laquelle on a effectué la détermination précédente.

La concentration de la solution doit être comprise entre 3 et 5 p. 100, de telle sorte que l'abaissement du point de congélation soit d'environ 0,5 à 1°,5. Son volume doit être égal à celui qu'occupait le dissolvant pur dans la première expérience. Il faudra, par conséquent, calculer au préalable les quantités de substance et de dissolvant à employer dans chaque cas particulier.

Le dissolvant sera pesé dans un ballon à fond plat, dans lequel on introduira également la substance pesée dans un tube fermé. On bouche le ballon, et l'on opère la dissolution sans chauffer, en agitant doucement. Lorsque le liquide est bien homogène, on en introduit tout ou partie dans l'éprouvette, qui a été auparavant nettoyée et séchée, de même que l'agitateur et le thermomètre.

La mesure s'effectuera absolument comme dans le cas du dissolvant pur.

Calcul. — Soit P le poids du dissolvant, p celui de la substance dissoute, c l'abaissement du point de congélation exprimé en degrés; le poids moléculaire M de la substance dissoute sera donné par l'équation

$$M = K \times \frac{100 \times p}{P \times c};$$

K est une constante particulière à chaque dissolvant.

Remarques. — Théoriquement, le choix du dissolvant n'influe pas sur les résultats. En pratique, les actions de dissociation, de polymérisation, etc., ont trop peu d'influence sur l'abaissement du point de congélation pour qu'il en résulte une très grande variation du chiffre du poids moléculaire.

Toutefois, il faut se rappeler que les corps hydroxylés donnent en solution benzénique des abaissements de moitié trop faibles. Dans de pareils cas, on se servira par conséquent du bromure d'éthylène, du nitrobenzène, du bromoforme, etc.

On évitera aussi d'employer des dissolvants susceptibles de réagir chimiquement sur la substance dissoute; on ne choisira pas, par exemple, l'acide acétique dans le cas d'un phénol ou d'un alcool.

Certains dissolvants possèdent deux constantes K, dont l'une est double de l'autre. On se servira généralement de la plus grande des deux valeurs.

Dans le tableau suivant sont réunis les principaux dissolvants employés en cryoscopie, avec leurs points de congélation et leurs constantes.

Dissolvant.	Point de congélation.	K.
Eau	0°	19
Acide acétique	+ 14°,8	39
Bromure d'éthylène	+ 9°,6	119
Benzène	+ 5°,8	49
Nitrobenzène	+ 5°,3	69
Phénol	+ 39°	76

MÉTHODE ÉBULLIOSCOPIQUE. — Cette méthode est moins précise et moins commode que la précédente; elle ne devra donc être employée que lorsque l'insolubilité de la substance rendra la première inapplicable.

La méthode ébullioscopique est basée sur l'abaissement de la tension de vapeur ou sur l'élévation du point d'ébullition d'un liquide résultant de la dissolution dans ce liquide d'un poids donné de la substance dont on veut déterminer le poids moléculaire.

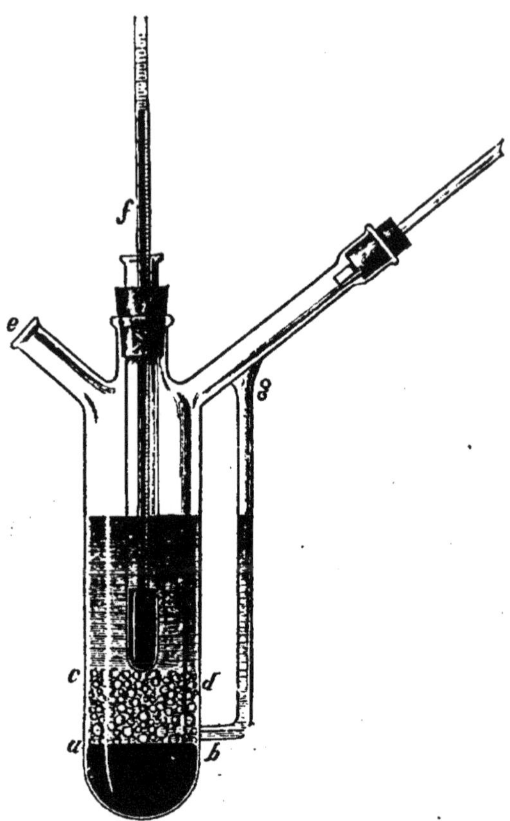

Fig. 27. — Ébullioscope de M. Raoult.

L'appareil employé habituellement (fig. 27) se compose d'un vase cylindrique à trois tubulures *e*, *f*, *g*, dans lequel on fait bouillir le dissolvant ou la dissolution. A cet effet, la partie inférieure du récipient est entourée d'un manteau d'amiante maintenu par des fils métalliques; ce dispositif permet de chauffer directement l'appareil sans craindre d'en amener la rupture.

La tubulure latérale *g* du cylindre est munie d'un bouchon que traverse l'extrémité inférieure d'un réfrigérant à reflux. La tubulure supérieure est fermée par un bouchon percé d'un trou destiné au passage d'un thermomètre gradué en $\frac{1}{50}$ de degré; la troisième sert à l'introduction de la substance.

Afin de faciliter l'ébullition du liquide, on introduira dans le cylindre un peu de mercure ou des fils de platine.

Pour opérer, on verse dans le cylindre une quantité pesée de dissolvant pur, on adapte le réfrigérant, et l'on porte le liquide à une ébullition modérée. Dès que le thermomètre est devenu stationnaire, on note la température, on laisse refroidir, on introduit la substance pesée par la tubulure latérale, et l'on détermine la température d'ébullition de la dissolution.

Pendant les deux déterminations, le thermomètre doit être placé de telle façon que le réservoir n'émerge pas du liquide, sans cependant toucher le fond de l'appareil.

Calcul. — Soit p le poids de la substance dissoute, P celui du dissolvant, e l'élévation du point d'ébullition (en degrés); le poids moléculaire de la substance sera donné par l'équation

$$M = K \times \frac{100 \times p}{P \times e},$$

K étant la constante d'ébullition particulière à chaque liquide.

Remarques. — La méthode ébullioscopique est sujette aux mêmes anomalies que la cryoscopie (benzène et corps hydroxylés). Elle ne peut fournir de résultats satisfaisants que si la substance dissoute est peu volatile. Le point d'ébullition de celle-ci doit être supérieur d'au moins 140° à celui du dissolvant.

La concentration de la solution devra être comprise entre 3 et 5 p. 100.

Le tableau suivant renferme les points d'ébullition et les constantes des liquides les plus employés en ébullioscopie :

Dissolvant.	Point d'ébullition.	Constante K.
Eau	98°,5	5,2
Alcool	78°,05	11,5
Acétone	56°,4	16,7
Ether	35°	21,3
Chloroforme	61°,2	36,6
Sulfure de carbone	47°	23,7
Benzène	80°,5	26

La cryoscopie et l'ébullioscopie fournissent en général pour le poids moléculaire un nombre qui ne s'écarte pas de plus de 10-15 p. 100 du chiffre réel. Il arrive quelquefois cependant qu'on tombe sur des valeurs anormales; par exemple, dans le cas de l'hexaméthylène-tétramine $C^3H^6Az^2$ ou $C^6H^{12}Az^4$, on devrait trouver soit 70, soit 140; or on trouve en solution acétique ou aqueuse des chiffres variant entre 90 et 130. Ce résultat est dû à une dissociation partielle, et l'on peut être certain que toutes les anomalies de ce genre seront provoquées par la dissociation, par la polymérisation, ou par la formation de combinaisons moléculaires avec le dissolvant.

Pour être assuré que le chiffre fourni par la cryoscopie ou l'ébullioscopie est le chiffre exact, il sera bon de faire des déterminations dans deux dissolvants très différents, et à des concentrations très différentes. Si les divers résultats s'écartent trop les uns des autres, on devra les considérer comme suspects, et s'adresser à d'autres dissolvants.

C. Détermination du poids moléculaire au moyen de la densité de vapeur. — Cette méthode s'applique à tous les composés qui peuvent être maintenus à l'état de vapeur sans se décomposer.

Il existe plusieurs procédés de détermination des densités de vapeur. Celui de V. Meyer sera seul décrit ici, car il est à la fois exact et pratique.

Méthode de V. Meyer. — Cette méthode est basée sur ce fait d'observation que la vapeur produite dans une enceinte présentant un orifice de dégagement chasse hors de l'enceinte un volume d'air égal à son propre volume.

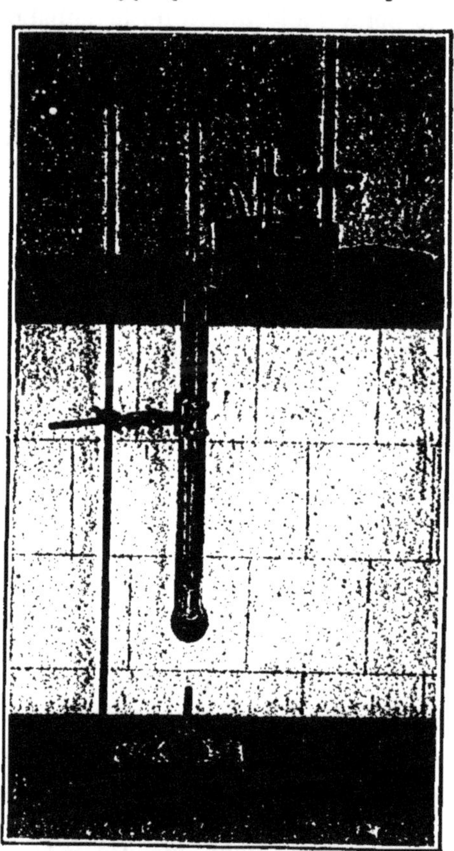

Fig. 28. — Appareil de V. Meyer.

L'appareil (fig. 28) se compose d'une large ampoule de verre soudée à un tube vertical portant un tube à dégagement. On chauffe cette ampoule dans un large manchon de verre, comme le représente la figure, ou bien dans un cylindre en fonte. Pour obtenir des températures constantes, on vaporise dans le manchon des substances à point d'ébullition fixe, en choisissant celle qui convient le mieux à chaque cas particulier :

Eau, 100°; Xylène, 140°; Aniline, 182°; Benzoate d'éthyle, 213°; Benzoate d'amyle, 261°,2 ; Diphénylamine, 310°. L'ébullition doit alors être réglée de telle sorte que le liquide n'atteigne pas le bas du tube, et que les vapeurs se condensent complètement un peu au-dessous de l'orifice du cylindre.

L'orifice du tube vertical est fermé par un bouchon de caoutchouc, l'air expulsé est recueilli dans une éprouvette graduée, sur l'eau ou sur le mercure.

Avant de commencer l'expérience, on aura soin de dessécher le tube, et d'introduire dans le fond de la partie renflée une petite couche d'asbeste, destinée à amortir le choc de l'ampoule. L'éprouvette étant mise de côté, on chauffe le manchon à feu nu, jusqu'à ce qu'il ait atteint une température bien constante, ce qui se reconnaît à la cessation du dégagement gazeux à l'orifice du tube abducteur.

On dispose alors l'éprouvette graduée pleine d'eau ou de mercure au-dessus de cet orifice, on enlève le bouchon, on introduit la substance pesée dans une ampoule ou dans un tube, et l'on replace rapidement le bouchon.

Le liquide se vaporise aussitôt et déplace un volume d'air égal au volume qu'occupe sa vapeur à la même température. Lorsque les bulles ont cessé de se dégager, on transporte l'éprouvette dans un vase profond, et l'on fait la lecture du volume d'air comme nous l'avons indiqué pour les dosages d'azote, en notant la température de l'eau et la pression barométrique.

Calcul. — La densité de vapeur du composé sera donnée par l'équation :

$$S = \frac{P(1 + 0,00367\ t) \times 760}{0,001293 \times V \times (H - f)}.$$

P représentant le poids de la substance, t la température de l'eau dans laquelle plonge l'éprouvette au moment où l'on fait la lecture, H la pression atmosphérique, f la tension de vapeur de l'eau à la température t, et V le volume d'air déplacé.

La densité de vapeur doublée donnera le poids moléculaire de la substance.

Remarques. — La méthode de V. Meyer n'est applicable qu'à des corps dont le point d'ébullition n'est pas trop élevé.

Elle a subi plusieurs modifications qui permettent de l'appliquer à des corps qui bouillent à haute température, ou qui ne bouillent sans décomposition que sous pression réduite ou dans une atmosphère d'azote. Elle devient alors très délicate, et ne peut plus guère être employée que dans un laboratoire de physique.

II. — Établissement de la formule.

L'analyse élémentaire ayant fourni les proportions relatives des composants simples entrant dans la molécule du corps, il s'agit maintenant d'en déduire une formule exprimant ces rapports.

Reprenons l'exemple du corps analysé, pour lequel on a trouvé

C......................	70,85	pour 100.
H......................	7	—
Az......................	10,20	—
O (par différence).......	11,95	—

Ces chiffres correspondent à :

$$\text{Atomes de carbone : } \frac{70,85}{12} = 5,98$$

$$\text{— d'hydrogène : } \frac{7}{1} = 7$$

$$\text{— d'azote : } \frac{10,20}{14} = 0,728$$

$$\text{— d'oxygène : } \frac{11,95}{16} = 0,746$$

Supposons que le corps renferme 1 atome d'oxygène; divisant les nombres trouvés par 0,746, nous avons :

$$\text{Coefficient de C.......... } \frac{5,98}{0,746} = 8$$

$$\text{— H.......... } \frac{7}{0,746} = 9,3$$

$$\text{— Az.......... } \frac{0,728}{0,746} = 0,975$$

On pourra donc admettre provisoirement la formule

$$C^8H^{9,3}Az^{0,975}O$$

Ou, en arrondissant,

$$C^8H^9AzO$$

C'est précisément la formule de l'*acétanilide*. Le point de fusion du corps analysé coïncide avec celui de ce produit. On vérifiera sur le corps soumis à l'analyse les autres réactions et les propriétés physiques et chimiques.

Si le corps ne peut être identifié par ses propriétés physiques et chimiques avec l'un de ceux que l'on connaît, il est nécessaire, une fois connus les rapports entre ses divers éléments, de déterminer la véritable grandeur de son poids moléculaire. C'est alors que l'on utilise les méthodes décrites plus haut, détermination de la densité de vapeur, méthodes cryoscopique et ébullioscopique, méthode chimique.

Exemple de la détermination de la formule au moyen de la densité de vapeur. — On a obtenu un carbure bouillant à 130-132° qui, soumis à l'analyse, a donné les résultats suivants :

C......................	85,61 pour 100.
H......................	14,27 —
	99,88

En calculant comme nous l'avons indiqué plus haut, on trouve pour les rapports entre C et H la formule

$$C^{7,13}H^{14,27} \text{ ou } CH^2$$

La formule du carbure est donc

$$(CH^2)^n$$

Pour déterminer la valeur de n, considérons la densité de vapeur qui a été trouvée de 4,35 ; on obtient le poids moléculaire en appliquant la formule

$$M = D \text{ (densité par rapport à l'air)} \times \underset{\text{(densité de l'hydrogène)}}{\frac{1}{0,06926}} \times 2$$

On trouve :

$$M = \frac{4,35 \times 2}{0,06926} = 125,6, \text{ soit } 126$$

Divisant ce poids moléculaire par la somme

$$C + H^2 = 12 + 2 = 14$$

nous trouvons :

$$n = \frac{126}{14} = 9$$

La formule du carbure est donc

$$(CH^2)^9 = C^9H^{18}$$

L'étude ultérieure du corps a montré que telle était bien sa formule.

Le même raisonnement s'appliquera lorsque l'on emploiera les méthodes cryoscopique et ébullioscopique qui donnent directement le poids moléculaire.

La formule du corps étant déterminée, on s'occupera d'y caractériser les diverses fonctions. L'exposé méthodique de cette recherche nous entraînerait hors du cadre de cet ouvrage. Nous nous bornerons à dire quelques mots de l'application des mesures optiques à la détermination des liaisons multiples dans la molécule d'un corps.

III. — Relations entre les propriétés optiques et les formules de structure.

Soit n l'indice de réfraction d'un liquide, d sa densité déterminée à la même température et M son poids moléculaire. On donne le nom de *réfraction spécifique* à la quantité :

$$\frac{n^2 - 1}{n^2 + 2} \times \frac{1}{d}$$

La *réfraction moléculaire* sera par conséquent donnée par l'expression :

$$\frac{n^2 - 1}{n^2 + 2} \times \frac{M}{d} \text{ (formules de Lorenz et Lorentz)}$$

D'autres formules ont été proposées pour exprimer ces deux grandeurs, mais elles ont été établies empiriquement et sont moins générales.

On a constaté que dans une même série homologue, celle des acides gras par exemple, la réfraction moléculaire varie d'une quantité constante lorsqu'on passe d'un terme au suivant. Des considérations analogues ont permis de formuler la règle suivante :

La réfraction moléculaire d'un composé est égale à la somme des réfractions de ses parties constituantes, ou autrement dit *à la somme des réfractions atomiques des éléments qui entrent dans la molécule.*

Cette loi doit subir de nombreuses restrictions, l'expérience ayant montré que les réfractions atomiques des éléments dépendent du mode de groupement des atomes. Ainsi l'oxygène possède au moins trois réfractions atomiques. On trouvera dans le tableau suivant, emprunté à l'*Agenda du chimiste*, ces valeurs pour différentes raies, d'après les expériences de MM. Brühl, Conrady, etc.

	RÉFRACTIONS ATOMIQUES.		
	Raie α rouge, spectre de l'hydrogène	Raie D spectre du sodium	Raie V bleu spectre de l'hydrogène
Carbone simplement lié.......	2,365	2,501	2,404
Hydrogène....................	1,103	1,051	1,139
Oxygène d'oxhydryle..........	1,506	1,521	1,525
Oxygène d'éther oxyde........	1,665	1,683	1,607
Oxygène de carbonyle.........	2,328	2,287	2,414
Chlore.......................	6,014	5,998	6,190
Brome........................	8,863	8,927	9,211
Iode.........................	13,808	14,12	14,582
Liaison éthylénique..........	1,836	1,707	1,589
Liaison acétylénique.........	2,22	»	2,41
Azote simplement lié au carbone.	2,76	»	2,95
Azote (dans AzH^3, AzH^2OH et dérivés).	3,309	3,153	»

Exemple. — La réfraction atomique du benzène pour la raie D, donnée par l'expérience, est de 26, 13; on a

$$\begin{array}{llrl} \text{pour 6 atomes C :} & 6 \times 2,501 & = & 15,006 \\ \text{6} \quad\quad\quad \text{H :} & 6 \times 1,051 & = & 6,306 \\ & \text{Total} & & 21,312 \end{array}$$

Différence 26,13 — 21,312 = 4,818

pour 3 liaisons éthyléniques : 3 × 1,707 = 5,121

pour 1 liaison éthylénique : 1,707 } = 3,807
et 1 liaison acétylénique : 2,1 }

Le premier chiffre étant le plus rapproché de la différence 4,818, on en déduira que la molécule du benzène renferme *3 liaisons éthyléniques.*

On trouvera un exposé complet de ces faits dans le Traité de M. Ostwald (I, 443).

DEUXIÈME PARTIE

COMPOSÉS DE LA SÉRIE GRASSE

CHAPITRE I

CARBURES

§ I. Carbures saturés $C^{n}H^{2n+2}$.

MODES GÉNÉRAUX D'OBTENTION.

1° *Réduction des iodures alcooliques en* $C^{n}H^{2n+1}I$ *par le zinc et l'eau ou par le couple zinc-cuivre :*

$$2\,C^{2}H^{5}I + 2\,Zn + 2\,H^{2}O = Zn(OH^{2}) + 2\,C^{2}H^{6} + ZnI^{2}$$

(Frankland, *Ann. Chem.*, **71**, 213; *Chem. Soc.*, **47**, 236.)

2° *Décomposition par l'eau des dérivés organo-métalliques* $R(C^{n}H^{2n+1})^{2}$:

$$Zn<^{C^{2}H^{5}}_{C^{2}H^{5}} + 2\,H^{2}O = Zn(OH)^{2} + 2\,C^{2}H^{6}.$$

(Frankland, *Ann. Chem.*, **71**, 213; **85**, 30; **95**, 53.)

3° *Action d'un métal (zinc, argent, sodium) sur les iodures alcooliques en tube scellé :*

$$2\,C^{2}H^{5}I + Na^{2} = 2\,NaI + C^{4}H^{10}.$$

(Wurtz, *Ann. Chim. Phys.*, (3), **44**, 275.)

4° *Décomposition par la chaleur des sels des acides gras ou des acides bibasiques, en présence d'un alcali :*

$$CH^{3}CO^{2}Na + NaOH = CO^{3}Na^{2} + CH^{4}.$$

(Dumas, *Ann. Chim. Phys.*, (2), **78**, 93.)

5° *Réduction par le phosphore et l'acide iodhydrique des composés acycliques en* C^{n} :

$$CH^{2}(OH) \cdot (CH\,OH)^{4} \cdot CH^{2}(OH) + 12\,HI = 6\,H^{2}O + 6\,I^{2} + C^{6}H^{14}.$$

(Berthelot, *Bull. Soc. chim.*, (2), **9**, 268.)

Méthane, CH^4.

Le méthane s'obtient, accompagné de diverses impuretés, en chauffant l'acétate de sodium au contact d'un alcali :

$$CH^3.\ CO^2 Na + Na\ OH = CH^4 + CO^3 Na^2$$

On emploie soit la chaux sodée, soit la baryte; la soude et la potasse fondraient et attaqueraient le vase. On prend :

Acétate de sodium fondu	50 grammes
Chaux sodée..................	150 —

On pulvérise les deux substances et on les broie intimement dans un mortier. Le mélange est introduit dans une cornue en verre vert ou en grès; on adapte un tube à dégagement au moyen d'un bouchon de liège et on chauffe sur un fourneau à couronne, de façon à obtenir un dégagement de gaz lent et régulier. La décomposition s'effectue à une température très élevée.

Le gaz dégagé ne peut être recueilli directement : il renferme de l'air, de l'oxyde de carbone, de l'hydrogène et de l'éthylène. L'oxyde de carbone est retenu dans un premier laveur renfermant du chlorure cuivreux acide [1].

En sortant de ce premier laveur, le gaz passe à travers un long tube de verre de Bohême chauffé sur une grille à combustion à une température comprise entre 100 et 200°, et contenant du chlorure de palladium solide [2].

1. *Préparation du chlorure cuivreux.* — Dans un ballon de 1 litre muni d'un bouchon de caoutchouc donnant passage à un tube de verre à pointe effilée, on introduit :

Tournure de cuivre........................	60 gr.
Chlorure cuivrique cristallisé...........	100 —
Acide chlorhydrique ordinaire..........	400 cmc.

On chauffe doucement au bain-marie jusqu'à ce que la liqueur soit complètement décolorée. On ajoute alors un grand excès d'eau froide qui précipite le chlorure cuivreux sous la forme d'une poudre blanche. On lave rapidement par décantation et on dissout le précipité soit dans l'acide chlorhydrique, soit dans l'ammoniaque, suivant les besoins. Ces solutions absorbent avidement l'oxygène; aussi doivent-elles être conservées dans des flacons bien bouchés renfermant un peu de tournure de cuivre.

2. Le chorure de palladium s'obtient en dissolvant le métal dans l'eau régale, évaporant à siccité et chauffant le résidu à 180°, d'abord dans un courant de gaz chlorhydrique, puis dans un courant d'anhydride carbonique (Philipps, *Am. Journ.*, **16**, 260).

Au contact du chlorure de palladium, l'hydrogène est complètement transformé en acide chlorhydrique. A la suite de ce tube se trouve un laveur à potasse, puis un laveur à acide sulfurique. Le méthane est alors pur. C'est un gaz incolore, inodore, très peu soluble dans l'eau et dans l'alcool; il brûle avec une flamme peu éclairante [Schorlemmer, *Chem. News*, **29**,7].

---

§ II. Carbures éthyléniques C^nH^{2n}.

Modes généraux d'obtention.

1° *Déshydratation des alcools :*

$$CH^3 - CH^2OH = H^2O + CH^2 = CH^2.$$

(Erlenmeyer, *Ann. Chem.*, **168**, 64; Bunte, *ibid.*, **192**, 244.)

2° *Action des alcalis sur les dérivés halogénés du type* $C^nH^{2n+1}R$:

$$CH^3 - CH^2 - CH^2I + KOH = KI + H^2O + CH^3 - CH = CH^2.$$

(Erlenmeyer, *Ann. Chem.*, **139**, 228.)

3° *Action à chaud d'un métal sur un dérivé dihalogéné du carbure saturé correspondant :*

$$\begin{array}{l} CH^2Br \\ | \\ CH^2Br \end{array} + Zn = ZnBr^2 + \begin{array}{l} CH^2 \\ \| \\ CH^2. \end{array}$$

(Sabanejeff, *Journ. Soc. Chim. russe*, **9**, 33.)

Éthylène, $CH^2 = CH^2$.

(*Éthène.*)

L'éthylène s'obtient en déshydratant l'alcool :

$$C^2H^5OH - H^2O = C^2H^4$$

On mélange

Alcool........................	100 grammes
Acide sulfurique ordinaire.....	600 —

en prenant les précautions suivantes. L'alcool est placé dans une fiole et on y verse l'acide par petites portions en agitant continuellement. Le mélange s'échauffe, on modère cet échauffement en plongeant le ballon dans l'eau froide. Le liquide est alors placé dans un ballon de 3 litres muni d'un bouchon à deux trous portant un entonnoir à robinet et un tube à dégagement. On chauffe au bain de sable jusqu'à ce que commence le dégagement gazeux. On introduit alors dans l'entonnoir un mélange fait à l'avance d'alcool (1 partie) et d'acide sulfurique (2 parties); l'écoulement de ce mélange règle la vitesse du dégagement gazeux, que l'on suit en observant le passage des bulles dans les laveurs (fig. 28).

Le gaz qui se dégage est souillé par de l'acide sulfureux, des vapeurs d'acide sulfurique et d'alcool, de l'éther. On le fait passer dans trois laveurs renfermant de l'eau, une lessive de soude et enfin de l'acide sulfurique. A la sortie de ce dernier laveur, le gaz est envoyé dans l'appareil où il doit réagir, ou bien recueilli sur l'eau.

L'éthylène est un gaz incolore, d'odeur spéciale, assez soluble dans l'alcool et dans l'eau [Erlenmeyer, *loc. cit.*].

---

§ III. Carbures acétyléniques.

Modes généraux d'obtention.

1° *Action des alcalis sur les dérivés dihalogénés des carbures saturés :*

$$R.CHBr-CH^2Br + 2KOH = 2KBr + 2H^2O + R.C\equiv CH.$$

(Sabanejeff, *Ann. Chem.*, **168**, 111.

2° *Décomposition par la chaleur des acides acétyléniques :*

$$CO^2H-C\equiv C-CO^2H = 2CO^2 + CH\equiv CH.$$

(Bandrowsky, *D. chem. G.*, **10**, 838.)

Acétylène, $CH\equiv CH$

(*Éthine*).

L'acétylène se prépare par une réaction particulière, l'action de l'eau sur le carbure de calcium :

$$C^2Ca + 2H^2O = C^2H^2 + Ca(OH)^2$$

(Wœhler, *Ann. Chem.*, **124**, 220; Moïssan, *Bull. Soc. Chim.*, (3), **11**, 1002.)

On peut employer pour effectuer cette réaction un appareil composé d'un flacon à large col dans lequel on place le carbure de calcium. Le col porte un bouchon de caoutchouc percé de deux trous, donnant passage à un tube à dégagement et à un entonnoir à robinet dont l'extrémité inférieure est recourbée vers le haut. Celui-ci contient de l'eau que l'on fait tomber goutte à goutte sur le carbure. On règle ainsi le dégagement gazeux.

Le gaz qui sort de l'appareil est très impur. Pour en extraire l'acétylène pur, on met à profit sa propriété de former une combinaison avec la solution ammoniacale de chlorure cuivreux, préparée comme on l'a dit à propos de la purification du méthane. On répartit cette solution dans deux flacons laveurs et on y fait passer le courant gazeux sortant de l'appareil. L'acétylure cuivreux se dépose peu à peu sous la forme d'une poudre amorphe rouge-marron.

Lorsqu'on a une quantité suffisante de ce produit, on le recueille et on le lave à l'eau bouillie sur un filtre, sans jamais le laisser sécher. On l'introduit dans un petit ballon muni d'un tube à dégagement et d'un entonnoir à robinet. On recouvre le produit avec de l'eau, et par l'entonnoir à robinet on fait tomber goutte à goutte de l'acide chlorhydrique ordinaire. La combinaison est détruite et l'acétylène pur se dégage.

L'acétylène pur est un gaz incolore, peu soluble dans l'eau, qui est doué d'une odeur alliacée et qui brûle avec une flamme très éclairante.

L'acétylure cuivreux est très explosif, aussi ne doit-on jamais le conserver sec.

CHAPITRE II

DÉRIVÉS HALOGÉNÉS

MODES GÉNÉRAUX D'OBTENTION.

Les DÉRIVÉS MONO-HALOGÉNÉS DES CARBURES SATURÉS *s'obtiennent pratiquement par éthérification des alcools au moyen des hydracides ou des dérivés halogénés du phosphore :*

$$CH^3-CH^2-OH + HBr = H^2O + CH^3-CH^2Br.$$
$$3\,CH^3-CH(OH)-CH^3 + PI^3 = P(OH)^3 + 3\,CH^3-CHI-CH^3.$$

(Groves, *Ann. Chem.*, **174**, 372; Dumas et Peligot, Serullas, *Ann. Chim. Phys.*, (2), **25**, 233.)

Les DÉRIVÉS DIHALOGÉNÉS DU TYPE $R-CHCl^2$ *s'obtiennent par halogénation directe des précédents, ou par action du perchlorure du phosphore sur les aldéhydes et les cétones correspondantes :*

$$CH^3-CO-CH^3 + PCl^5 = CH^3-CCl^2-CH^3 + POCl^3.$$

(Friedel, *C. R.*, **45**, 1013.)

Les DIHALOGÉNÉS DU TYPE $R.CHCl-CH^2Cl$ *se préparent en fixant une molécule d'élément halogène sur un carbure éthylénique :*

$$R.CH=CH^2 + Br^2 = R.CHBr - CH^2Br.$$

(Balard, *Ann. Chim. Phys.*, (2), **32**, 15.)

Les DÉRIVÉS TRIHALOGÉNÉS *résultent de l'action prolongée du chlore, du brome ou de l'iode sur les dérivés précédents, ou de la fixation de ces éléments sur les dérivés halogénés non saturés.*

Les DÉRIVÉS HALOGÉNÉS NON SATURÉS *s'obtiennent généralement en traitant les dérivés polyhalogénés par 1 ou 2 molécules d'alcali.*

On passe des iodures aux chlorures, bromures, fluorures, correspondants en les traitant par le chlorure ou le bromure mercurique ou par le fluorure d'argent.

Chlorure de propyle normal, $CH^3.CH^2.CH^2Cl$
(Chloro 1-propane).

On prépare le chlorure de propyle normal en saturant à chaud l'alcool propylique de gaz chlorhydrique :

$$CH^3.CH^2.CH^2.OH + HCl = CH^3.CH^2.CH^2Cl + H^2O.$$

Il ne faut pas faire intervenir dans la réaction le chlorure de zinc anhydre qui donne du chlorure d'isopropyle et ne fournit l'éther normal qu'avec les alcools méthylique et éthylique.

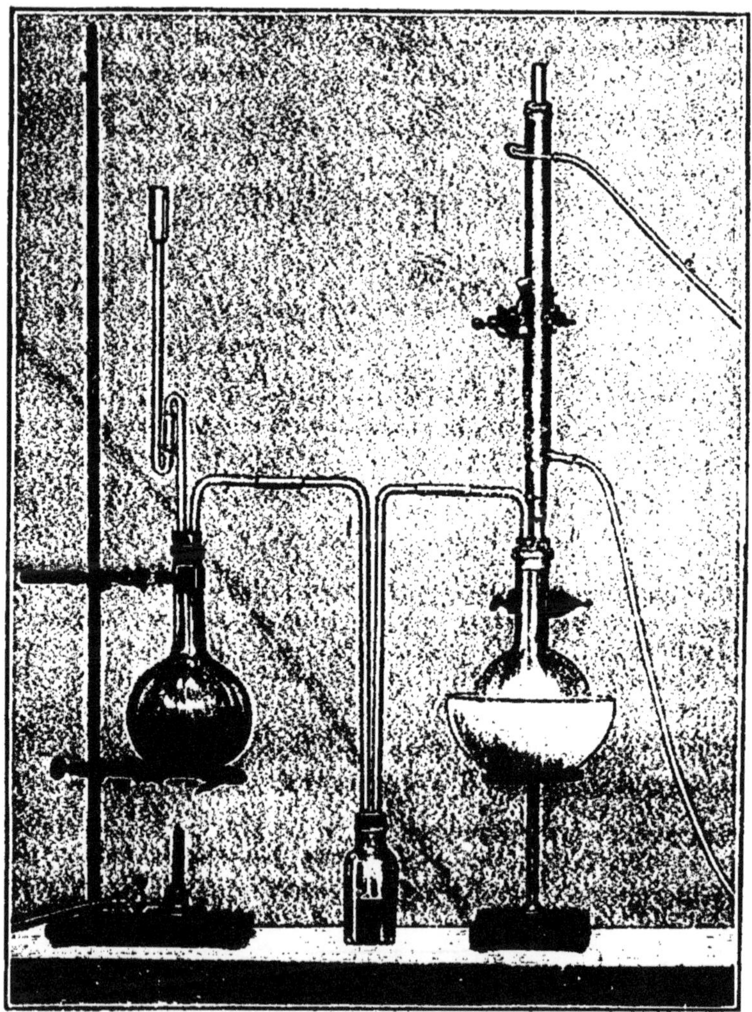

Fig. 29. — Préparation du chlorure de propyle.

Dans un ballon de 500 cc. (fig. 29) on introduit :

Alcool propylique normal..... 200 grammes.

On bouche le ballon avec un bouchon de caoutchouc à deux

trous donnant passage l'un à un réfrigérant à reflux, l'autre à un tube plongeant au fond du ballon et relié à l'appareil producteur d'acide chlorhydrique[1].

On chauffe le ballon au bain-marie de manière à amener l'alcool à une douce ébullition, puis on fait passer l'acide chlorhydrique jusqu'à saturation, ce qui demande environ 2 heures. Le produit refroidi est versé dans un excès d'eau; la couche éthérée surnageante est décantée, lavée avec de l'eau alcalinisée par de la soude, puis avec de l'eau pure, séchée ensuite sur du chlorure de calcium fondu et enfin rectifiée au tube Le Bel à 12 ou 15 boules. On recueille la portion bouillant entre 45 et 48°. Le rendement est d'environ 70 p. 100 de la théorie.

Le chlorure de propyle est un liquide mobile, plus léger que l'eau, bouillant à 46-47° sous la pression normale. Il est presque insoluble dans l'eau (Groves, *Ann. Chem.*, **174**, 374; Pierre et Puchot, *C. R.*, **69**, 27, 509).

Bromure d'éthyle, C^2H^5Br
(*Bromo-éthane*).

Ce corps s'obtient en traitant l'acide sulfovinique par le bromure de potassium :

$$C^2H^5.OSO^2OH + KBr = C^2H^5.OSO^2OK + HBr$$
$$C^2H^5.OSO^2OK + HBr = C^2H^5Br + SO^4KH.$$

Dans un ballon d'un litre on introduit :

Alcool à 95°.................. 120 grammes,

et on y ajoute peu à peu :

Acide sulfurique ordinaire.... 240 grammes,

1. Pour préparer commodément l'acide chlorhydrique, on emploiera la méthode suivante. Dans un ballon de 3 litres, on mélange, avec les précautions d'usage :

Eau.......................... 200 grammes.
Acide sulfurique ordinaire.... 900 —

et on refroidit le mélange sous un robinet. Quand il est refroidi, on introduit d'un seul coup :

Sel marin ordinaire........... 500 grammes.

Si le refroidissement est suffisant, il ne se dégage pas trace d'acide chlorhydrique. On munit le ballon d'un bouchon portant un tube en S contenant un peu de mercure et un tube abducteur. On chauffe sur un bec Bunsen brûlant en veilleuse; le dégagement gazeux est rigoureusement réglé par la hauteur de la flamme. Le gaz est desséché dans un ou deux laveurs à acide sulfurique.

en évitant un échauffement trop notable. On ajoute ensuite :

Eau........................ 50 grammes.
Bromure de potassium........ 120 —

ce dernier finement pulvérisé. Pendant cette opération, il est nécessaire de refroidir énergiquement le ballon dans un courant d'eau froide. Ensuite, on adapte un bouchon de caoutchouc portant un tube coudé relié à un refrigérant puissant; l'extrémité inférieure du réfrigérant plonge dans de l'eau contenue dans un flacon entouré d'un mélange réfrigérant (glace pilée 3 p., sel marin 1 p. — ou bien, glace pilée 3 p., chlorure de calcium 1 p.). — On chauffe doucement le ballon au bain de sable; le bromure distille peu à peu et se rassemble sous l'eau. Lorsque la distillation est terminée, on transvase le contenu du récipient dans un entonnoir à décantation et on sépare le bromure d'éthyle qu'on recueille dans un ballon plongé dans le mélange réfrigérant.

On abandonne ensuite le liquide pendant une journée en contact avec du chlorure de calcium fondu[1]. On le rectifie enfin avec une colonne à 12 ou 15 boules, en chauffant le ballon au bain-marie et condensant les vapeurs dans un matras entouré d'un mélange réfrigérant. On recueille la portion bouillant à 38-41°, et on la conserve dans des matras scellés. Pourvu que l'on ait évité minutieusement toute évaporation de bromure, le rendement est de 75 à 80 p. 100.

Le bromure d'éthyle est un liquide incolore, doué d'une odeur éthérée, bouillant à 38°,4. Il est insoluble dans l'eau, soluble dans les dissolvants organiques (Riebel, *D. chem. G.*, **24**, *Ref.*, 105).

Iodure d'éthyle, C^2H^5I
(*Iodo-éthane*).

On le préparera par action de l'iode et du phosphore sur l'alcool :

$$P + 5I + 5\,C^2H^5.OH = 5\,C^2H^5I + PO(OH)^3 + H^2O.$$

L'appareil se compose d'un ballon d'un litre placé sur un support au-dessus d'une toile métallique: il porte un bouchon

1. Le chlorure de calcium fondu du commerce contient toujours de l'eau. Il est bon de le refondre au moment de l'employer. Pour cela on en prend une plaque dans une pince et on la chauffe à la lampe d'émailleur. Le corps fond, on recueille les gouttes sur une plaque de tôle ou de cuivre; on obtient ainsi de petites pastilles qu'on introduit sitôt refroidies dans le liquide à dessécher.

de liège dans lequel s'engage la partie effilée d'une allonge droite. Cette allonge renferme

Iode........................ 800 grammes

mélangé de fragments de verre ou de brique grossièrement concassée; elle est surmontée d'un bon réfrigérant disposé à reflux.

Dans le ballon, on place

Alcool........................ 250 grammes.
Phosphore..................... 30 —

Les plus grandes précautions doivent être observées dans le maniement du phosphore : on le pèse et on le coupe sous l'eau; on le presse légèrement entre des doubles de papier à filtre et on l'introduit rapidement dans le ballon, *sans jamais le toucher sec* avec les doigts.

On chauffe l'alcool doucement, jusqu'à commencement d'ébullition, puis on met le bec en veilleuse. Les vapeurs d'alcool se condensent dans l'allonge, le liquide qui retombe dans le ballon a dissous un peu d'iode qui réagit. On maintient une très lente ébullition, et on éloignerait immédiatement la flamme si l'on surprenait la moindre tendance à l'emballement. En effet, les vapeurs qui montent étant de plus en plus riches en iodure d'éthyle, dissolvent de plus en plus d'iode, et la réaction tend toujours à s'accélérer.

On pousse l'opération jusqu'à ce que tout l'iode placé dans l'allonge soit dissous, et on continue l'ébullition pendant environ une demi-heure. Au bout de ce temps on renverse le réfrigérant pour distiller et on chauffe le ballon au bain-marie.

L'iodure d'éthyle distille, mélangé à l'excès d'alcool. On recueille le mélange dans l'eau : l'alcool se dissout, l'iodure tombe au fond. On le sépare, on le sèche sur du chlorure de calcium et on le rectifie. Il bout à 72°,5 sous la pression normale.

On préparera de la même façon l'iodure de méthyle, l'iodure de propyle (Serullas, *Ann. Chim. Phys.* (2), **25**, 323).

Iodoforme (*Triiodométhane*), CHI^3.

L'iodoforme prend naissance dans l'action d'un mélange d'hypochlorite de sodium et d'iodure de potassium sur l'acétone. La réaction est représentée par l'équation suivante :

$$3KI + 3NaClO + C^3H^6O = 3KCl + CHI^3 + C^2H^3NaO^2 + 2NaOH.$$

Dans une fiole de deux litres, on introduit

Eau........................ 1 litre.

et on y dissout à froid

Iodure de potassium.......... 100 grammes.

La dissolution opérée on ajoute

Acétone...................... 12 grammes.

puis

Lessive de soude.............. 15 grammes.

100 gr. d'hypochlorite de soude du commerce sont étendus de trois volumes d'eau; cette solution est versée par petites portions dans la liqueur, en agitant. L'iodoforme prend naissance immédiatement et se précipite au fond du vase. On laisse reposer, on ajoute une nouvelle quantité d'hypochlorite et ainsi de suite tant qu'il se forme un précipité.

L'iodoforme est recueilli sur filtre, lavé à l'eau et séché. On le fait cristalliser par refroidissement d'une solution sulfocarbonique saturée à chaud (Suilliot et Raynaud, *Bull. Soc. chim.*, (3), **1**, 3).

Il se présente sous la forme de lamelles hexagonales jaunes, fusibles à 119°, possédant une odeur forte et caractéristique.

Iodure d'allyle, $CH^2{=}CH-CH^2I$
(*Iodo 3-propène*).

L'iodure d'allyle prend naissance, à côté de l'alcool allylique, dans l'action de l'iode et du phosphore sur la glycérine.

On prend une cornue tubulée d'environ 4 litres; on y introduit

Glycérine ordinaire..........	2 000	grammes.
Phosphore rouge............	180	—
Iode.........................	60	—

En tenant la cornue par la panse, on agite énergiquement le mélange afin de répartir le phosphore également dans toute la masse. La cornue est alors placée sur un support. Au moyen de bouchons de liège, on ajuste à l'allonge un réfrigérant descendant, et à la tubulure un entonnoir à brome.

On chauffe avec un fort brûleur, en interposant entre la flamme et la cornue une ou deux toiles métalliques. La réaction ne tarde pas à s'établir et la masse mousse fortement. L'iodure d'allyle commence à distiller; dès qu'on en a recueilli une quantité suffisante, on le sature d'iode (la dissolution a lieu avec dégagement de chaleur) et on l'introduit dans l'entonnoir à brome. On fait couler la solution goutte à goutte, et on règle le feu de manière à maintenir une douce ébullition. L'iodure qui distille sert à dissoudre une nouvelle quantité d'iode, jusqu'à épuisement de la quantité nécessaire : 500 gr.

L'iodure brut est coloré par de l'iode qu'il a entraîné. Lorsque tout l'iode a été introduit dans la cornue, on repasse dans celle-ci l'iodure coloré et on continue la distillation. On l'obtient ainsi presque incolore.

Quand la réaction est terminée, on maintient sous la cornue un feu très doux. Il distille un liquide aqueux, en même temps que de l'iodure d'allyle qui tombe au fond. On les sépare avec un entonnoir à robinet. Le liquide aqueux renferme de l'*alcool allylique*.

Pour isoler ce produit, on ajoute du carbonate de potassium; l'alcool vient surnager sous la forme d'un liquide mobile. On le décante, on le dessèche en l'abandonnant avec des morceaux de chaux vive, et enfin on le rectifie. On obtient un produit bouillant à 103° qui est de l'alcool allylique pur.

L'iodure d'allyle que l'on a séparé contient encore de l'alcool. On l'en débarrasse en l'agitant avec de l'eau en assez grande quantité et à plusieurs reprises.

L'iodure d'allyle est ensuite rectifié, il bout à 101°.

En opérant sur les quantités indiquées, on obtient 635 grammes d'iodure d'allyle (rendement théorique, 661) et 100 grammes d'alcool allylique [Behal, *Bull. Soc. chim.*, (2), **47**, 875].

Bromure d'éthylène, $BrCH^2 - CH^2Br$
(*Dibromo 1,2-éthane*).

L'éthylène fixe à froid 2 atomes de brome en donnant le bromure d'éthylène.

A la suite du second flacon laveur de l'appareil producteur d'éthylène (dont un seul a été figuré sur la gravure) on dispose un certain nombre de flacons laveurs de Durand contenant du brome, environ la moitié de leur capacité. Une fiole contenant de la lessive de soude est placée à la suite et sert à retenir les vapeurs de brome entraînées (fig. 30).

L'absorption du gaz se fait avec un notable dégagement de chaleur. Aussi les flacons doivent-ils être placés dans des conserves ou dans des terrines pleines d'eau que l'on refroidit par des additions de glace. On constate que l'absorption est complète lorsque le liquide se décolore. Quand le dernier flacon est saturé, l'opération est terminée.

On réunit le contenu des flacons, on le lave avec une lessive faible de soude pour absorber les dernières traces de brome, on lave ensuite à l'eau, puis on sèche sur le chlorure de cal-

Fig. 30. — Préparation du bromure d'éthylène.

cium. Le produit desséché est rectifié avec un tube à quatre ou cinq boules. On recueille ce qui passe à 130-135°.

Le point d'ébullition du bromure pur est 131°,5. Il fond à + 9°,53 quand il est parfaitement pur (Balard, *Ann. Chim. Phys.*, (2), **32**, 375; Regnault, *ibid.*, **59**, 358).

Bromure de vinyle, CH^2=CHBr
(*Bromo 1-éthène*).

Ce corps se produit par l'enlèvement du groupe HBr à la molécule du bromure d'éthylène au moyen de la potasse en solution alcoolique concentrée :

$$CH^2Br\text{-}CH^2Br - HBr = CH^2{=}CHBr.$$

L'appareil se compose d'un petit ballon portant un bouchon

de caoutchouc à deux trous, muni d'un tube à brome et d'un tube coudé. Dans le ballon, on place

Bromure d'éthylène.............. 20 grammes,

et dans le tube à brome une solution de

Potasse........................... 20 grammes

dissoute dans le moins d'alcool possible. Le ballon est chauffé au bain-marie à 40°. On fait tomber goutte à goutte la potasse sur le bromure d'éthylène; l'éthylène bromé se dégage. A la suite du premier ballon s'en trouve un second renfermant de la potasse alcoolique concentrée et chauffé à l'ébullition du bain-marie. Cette solution décompose le bromure d'éthylène entraîné mécaniquement. A la sortie de ce ballon, le gaz passe dans un petit laveur contenant de la lessive de potasse, puis dans un tube garni de chlorure de calcium poreux. De là, un dernier tube l'amène dans un matras placé au sein d'un mélange réfrigérant.

On obtient ainsi un liquide très fluide, incolore, possédant une odeur alliacée, bouillant à 16° sous 750 millimètres [Regnault, *Ann. Chim. Phys.*, (2), **38**, 90; **51**, 84].

Bromure d'éthylène bromé, $CH^2Br\text{-}CHBr^2$
(*Tribromo 1,1,2-éthane*).

Ce corps s'obtient en fixant le brome sur le bromure de vinyle.

$$CH^2 = CH\,Br + Br^2 = CH^2Br - CH\,Br^2.$$

Le bromure de vinyle obtenu dans l'opération précédente est placé dans une fiole refroidie dans un mélange réfrigérant et on y verse, goutte à goutte, du brome. Le brome est absorbé instantanément. On arrête l'addition lorsque le liquide reste coloré en rouge. On introduit alors ce dernier dans un entonnoir à décantation et on le lave avec de l'eau légèrement alcalinisée par de la soude, puis à plusieurs reprises avec de l'eau pure. On dessèche sur du chlorure de calcium et enfin on rectifie.

Le bromure d'éthylène bromé est un liquide incolore, possédant une odeur qui rappelle celle du chloroforme. Il bout à 187-188° sous la pression normale [Wurtz, *Ann. Chim. Phys.*, (3), **51**, 85].

CHAPITRE III

ALCOOLS

§ I. Alcools monatomiques.

MODES GÉNÉRAUX D'OBTENTION.

Les alcools monatomiques, primaires, secondaires ou tertiaires se préparent :

1° *Par saponification d'un éther halogéné au moyen d'un alcali ou de l'oxyde d'argent, d'un acétate alcalin ou de l'acétate d'argent. Dans ces deux derniers cas, on obtient comme produit intermédiaire un éther acétique, qu'on décompose ensuite par la potasse.*

$$CH^3.CHI.CH^3 + AgC^2H^3O^2 = CH^3.CH(C^2H^3O^2)CH^3 + AgI,$$
$$CH^3.CH(C^2H^3O^2).CH^3 + KOH = CH^3.CHOH.CH^3. + KC^2H^3O^2.$$

[Flawitzky, *Ann. Chem.*, **175**, 380.]

2° *En saponifiant par un alcali un éther naturel d'acide organique.*

[Chevreul, *Recherches sur les corps gras*, 1823, 171.]

3° *Par réduction des aldéhydes et des cétones :*

$$CH^3.CO.CH^3 + H^2 = CH^3.CHOH.CH^3.$$

[Friedel, *Bull. Soc. Chim.*, (2), **19**, 290.]

4° *Par réduction des chlorures d'acides ou des anhydrides :*

$$CH^3.CH^2.CH^2.COCl + 2H^2 = CH^3.CH^2.CH^2.CH^2OH + HCl.$$

[Boutleroff, *Ann. Chem.*, **144**, 24; Saytzeff, *Zeit. f. Chem.*, 1870, 110.]

5° *Par l'action de l'acide azoteux sur les amines primaires :*

$$R.AzH^2 + AzO^2H = R.OH + Az^2 + H^2O.$$

[Linnemann, *Ann. Chem.*, **161**, 43.]

6° *Par l'action des chlorures d'acides sur les dérivés organo-métalliques :*

$$CH^3.COCl + 2Zn<{}^{CH^3}_{CH^3} = CH^3 - \underset{\displaystyle O.Zn\text{-}CH^3}{\overset{\displaystyle CH^3}{\underset{|}{\overset{|}{C}}}} - CH^3 + Zn<{}^{Cl}_{CH^3}$$

$$CH^3-\underset{OZnCH^3}{\overset{CH^3}{C}}-CH^3 + H^2O = CH^3\text{-}\underset{OH}{\overset{CH^3}{C}}\text{-}CH^3 + ZnO + CH^4$$

[Boutleroff, *Ann. Chem.*, **144**, 1.]

Alcool absolu.

L'alcool industriel à 95 p. 100 peut fournir de l'alcool à 99,5 p. 100 lorsqu'on le déshydrate par la chaux.

On introduit dans un ballon de 2 litres, surmonté d'un réfrigérant ascendant,

Alcool...........................	500 grammes.
Chaux vive........................	125 —

concassée en morceaux de la grosseur d'une noisette, et l'on chauffe au bain-marie pendant trois heures environ.

Au bout de ce temps, on renverse le réfrigérant et l'on distille rapidement. Les 50 centimètres cubes qui passent d'abord sont mis à part, car ils renferment encore de l'eau. L'alcool qui distille ensuite est presque absolu. On le recueille dans un flacon fermé par un bouchon à deux trous, dont l'un est traversé par l'allonge adaptée au réfrigérant, et l'autre par un tube à chlorure de calcium. Lorsqu'on a obtenu environ 350 grammes d'alcool absolu, on change de récipient, et l'on recueille à part les dernières portions, qui sont de nouveau aqueuses.

L'alcool peut être obtenu tout à fait anhydre par une distillation sur de la baryte anhydre. Il dissout cette dernière en formant un alcoolate insoluble dans l'alcool et qui est coloré en jaune. Cette dissolution se trouble dès qu'elle se trouve à l'air humide, par suite de la formation d'hydrate de baryum insoluble.

L'alcool absolu ne doit donc pas précipiter l'alcoolate de baryum. Mais il est tellement hygroscopique, qu'il est impossible de le conserver quelque temps sans qu'il s'hydrate [Berthelot, *Ann. Chim. Phys.*, (3), 46, 180].

Alcool isopropylique, $CH^3.CH(OH).CH^3$ (*Propanol 2*).

L'alcool isopropylique se prépare en réduisant l'acétone par l'hydrogène naissant :

$$CH^3.CO.CH^3 + H^2 = CH^3.CH(OH).CH^3;$$

il se forme en même temps de la pinacone

$$\frac{CH^3}{CH^3}{>}C(OH)-C(OH){<}\frac{CH^3}{CH^3}$$

que l'on sépare aisément par la distillation fractionnée.

On prendra :

Acétone	300 grammes.
Sodium	100 —

On disposera dans un grand cristallisoir contenant de l'eau froide six fioles à fond plat, de 250 centimètres cubes, que l'on maintiendra verticalement au moyen de colliers de plomb. Chaque fiole sera remplie aux 2/3 avec une solution concentrée de carbonate de potassium (marquant 36° B.), et on y versera 50 centimètres cubes d'acétone. L'acétone, presque insoluble dans le liquide alcalin, vient surnager. On introduit alors dans chaque fiole 20 grammes de sodium, en morceaux de la grosseur d'un pois, n'en ajoutant un nouveau que lorsque le précédent est complètement dissous. Le sodium, réagissant lentement sur la solution alcaline, fournit de l'hydrogène qui vient agir sur l'acétone. Lorsque l'opération est près de sa fin, le dégagement gazeux devient plus abondant. Quand tout le sodium a disparu, on réunit le contenu des six fioles dans un grand décanteur, et on sépare la couche supérieure, qui est constituée essentiellement par un mélange d'acétone, d'alcool isopropylique et de pinacone. On ajoute du carbonate de potassium sec, on laisse en contact pendant vingt-quatre heures, et on distille en séparant les portions bouillant au-dessous et au-dessus de 100°.

La première fraction, qui renferme surtout de l'alcool isopropylique et de l'acétone, est additionnée de chlorure de calcium sec pulvérisé. Cette substance forme avec l'alcool isopropylique comme avec l'acétone des combinaisons solides, mais la dernière se dissocie dans le vide au-dessus de l'acide sulfurique. On triture donc dans un mortier le mélange d'alcool et d'acétone avec du chlorure de calcium, de façon à obtenir une pâte épaisse qui ne tarde pas à se solidifier complètement. On place le produit dans une capsule de porcelaine basse, et on l'abandonne dans le vide sous une cloche, au-dessus d'acide sulfurique. A plusieurs reprises on la reprend dans le mortier, on la triture, et on la replace dans le vide. On renouvelle cette opération tant que l'odeur de l'acétone se laisse percevoir. Alors on introduit le résidu dans une cornue de verre à laquelle on adapte un réfrigérant descendant et on chauffe au bain d'huile tant qu'il se condense du liquide au bec du réfrigérant. Le produit distillé est rectifié; la plus grande partie passe à 80-83°, et constitue l'alcool isopropylique pur.

C'est un liquide assez soluble dans l'eau, qui bout à 82-83° sous la pression normale.

La fraction bouillant au-dessus de 100° est agitée avec son volume d'eau bouillante. On filtre; il se dépose pendant le refroidissement des cristaux d'*hydrate de pinacone*. On essore ces cristaux à la trompe et on les chauffe dans un ballon; l'eau distille, il reste de la pinacone bouillant à 171-173°. Celle-ci cristallise par le refroidissement en petites aiguilles fusibles à 30°.

[Friedel et Silva, *Bull. Soc. Chim.*, (2), **19**, 290; Linnemann, *Ann. Chem.*, **136**, 38.]

Alcool allylique, $CH^2{=}CH{-}CH^2.OH$
(*Propène 1-ol 3*).

La préparation de l'alcool allylique s'effectue en deux phases :

1° L'acide oxalique, chauffé avec la glycérine, donne de la monoformine :

$$\underset{\text{Glycérine}}{C^3H^5(OH)^3} + \underset{\text{Acide oxalique}}{C^2H^2O^4} = \underset{\text{Monoformine}}{C^3H^5{<}^{(OH)^2}_{OCHO}} + H^2O + CO^2$$

2° La monoformine perd de l'eau et de l'anhydride carbonique et donne l'alcool allylique :

$$\underset{\text{Monoformine}}{C^3H^5{<}^{(OH)^2}_{OCHO}} = \underset{\text{Alcool allylique}}{C^3H^5OH} + H^2O + CO^2$$

Dans une capsule de porcelaine d'un litre et demi ou deux litres on place

Glycérine commerciale......... 250 grammes,

à laquelle on incorpore

Acide oxalique déshydraté à 100°. 60 grammes.
Sel ammoniac.................... 0 gr. 5.

et on chauffe doucement sur un bec de gaz. Un thermomètre plonge dans la masse que l'on agite continuellement. Un abondant dégagement d'acide carbonique se manifeste et la masse se boursoufle. On règle le feu de manière à ne pas dépasser 150°. A cette température le deuxième temps de la réaction ne s'accomplit pas encore. Lorsque le boursouflement a cessé, que la masse est redevenue tranquille, on l'introduit chaude dans une cornue tubulée d'un litre, préalablement chauffée. Cette cornue est disposée sur un support et son col débouche dans une allonge communiquant avec un ballon tubulé plongeant dans une terrine d'eau. Par la tubulure, un thermomètre passe et plonge au sein de la masse. On chauffe sans avoir à craindre de boursouflement. Vers 210°, la distillation s'établit, l'acide carbonique se dégage paisiblement. On pousse la distillation

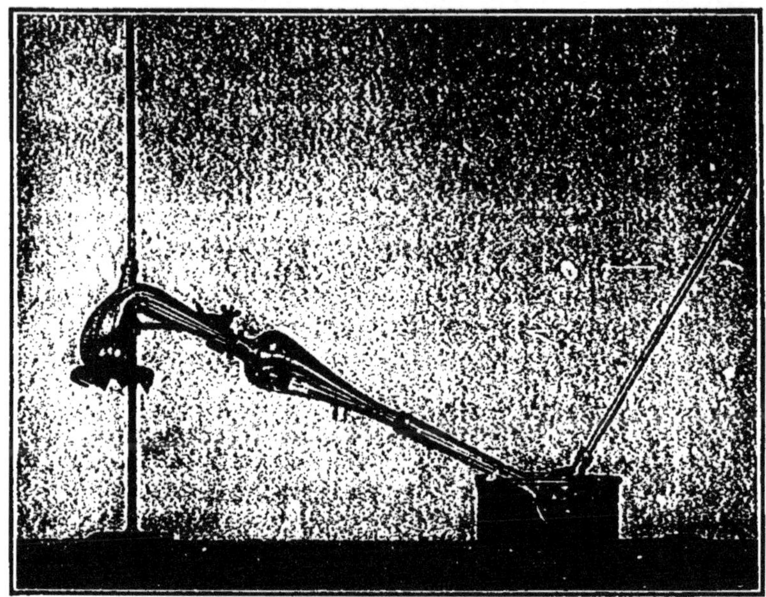

Fig. 31. — Préparation de l'alcool allylique.

jusqu'à 260° environ. Dans la cornue reste l'excès de glycérine. Si l'on veut préparer des quantités notables d'alcool allylique, on y introduit une nouvelle portion de mélange chauffé d'abord en vase ouvert, et on distille de nouveau.

Le produit distillé est un mélange d'alcool allylique et d'eau avec du formiate d'allyle, un peu d'acroléine et de glycérine entraînée. On le soumet à une nouvelle distillation dans un ballon muni d'un thermomètre. On recueille à peu près les 2/3 du produit, à la température de 105° environ. On s'arrête lorsque l'addition au liquide condensé de carbonate de potassium sec ne provoque plus la séparation d'une couche surnageante.

Le liquide recueilli est alors saturé avec du carbonate de

potassium solide; une couche mobile, légère, colorée en jaune, constituée par l'alcool allylique, l'acroléine et le formiate d'allyle, vient surnager. On la sépare dans l'entonnoir à décantation et on l'additionne de 10 p. 100 de potasse caustique pulvérisée; on abandonne en contact pendant vingt-quatre heures en agitant de temps en temps, puis on chauffe pendant une demi-heure au bain-marie. L'acroléine est polymérisée et le formiate d'allyle saponifié. On n'a plus ensuite qu'à rectifier le produit,

L'alcool allylique se présente sous la forme d'un liquide à odeur piquante qui bout à 96°,6. Il est soluble en toutes proportions dans l'eau et dans les dissolvants organiques [Tollens et Henninger, *Bull. Soc. Chim.*, (2), **11**, 394; Bigot, *Ann. Chim. Phys.*, (6), **22**, 464].

---

§ II. Alcools polyatomiques.

Modes généraux d'obtention.

Les alcools polyatomiques se préparent principalement :

1° *Par saponification des dérivés polyhalogénés correspondants, soit directement au moyen des carbonates alcalins, soit au moyen des acétates, avec formation transitoire d'acétines.*

[Wurtz, *Ann. Chim. Phys.*, (3), **55**, 400.]

2° *Par condensation de l'aldéhyde formique avec les aldéhydes ou les cétones en présence d'alcalis :*

$$4H.CHO + CH^3CHO + H^2O = CH^2O^2 + \underset{\text{Pentérythrite.}}{C(CH^2.OH)^4}$$

[Tollens et Wiegand, *Ann. Chem.*, **265**, 319.]

Glycol (*Ethane-diol 1,2*).

$$\begin{array}{l} CH^2.OH \\ | \\ CH^2.OH \end{array}$$

Le glycol s'obtient à partir du bromure d'éthylène.

Dans une première phase on prépare, par action de l'acétate de potassium, la diacétine :

$$\begin{array}{l} CH^2.Br \\ | \\ CH^2Br \end{array} + 2(CH^3COOK) = \underset{\text{Diacétine.}}{\begin{array}{l} CH^2.COOCH^3 \\ | \\ CH^2.COOCH^3 \end{array}} + 2KBr$$

Cette diacétine est ensuite saponifiée :

$$\begin{array}{l} CH^2.COOCH^3 \\ | \\ CH^2.COOCH^3 \end{array} + 2H^2O = \begin{array}{l} CH^2.OH \\ | \\ CH^2OH \end{array} + 2CH^3CO^2H.$$

1er PROCÉDÉ.

Préparation de la diacétine. — On opère dans un ballon surmonté d'un réfrigérant à reflux, chauffé au bain d'air dans une marmite de fonte assez vaste pour permettre l'agitation du ballon. On y place

Bromure d'éthylène sec.............	188 gr.
Acétate de potassium fondu, pulvérisé.	100 —

On chauffe à l'ébullition, pendant 5 heures, en agitant fréquemment. Au bout de ce temps, on renverse le réfrigérant et on distille au bain de sable. Le liquide distillé est replacé dans le ballon d'où on a extrait le bromure de potassium, additionné de nouveau de

Acétate de potassium................	100 gr.

et chauffé dans les mêmes conditions, pendant le même temps.

On distille au bain de sable, puis on fractionne avec un serpentin entouré de papier. Par trois tours de fractionnement, on obtient de 100 à 120 gr. de diacétine bouillant entre 180 et 190°. Les portions à points d'ébullitions inférieurs, formées principalement de bromacétine, peuvent être de nouveau soumises à l'action de l'acétate de potassium.

Saponification. — La diacétine est placée dans un ballon de 1 litre chauffé au bain-marie. On y introduit, par petites portions,

Hydrate de baryte cristallisé.........	185 gr.

(un peu plus que la quantité théorique). On chauffe pendant deux heures. L'acétate de baryum se dépose. On filtre à la trompe et on sature l'excès de baryte au moyen d'un courant d'anhydride carbonique. On filtre de nouveau à la trompe en lavant soigneusement, chaque fois, les précipités barytiques avec de l'alcool à 95°. L'alcool est chassé au bain-marie et le résidu distillé au bain d'huile. Ce qui passe entre 140 et 300° est recueilli et fractionné au serpentin. Le glycol passe vers 187°.

[Wurtz, *Ann. Chim. Phys.*, (3), **55**, 400 ; Henry, *Bull. Acad. roy. Belgique*, (3), **32**, 402 ; Boutzoureano, *Bull. Soc. Chim.*, (3), **2**, 641.)

2e PROCÉDÉ.

Ce procédé, dû à M. Henry, donne d'excellents rendements. Il exige malheureusement l'emploi d'un autoclave. La saponification s'effectue au moyen de l'alcool méthylique, et les deux opérations sont réunies en une seule.

Dans un autoclave en fonte, on introduit

Bromure d'éthylène sec...............	188	grammes.
Acétate de potassium fondu, pulvérisé.	200	—
Alcool méthylique à 90 0/0............	330	—

L'autoclave est chauffé au bain d'huile à 160°, pendant 5 heures. La pression atteint de 18 à 24 atmosphères.

La saponification engendre de l'acétate de méthyle. Le produit est extrait de l'autoclave et essoré à la trompe. En chauffant dans un appareil distillatoire au bain-marie, on élimine l'acétate de méthyle et l'alcool méthylique qui sont employés au lavage du précipité essoré. On termine le lavage avec 150 cc. d'alcool méthylique pur. On distille alors au bain-marie, puis on rectifie au serpentin. Il passe de l'eau, de l'acide acétique, et enfin le glycol [Henry, *Bull. Acad. roy. de Belgique*, (3), **32**, 402].

Le glycol constitue un liquide visqueux, soluble en toutes proportions dans l'alcool et dans l'eau. Il est entraîné par la vapeur d'eau.

---

§ III. Alcools à fonction mixte.

Modes généraux d'obtention.

Les alcools chlorés, bromés, etc., se préparent en général par des procédés analogues à ceux qui ont été indiqués pour les alcools saturés.

On les obtient quelquefois en chlorant (bromant, etc.), les alcools polyatomiques correspondants, soit au moyen des hydracides, soit en employant d'autres agents tels que le chlorure de soufre, etc.

Dichlorhydrine de la Glycérine, $CH^2Cl\text{-}CH(OH)\text{-}CH^2Cl$ (*Dichloro 1, 3-propanol 2*).

La dichlorhydrine symétrique peut s'obtenir en saturant de gaz chlorhydrique sec la glycérine chauffée à 130°. Ce procédé fournit en même temps de la monochlorhydrine. Aussi est-il plus avantageux de faire réagir sur la glycérine le chlorure de soufre :

$$CH^2OH\text{-}CHOH\text{-}CH^2OH + 2S^2Cl^2 = CH^2Cl\text{-}CHOH\text{-}CH^2Cl + 3S + 2HCl + SO^2$$

On commence par déshydrater,

Glycérine.................... 200 grammes,

en la chauffant à 140° dans le vide, au bain d'huile, dans un appareil distillatoire. Lorsqu'elle commence à émettre des vapeurs, l'opération est terminée. On introduit alors la glycérine dans un ballon à distillation de 1 litre dont la tubulure est reliée à un réfrigérant ascendant; le col est bouché par un bouchon de liège qui donne passage à un entonnoir à brome de 250 cc. Le ballon est chauffé dans un bain d'eau salée; quand le bain est chaud, on verse par petites portions, au moyen de l'entonnoir :

Chlorure de soufre............ 500 grammes,

en agitant le ballon après chaque addition.

La réaction s'effectue lentement; elle est accompagnée d'un dépôt de soufre et d'un dégagement de gaz chlorhydrique et d'anhydride sulfureux. Quand ce dernier a cessé de se dégager, on enlève le réfrigérant et on continue de chauffer encore pendant quelque temps, puis on laisse refroidir.

La masse est reprise par 600 cc. d'éther, et la solution débarrassée du soufre par filtration. On chasse l'éther au bain-marie, ensuite on distille à feu nu. De l'eau est d'abord éliminée, puis il passe, entre 174 et 182°, la dichlorhydrine impure qui renferme du soufre et des composés sulfurés. On l'en débarrasse complètement par des distillations répétées dans le vide. Les proportions indiquées donnent, en moyenne, de 150 à 160 grammes de dichlorhydrine pure, bouillant à 176-178°.

C'est un liquide visqueux, doué d'une faible odeur piquante, assez soluble dans l'eau. La potasse la transforme intégralement en *épichlorhydrine*

$$CH^2Cl - CH - CH^2.$$
$$\diagdown O \diagup$$

[Claus, *Ann. Chem.*, **168**, 42; Fauconnier et Sanson, *Bull. Soc. Chim.* (2), **48**, 236; **50**, 212; A. Bigot, *Ann. Chim. Phys.*, (6), **22**, 479.]

CHAPITRE IV

ÉTHERS-OXYDES

MODES GÉNÉRAUX D'OBTENTION.

Les éthers-oxydes se préparent par deux méthodes principales :
1° *En faisant agir l'acide sulfurique sur un excès d'alcool :*

$$C^2H^5OH + SO^4H^2 = H^2O + C^2H^5.OSO^2OH$$
$$C^2H^5.OSO^2OH + C^2H^5OH = SO^4H^2 + C^2H^5.O.C^2H^5.$$

[Saussure, *Ann. Chim. Phys.*, (1), **89**, 273.]

2° *En traitant un alcool sodé par un iodure alcoolique :*

$$C^2H^5ONa + C^4H^9I = C^2H^5.O.C^4H^9 + NaI.$$

[Williamson, *Ann. Chem.*, **77**, 38.]

Oxyde d'éthyle (éther sulfurique), C^2H^5-O-C^2H^5 (*Éthane-oxy-éthane*).

L'éther sulfurique résulte de l'action de l'alcool sur l'acide sulfovinique :

$$SO^4H^2 + C^2H^5.OH = H^2O + \underset{\text{Acide sulfovinique}}{C^2H^5.O\ SO^2OH}$$

$$C^2H^5.OSO^2OH + C^2H^5.OH = SO^4H^2 + \underset{\text{Oxyde d'éthyle}}{(C^2H^5)^2O}$$

La préparation et la distillation de l'éther sont des opérations dangereuses, à cause de la volatilité et de l'inflammabilité du produit. *Les trois quarts des accidents de laboratoire sont dus à des explosions de vapeur d'éther.* On devra donc toujours se placer sous une hotte à bon tirage, employer un réfrigérant puissant et éviter le voisinage de flammes ou de corps incandescents.

L'appareil se compose d'un ballon de 1 litre, muni d'un bouchon à trois trous qui donnent passage : à un thermomètre dont le réservoir est placé au voisinage du fond du ballon, à un entonnoir à brome d'environ 300 cc., et à un tube à dégagement communiquant avec le réfrigérant. L'extrémité du réfrigérant débouche dans un flacon entouré d'eau glacée.

On fait au préalable dans le ballon un mélange de

Alcool à 95°......................	180 grammes.
Acide sulfurique à 66° B..........	300 —

On chauffe au bain de sable, lentement, jusqu'à ce que le thermomètre marque 140°. A ce moment, on introduit par l'entonnoir à robinet de l'alcool à 95°, en réglant l'écoulement pour que le niveau du liquide dans le ballon reste constant, et on mène le feu de manière à maintenir la température entre 140 et 145°. Lorsqu'on a ajouté environ 500 grammes d'alcool, on arrête l'opération.

Le liquide distillé est rectifié avec une colonne Le Bel ou un serpentin; la portion bouillant au-dessous de 70° est agitée par deux fois avec de l'eau contenant quelques centimètres cubes de lessive de soude. On enlève ainsi l'acide sulfureux et la majeure partie de l'alcool tenu en dissolution par l'éther. On décante la couche supérieure et on la rectifie de nouveau au bain-marie. La portion bouillant au-dessous de 50° est mise en contact avec du chlorure de calcium et rectifiée de nouveau. Ainsi purifié, l'éther ne renferme plus que peu d'alcool et d'eau. On obtient avec les quantités indiquées 250 gr. de produit.

Éther anhydre. — Pour obtenir de l'éther anhydre, on lave l'éther purifié avec de petites quantités d'eau, jusqu'à ce que la réaction de l'iodoforme ne décèle plus la présence d'alcool. On le sèche ensuite sur du chlorure de calcium et on le place dans un flacon avec de menus fragments ou des fils de sodium. Le flacon porte un bouchon qui donne passage à un tube en S contenant quelques gouttes de mercure et qui permet le dégagement de l'hydrogène. Lorsque tout dégagement gazeux a cessé, on décante l'éther et on le distille; on le recueille dans un flacon bouché à l'émeri, sur des fils de sodium fraîchement coupés.

L'oxyde d'éthyle est un liquide mobile, plus léger que l'eau, bouillant à 35°. Il dissout $\frac{1}{35}$ de son poids d'eau, et se dissout lui-même dans 10 parties d'eau [Dumas et Boullay, *Ann. Chim. Phys.*, (2), **36**, 294; Norton et Prescott, *Am. Journ.*, **6**, 243; Lieben, *Ann. Chem.*, *Suppl.*, **7**, 217].

Oxyde de méthyle-amyle, CH^3-O-C^5H^{11}
(*Méthane-oxy-pentane*).

Les éthers-oxydes mixtes se préparent en faisant réagir un iodure alcoolique sur un alcoolate de sodium :

$$RI + R'ONa = INa + R\text{-}O\text{-}R'.$$

Pour faciliter le fractionnement du produit, on prend l'iodure du radical le plus petit, qui possède un point d'ébullition plus faible que l'éther-oxyde obtenu.

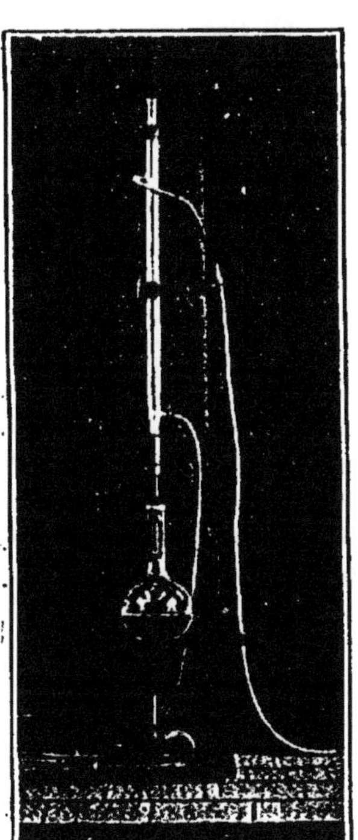

Fig. 32. — Préparation de l'oxyde de méthyle-amyle.

On dissout dans un ballon de 300 cc. :

Sodium.......... 6 grammes

dans

Alcool amylique sec, 150 grammes;

l'alcool amylique ayant été desséché au préalable sur du carbonate de potassium. A l'amylate de sodium ainsi préparé, on ajoute

Iodure de méthyle, 35 grammes

et on chauffe au bain-marie après avoir adapté au col du ballon un réfrigérant ascendant. Au bout de cinq heures environ, le dépôt d'iodure de sodium cesse, l'opération est terminée. On filtre et on fractionne avec une colonne à 12 boules. La portion 85-95° constitue l'oxyde de méthyle-amyle à peu près pur.

Pour le débarrasser des traces d'alcool amylique qu'il renferme, on ajoute quelques fragments de sodium, on laisse en contact pendant vingt-quatre heures, on décante et enfin on fractionne. Le rendement est d'environ 70 p. 100 de la théorie.

L'oxyde de méthyle-amyle est un liquide d'odeur agréable, qui bout à 91° et est à peu près insoluble dans l'eau [Williamson, *Ann. Chem.*, **81**, 80 ; R. Schiff, *D. chem. G.*, **19**, 561, L. Chavanne, *Bull. Soc. Chim.*, (3), **15**, 301].

Acétals.

Modes généraux d'obtention.

Les acétals sont des éthers-oxydes du glycol méthylénique et de ses homologues supérieurs. On les prépare par condensation d'une aldéhyde et d'un alcool. Cette condensation peut s'effectuer au moyen de l'acide chlorhydrique ou du chlorure ferrique :

$$CH^3.CHO + 2C^2H^5OH = CH^3.CH <\begin{matrix} OC^2H^5 \\ OC^2H^5 \end{matrix} + H^2O$$

Aldéhyde Alcool Acétal

[Wurtz, *Ann. Chim. Phys.*, (3), **48**, 370; Geuther, *Ann. Chem.*, **126**, 65.]

Diméthylformal, $H^2C <\begin{matrix} OCH^3 \\ OCH^3 \end{matrix}$

(*Méthane-bis-oxyméthane, méthylal*).

Le diméthylformal résulte de la condensation de l'aldéhyde formique avec l'alcool méthylique en présence de divers agents tels que le chlorure ferrique.

On chauffe pendant dix heures, dans un ballon de 250 cc., au réfrigérant à reflux, un mélange de :

Trioxyméthylène	30	grammes.
Alcool méthylique pur	80	—
Chlorure ferrique anhydre	3	—

Le trioxyméthylène se dissout peu à peu sous l'influence du chlorure ferrique.

Après refroidissement, on distille le contenu du ballon en recueillant ce qui passe au-dessous de 63°. Cette portion est rectifiée de nouveau au moyen du tube Le Bel, sur du chlorure de calcium. Le rendement est de 70 p. 100.

Le diméthylformal, qui bout à 42°, s'obtient aussi en oxydant l'alcool méthylique au moyen du dichromate de potassium et de l'acide sulfurique [Kane, *Ann. Chem.*, **19**, 175].

Mais le procédé qui vient d'être décrit est plus pratique et permet d'obtenir facilement les éthers supérieurs du glycol méthylénique. Ces derniers jouissent de la propriété de dissoudre beaucoup de substances, telles que le soufre, le phosphore, etc. Ils s'unissent à l'eau pour former des hydrates qui ne sont pas dissociés par la distillation. Les acides minéraux les dédoublent facilement en régénérant la formaldéhyde et les alcools correspondants, de sorte qu'on peut les substituer au trioxyméthylène dans un certain nombre de synthèses [Trillat, *Bull. Soc. Chim.* (3), **11**, 752].

Acétal ordinaire, $CH^3.CH<{OC^2H^5 \atop OC^2H^5}$

(*Éthane-bis-oxyéthane*).

La condensation de l'aldéhyde éthylique et de l'alcool :

$$CH^3.CHO + 2\,C^2H^5OH = CH^3.CH<{OC^2H^5 \atop OC^2H^5} + H^2O$$

peut être opérée au moyen de divers agents.

I. Dans un mélange de

Eau...........................	50 grammes
Alcool........................	50 —

on verse

Acide sulfurique concentré....	75 grammes.

et l'on introduit ce liquide bien refroidi dans une cornue d'un demi-litre qui renferme déjà

Bioxyde de manganèse granulé.	75 grammes.

La cornue est reliée à un bon réfrigérant; elle est chauffée au bain de sable.

On chauffe doucement, de façon à éviter la formation de mousse, et l'on distille environ la moitié du contenu de la cornue. Le liquide ainsi obtenu est composé d'alcool, d'aldéhyde, d'éther acétique et d'acétal. On le sèche et on le fractionne comme il a été indiqué pour le diméthylformal. On le purifie complètement en le chauffant à 100° en tube scellé avec de la soude caustique [Wurtz et Frapolli, *Ann. Chim. Phys.*, (3), **56**, 140].

II. M. E. Fischer a indiqué récemment un procédé de préparation des acétals qui fournit des rendements bien supérieurs. Ce procédé consiste à chauffer, pendant des temps variables, l'aldéhyde correspondante ou ses polymères avec une solution faible de gaz chlorhydrique dans l'alcool approprié.

Dans le cas particulier de l'acétal ordinaire, le rendement s'élève à 50 p. 100 de la théorie.

Dans une fiole à fond plat de 250 cc., on introduit

Aldéhyde commerciale...... .	20 grammes.
Solution alcoolique à 1 0/0 HCl[1].	80 —

La masse, qui s'échauffe notablement, est abandonnée à elle-même pendant environ 18 heures. Au bout de ce temps, on l'additionne de 100 cc. d'eau, on neutralise par le carbonate de potassium et on extrait au moyen de l'éther la couche huileuse qui s'est séparée. L'extrait éthéré est lavé deux ou trois fois avec une petite quantité d'eau, séché sur du carbonate de potassium et rectifié.

Par deux rectifications on obtient 27 gr. d'acétal pur, bouillant à 102-104° (E. Fischer et Giebe, *D. chem. G.*, **30**, 3053).

L'acétal est un liquide mobile, à odeur éthérée, qui bout à 104°. Il se dissout dans 18 volumes d'eau à 25°.

1. Pour préparer une solution alcoolique de gaz chlorhydrique d'un titre déterminé, le mieux est de saturer de gaz un certain poids d'alcool, de déterminer par une titration la teneur en HCl et d'ajouter ensuite la proportion d'alcool à 95° déterminée par le calcul. Dans ce cas particulier, la solution doit être préparée au moment de l'emploi.

CHAPITRE V

ALDÉHYDES

§ I. Aldéhydes saturées.

MODES GÉNÉRAUX D'OBTENTION.

1° *Oxydation d'un alcool primaire au moyen du mélange chromique, de l'anhydride chromique ou de l'acide azotique.*

$$R.CH^2OH + O = R.CHO + H^2O.$$

(Liebig, *Ann. Chem.*, **14**, 133.)

2° *Réduction d'un acide; cette réduction s'opère en distillant le sel alcalino-terreux de cet acide avec le formiate correspondant :*

$$(R.CO^2)^2Ba + Ba(CO^2H)^2 = 2\,BaCO^3 + 2\,R.CHO.$$

(Limpricht, *Ann. Chem.*, **97**, 368; Krafft, *D. chem. G.*, **16**, 1717.)

Aldéhyde isovalérique, $\begin{matrix}CH^3\\CH^3\end{matrix}{>}CH.CH^2.CHO$

(*Méthyl 2-butanal 4*).

On la prépare en oxydant l'alcool isoamylique par le mélange chromique :

$$Cr^2O^7Na^2 + 4SO^4H^2 = O^3 + Cr^2(SO^4)^3 + SO^4Na^2 + 4\,H^2O$$

$$3\begin{matrix}CH^3\\CH^3\end{matrix}{>}CH.CH^2.CH^2OH + O^3 = 3H^2O + 3\begin{matrix}CH^3\\CH^3\end{matrix}{>}CH.CH^2.CHO.$$

Le procédé qui consiste à faire tomber l'alcool dans le mélange oxydant chauffé, procédé qu'on trouve généralement indiqué, doit être rejeté. Il faut au contraire opérer de façon à soustraire le plus rapidement possible l'aldéhyde formée à l'action ultérieure du mélange oxydant.

Dans un ballon de 2 litres, chauffé au bain-marie, muni d'un entonnoir à robinet et communiquant avec un réfrigérant descendant, on place

Alcool isoamylique...............	300 grammes.

On prépare dans un ballon, en refroidissant si besoin en est, un mélange de

Eau............................	750	grammes.
Acide sulfurique 66° B............	300	—
Dichromate de sodium pulvérisé[1].	375	—

Au moyen de l'entonnoir à robinet, on introduit ce mélange par petites portions dans le ballon. Le liquide entre aussitôt en ébullition, et le mélange distille. On règle la vitesse de l'introduction du mélange oxydant sur celle de la distillation de l'aldéhyde. Quand tout le mélange a coulé, on chauffe encore tant qu'il distille du liquide.

Le produit distillé est séparé en deux couches : une couche inférieure aqueuse, et une couche supérieure formée d'un mélange d'aldéhyde et d'alcool entraîné. On sépare celle-ci, on la dessèche sur de l'acétate de sodium fondu pulvérisé, et enfin on l'agite dans un flacon à large goulot avec une solution saturée de bisulfite de sodium. La combinaison bisulfitique se prend en une masse cristalline que l'on extrait du flacon et qu'on essore en l'exprimant dans un tissu de calicot. On passe ensuite à la presse, et la combinaison ainsi débarrassée de la majeure partie de l'alcool amylique est placée dans un ballon muni d'un réfrigérant et décomposée par l'acide sulfurique dilué (1 p. d'acide ordinaire pour 4 parties d'eau) qu'on introduit au moyen d'un entonnoir à brome. On chauffe au bain-marie. Le liquide distillé est desséché sur de l'acétate de sodium fondu et rectifié au tube Le Bel. On prend ce qui passe de 90 à 95°. Le rendement est d'environ 60 p. 100 [Bouveault et Rousset, *Bull. Soc. Chim.* (3), **11**, 300].

1. On pulvérise facilement le dichromate de sodium en le chauffant modérément dans une marmite de fonte sur un fourneau à couronne. Les cristaux tombent rapidement en poussière.

Aldéhyde butyrique, $CH^3.CH^2.CH^2.CHO$
(*Butanal*).

On la prépare en distillant un mélange équimoléculaire de butyrate et de formiate de calcium :

$$(CH^3.CH^2.CH^2.COO)^2Ca + (H.CO^2)^2Ca = 2\ CO^3Ca + 2\ CH^3.CH^2.CH^2.CHO.$$

On fait un mélange intime de :

Butyrate de calcium.............	15	grammes.
Formiate de calcium.............	20	—
Limaille de fer..................	20	—

Ce mélange est introduit dans un tube en verre vert fermé à une extrémité et relié à un réfrigérant descendant. Le mélange est réparti sur toute la longueur du tube; celui-ci est chauffé sur une grille à analyse, en commençant le chauffage par l'extrémité fermée. On arrête le feu lorsqu'il ne distille plus rien. Le liquide distillé est formé de deux couches, dont la supérieure renferme l'aldéhyde butyrique. On décante celle-ci, on la fractionne en recueillant ce qui passe entre 70 et 110°, et l'on traite ensuite ce produit par le bisulfite.

Comme la combinaison bisulfitique est assez soluble dans l'eau, il vaut mieux ne pas chercher à l'extraire et employer l'artifice suivant. Le produit bouillant entre 70 et 110° est agité avec une solution concentrée de bisulfite en excès (150 gr.). On ajoute alors 150 gr. d'eau et on extrait à deux reprises avec de l'éther. Ce dissolvant s'empare des portions non aldéhydiques, la combinaison bisulfitique restant dissoute dans l'eau avec l'excès de bisulfite. On chasse l'éther par distillation au bain-marie, on ajoute ensuite un excès de solution de carbonate de sodium et on distille au bain de sel. Rendement 15-20 p. 100 du mélange primitif [Lipp, *Ann. Chem.*, **211**, 355; Kahn, *D. chem. G.*, **18**, 3364].

Aldéhyde palmitique, $C^{16}H^{32}O$
(*Hexadécanal*).

Cette aldéhyde s'obtient en distillant, sous pression réduite, un mélange équimoléculaire de palmitate de baryum et de formiate de baryum :

$$(C^{16}H^{31}O^2)^2Ba + Ba(CO^2H)^2 = 2BaCO^3 + 2C^{16}H^{32}O.$$

On prend :

Palmitate de baryum............	50 grammes.
Formiate de baryum.............	75 —
Sable...........................	25 —

Le mélange intime de ces trois substances est introduit dans une cornue en verre vert d'un demi-litre, dont le col pénètre dans un matras tubulé refroidi énergiquement. La tubulure du matras est en communication avec une forte trompe à eau.

On fait le vide dans l'appareil, et l'on commence à chauffer en réglant la flamme de telle façon que le vide soit maintenu, malgré la décomposition qui se produit, entre 90 et 100 millimètres.

On arrête la distillation lorsque le liquide qui passe est très fortement coloré. L'aldéhyde palmitique s'est solidifiée dans le matras; on l'extrait, on l'essore avec du papier et on la purifie par de nouveaux fractionnements dans le vide.

L'aldéhyde palmitique cristallise en paillettes blanches qui fondent à 44°,5; elle bout à 142-143° sous 22 millimètres, et à 284-285° sous 100 millimètres [Krafft, *D. chem. G.*, **13**, 1415].

On préparera par ce procédé tous les homologues supérieurs de l'œnanthol.

Œnanthol (aldéhyde œnanthique)
(*Heptanal 1*). $CH^3 - (CH^2)^5 - CHO$.

L'œnanthol prend naissance, en même temps qu'une certaine quantité d'acide undécylénique et d'acides polyundécyléniques, par l'action de la chaleur sur l'huile de ricin.

L'opération s'effectue dans une cornue en verre vert de 2 litres. On y introduit :

Huile de ricin................ 500 grammes,

et on relie le col de la cornue à un matras tubulé de 1 litre, refroidi dans un courant d'eau froide. Par sa tubulure, ce matras est relié avec une trompe à eau. On réglera l'aspiration de façon à maintenir dans l'appareil une pression très voisine de 100 mm.

On chauffe au bain d'huile jusqu'à ce que la distillation commence et on règle alors la température de façon à la maintenir régulière. Il passe d'abord de l'œnanthol avec de l'eau, puis de l'acide undécylénique entraînant une certaine quantité de polymères. On arrête le chauffage lorsque la mousse qui se forme atteint une hauteur d'environ 5 millimètres, et que les bulles gazeuses ont peine à se frayer un chemin à travers la masse visqueuse. *Le résidu étant très facilement inflammable, il convient d'attendre le refroidissement pour ouvrir l'appareil.*

Le liquide distillé est fractionné au bain-marie, sous la même pression de 100 mm. Ce qui passe est constitué par de l'œnanthol brut, passant jusqu'à 100°. On le purifie par fractionnement sous la pression normale. Il bout à 156°.

Le rendement est d'environ 10 p. 100 du poids de l'huile employée.

Le résidu resté dans l'appareil distillatoire est distillé à feu nu sous la pression de 100 mm., jusqu'à ce que le contenu du ballon se prenne en masse. La température s'élève ainsi jusqu'à 240°. On obtient de la sorte, en acide undécylénique brut, environ 20 p. 100 du poids de l'huile. [Krafft, *D. chem. G.*, **10**, 2034; Erlenmeyer, *Ann. Chem.*, **176**, 342; Jourdan, *ib.*, **200**, 102.]

Trioxyméthylène, paraldéhyde et métaldéhyde.

La plupart des aldéhydes grasses se polymérisent sous l'influence de la chaleur ou de réactifs violents, tels que l'acide sulfurique concentré, etc. Ainsi on obtient du *trioxyméthylène* $(CH^2O)^n$ en évaporant à sec une solution de formaldéhyde.

L'aldéhyde acétique fournit aisément deux polymères qu'on prépare de la façon suivante. On fait passer quelques bulles de gaz chlorhydrique ou d'anhydride sulfureux dans 5 cc. d'aldéhyde acétique, refroidis dans un mélange réfrigérant. On laisse reposer pendant une heure, et l'on essore la métaldéhyde qui a cristallisé. La liqueur filtrée renferme de la paraldéhyde impure.

La *métaldéhyde* $(C^2H^4O)^3$ cristallise en aiguilles prismatiques qui se subliment sans fondre vers 112°. Elle est insoluble dans l'eau, peu soluble dans l'alcool et dans l'éther. Elle se dissocie complètement lorsqu'on la chauffe à 120°, en vase clos.

La *paraldéhyde* $(C^2H^4O)^3$ s'obtient en laissant tomber une goutte d'acide sulfurique concentré dans de l'aldéhyde acétique. On refroidit la masse au-dessous de 0°; on essore la paraldéhyde qui se dépose et on la purifie par distillation.

La paraldéhyde fond à 10° et bout à 124°; elle se dissout dans l'eau froide et se dissocie lorsqu'on la chauffe avec de l'acide sulfurique dilué [Kekulé et Zincke, *Ann. Chem.*, **162**, 125; Friedel, *Bull. Soc. Chim.*, (3), **9**, 384].

Les polymères des aldéhydes peuvent, en général, leur être substitués dans un certain nombre de réactions. En particulier, on emploiera souvent le trioxyméthylène à la place de la formaldéhyde, surtout si l'on opère en présence d'un acide, à chaud.

---

§ II. Aldéhydes non saturées.

Modes généraux d'obtention.

Les aldéhydes non saturées s'obtiennent en général en faisant agir un déshydratant sur les oxyaldéhydes correspondantes, ou en oxydant les alcools polyatomiques dont elles dérivent.

Acroléine, $CH^2 = CH - CHO$
(*Propène 1-al 3*).

L'acroléine se prépare en oxydant la glycérine :

$$CH^2OH.CHOH.CH^2OH + O = CH^2{=}CH.CHO + 2H^2O.$$

On emploie :

Glycérine anhydre................	200	grammes.
Bisulfate de potassium fondu.....	500	—
Sulfate neutre de potassium.......	200	—

On introduit dans un ballon de 3 litres, choisi avec soin, en verre assez épais, à col court, le mélange intime de glycérine, de bisulfate de potassium pulvérisé et de sulfate neutre de potassium. La glycérine doit avoir été chauffée préalablement dans le vide pendant quelques heures, à la température de 180° sous 50 mm., de façon à être complètement anhydre. On la mélange au bisulfate vingt-quatre heures avant d'effectuer la préparation. Le sulfate neutre, que l'on ajoute ensuite, a pour objet de fixer les vapeurs d'anhydride sulfurique qui polymériseraient complètement l'acroléine.

Le ballon qui renferme le mélange est relié à un bon réfrigérant, et le récipient destiné à recevoir le liquide distillé est constitué, autant que possible, par un grand décanteur entouré d'eau glacée. On chauffe au bain de sable, très doucement pendant la première heure, pour éviter que le liquide qui mousse ne vienne obstruer le réfrigérant. Peu à peu, cette mousse disparaît et l'on chauffe plus fortement, de façon à terminer la distillation en trois ou quatre heures.

L'acroléine se sépare à la surface du liquide distillé; on élimine autant que possible la couche aqueuse pendant l'opération, de façon à éviter son contact prolongé avec l'acroléine. Cette solution aqueuse saturée d'acroléine est chauffée au bain de sel, et l'acroléine qui distille est réunie à la couche supérieure, qu'on fractionne une fois ou deux sur de l'oxyde de plomb précipité. Pour condenser entièrement l'acroléine, il est indispensable d'employer de l'eau glacée.

Le rendement est de 40 p. 100 de la glycérine employée.

L'acroléine est un liquide mobile, peu soluble dans l'eau, doué d'une odeur piquante, qui bout à 52°,4 sous la pression atmosphérique. Les acides la résinifient très facilement [van Romburgh. *Bull. Soc. Chim.*, (2), **36**, 550; Griner, *Ann. Chim. Phys.*, (6), **26**, 367].

Aldéhyde crotonique, $CH^3.CH = CH.CHO$
(*Butène 2-al*).

L'aldéhyde crotonique s'obtient en déshydratant l'aldol brut par l'action de la chaleur [Wurtz, *C. R.*, **76**, 1165; Orndorff et Newbury, *Monats. f. Chem.*, **13**, 516]. Il n'est toutefois pas nécessaire de partir de l'aldol déjà formé, et l'on peut réunir en une seule opération l'aldolisation et la déshydratation :

$$2\,CH^3.CHO = H^2O + CH^3.CH = CH.CHO.$$

On prépare une solution concentrée de chlorure de zinc en dissolvant

Chlorure de zinc.............. 15 grammes

dans

Eau........................... 10 cc.;

0 cc., 7 de cette solution sont introduits dans un matras de Wurtz, avec

Aldéhyde acétique pure....... 100 grammes.

On scelle ce matras et on le chauffe au bain-marie pendant

quarante-huit heures [1]. On ouvre le matras, on transvase son contenu dans un ballon et on le chauffe vers 80-90° pour éli-

1. *Tubes et matras scellés.* — Pour effectuer les opérations en vases clos, on emploie des tubes ou des matras (matras de Wurtz) en verre épais que l'on scelle à la lampe d'émailleur (fig. 33). On proportionne la force des tubes et des matras à la pression qu'ils doivent supporter. L'ammoniaque, l'acide chlorhydrique, les dissolvants usuels n'exercent que des pressions modérées, pourvu qu'on ne dépasse pas la température de 150°. Avec l'acide iodhydrique, l'acide carbonique au-dessus de cette température, il faut employer des tubes très épais et de faible diamètre, qui présentent le maximum de résistance.

La confection des tubes scellés exige quelque soin et quelque habitude. On commence par fermer à la lampe une des extrémités, sans amincir le verre. Le tube ainsi préparé est empli à moitié, jamais plus. Après avoir essuyé l'intérieur, on le ferme en chauffant fortement sans étirer, de manière à conserver à la paroi la même épaisseur partout. Sous l'action de la chaleur le canal s'étrécit lentement de lui-même. On étire alors légèrement, de manière à ménager une pointe capillaire de deux ou trois centimètres de longueur. Cette disposition présente le maximum de résistance, elle rend commode l'ouverture du tube.

Fig. 33. — Matras et tubes scellés.

On procède de la même façon pour sceller les matras.

Les tubes sont placés dans des gaines de fer ou de cuivre, fermées par des bouchons à vis, et qu'on peut avec avantage remplir de sable. On les chauffe soit au bain-marie dans des manchons de fonte, soit dans des bains d'huile tubulaires spéciaux. Les matras s'entourent avec des torchons noués qui retiendraient les débris de verre en cas d'explosion.

Le chauffage terminé, on ne doit jamais extraire le tube de la gaine ou le matras des chiffons avant complet refroidissement.

Pour ouvrir, on sort l'extrémité du tube de la gaine, on l'entoure d'un linge, et on chauffe doucement la pointe effilée à la lampe, après s'être assuré que personne ne se trouve dans la direction de la projection toujours possible. Quand le verre se trouve suffisamment ramolli, la

miner l'aldéhyde qui n'a pas réagi; on sature le liquide de carbonate de sodium; on décante la couche supérieure et on la rectifie deux fois sur du chlorure de calcium dans une atmosphère d'acide carbonique.

L'aldéhyde crotonique constitue un liquide mobile, à odeur piquante, qui bout à 104-105°, et qui s'oxyde rapidement à l'air [Lieben, *Mon. f. Chem.*, **13**, 519; Muller, *Bull. Soc. Chim.*, (3), **6**, 796].

---

§ III. Oxy-aldéhydes.

Aldéhyde β-oxybutyrique ou aldol, $CH^3.CHOH.CH^2.CHO$ (*Butane-ol 2-al 4*).

Wurtz a donné le nom d'*aldolisation* à la condensation de deux molécules d'aldéhyde $C^nH^{2n}O$ sous l'influence de divers agents, cette condensation ayant pour résultat une *oxyaldéhyde* en $C^{2n}H^{4n-1}(OH)O$.

$$2\ CH^3.CHO = CH^3.CHOH.CH^2.CHO.$$

Comme agents de condensation, on peut employer les acides, les alcalis ou certains sels.

On fait couler peu à peu

Aldéhyde acétique............ 200 grammes,

dans une solution, maintenue à 0°, de

Carbonate de potassium....... 10 grammes,

dans

Eau .... 200 grammes,

et l'on abandonne la masse à elle-même pendant une journée. Au bout de ce temps, on agite la liqueur avec une certaine quantité d'éther qu'on décante soigneusement, puis on neutralise par l'acide chlorhydrique, on épuise de nouveau avec de l'éther, on réunit les deux extraits éthérés, on les dessèche sur du chlorure de calcium et on les fractionne dans le vide après avoir chassé l'éther au bain-marie [Orndorff et Newbury, *Monats. f. Chem.*, **13**, 516].

pression le souffle et les gaz s'échappent avec force. Le liquide peut alors mousser et sortir du tube si la pointe n'est pas bien capillaire. Quand le dégagement est terminé, on coupe l'extrémité du tube et on extrait le produit.

On prend les mêmes précautions pour l'ouverture des matras. Ceux-ci sont relativement peu résistants. On ne devra les employer que dans des cas bien déterminés.

L'aldol bout vers 95-100° sous 20 millimètres. Il est visqueux, et se dissout facilement dans l'eau et dans l'alcool.

---

§ IV. Aldéhydes polyatomiques.

Glyoxal,
(*Ethane-dial.*).

$$\begin{matrix} CHO \\ | \\ CHO \end{matrix}$$

Le glyoxal s'obtient par oxydation ménagée de l'aldéhyde ou de la paraldéhyde :

$$CH^3CHO + O^2 = H^2O + CHO - CHO.$$

Dans une éprouvette à pied de 250 cc., on introduit au moyen d'un entonnoir à robinet dont l'extrémité arrive jusqu'au fond du vase, successivement

Acide azotique (d = 1,37) additionné préalablement de 4 cc. d'acide fumant.	60 cc.
Eau..................................	20 cc.
Aldéhyde acétique à 50 p. 100........	160 cc.

L'opération doit être faite avec précaution, *pour que les trois couches ne se mélangent pas*. L'éprouvette est abandonnée à elle-même pendant 4 ou 5 jours, jusqu'à ce que la liqueur, d'abord verte, soit devenue absolument homogène et incolore.

On évapore alors à sec, au bain-marie, on reprend par l'eau, on ajoute un lait de carbonate de calcium pour précipiter l'acide oxalique qui s'est formé, et l'on filtre. La liqueur claire est réduite par évaporation à 300 cc., puis additionnée d'un léger excès d'une solution concentrée d'acétate de plomb; on filtre pour éliminer le *glyoxylate de plomb*, on précipite exactement l'excès de chaux par l'acide oxalique, enfin on évapore la liqueur filtrée, et on dessèche le résidu à 110° dans le vide. Le rendement est d'environ 18 p. 100.

Le glyoxal ainsi préparé renferme encore $\frac{1}{3}$ H^2O; il se présente sous la forme de paillettes incolores, solubles dans l'alcool et dans l'éther, difficilement solubles dans l'eau froide [Liubavine, *D. chem. G.*, **10**, 1366; de Forcrand, *Bull. Soc. Chim.*, (2), **41**, 242].

---

§ V. Aldéhydes halogénées.

Modes généraux d'obtention.

Les aldéhydes halogénées s'obtiennent en firant les éléments halogènes ou les hydracides sur les aldéhydes non saturées, ou en saponifiant les acétals bromés correspondants :

$$CH^2.Br - CH<^{OC^2H^5}_{OC^2H^5} + H^2O = CH^2Br - CHO + 2C^2H^5.OH$$

[Fischer et Landsteiner, *D. chem. G.*, **25**, 2551].

Chloral, $CCl^3 - CHO$

(*Trichloro 1-éthanal*).

Le chloral se prépare en faisant agir le chlore sur l'alcool, soit seul, soit en présence d'iode ou de chlorure ferrique. L'ensemble des réactions qui donnent naissance au chloral est assez complexe. Il y a formation, à partir de l'alcool, d'aldéhyde, puis d'acétal trichloré, enfin de chloral (Trillat, *Bull. Soc. Chim.*, (3), **17**, 230).

Dans un ballon de 1 demi-litre on introduit :

Alcool bien déshydraté........ 200 grammes,

puis

Chlorure ferrique cristallisé... 2 gr. 5.

On fait passer un courant de chlore sec, lentement d'abord, afin d'éviter une trop forte élévation de température et même une inflammation et on laisse la liqueur s'échauffer d'elle-même. Il se dégage de l'acide chlorhydrique que l'on absorbe dans l'eau. Au bout de 2 heures, on interrompt le passage du chlore. Le ballon renferme de l'*alcoolate de chloral* qui, si on laissait refroidir, se prendrait en une masse blanche. Pour décomposer cet alcoolate, on ajoute par petites portions :

Acide sulfurique.............. 150 cc.

On chauffe au réfrigérant ascendant pendant une demi-heure. Il se dégage encore de l'acide chlorhydrique qui était tenu en dissolution dans le liquide. Le chloral se sépare sous la forme d'une couche huileuse qu'on décante et qu'on rectifie, après avoir introduit dans le ballon du carbonate de calcium. On emploie un tube Le Bel à 5 boules, en prenant dans une première rectification ce qui passe jusqu'à 100°, puis dans une seconde ce qui passe entre 94 et 100°.

Le chloral anhydre pur bout à 97°,7.

Hydrate de chloral, $CCl^3.CH\begin{smallmatrix}\diagup OH \\ \diagdown OH\end{smallmatrix}$.

On ajoute à

Chloral anhydre.............	50 grammes,
Eau..........................	6 gr., 1.

On agite. La combinaison s'opère avec dégagement de chaleur. La masse est traitée par le sulfure de carbone bouillant; par refroidissement la solution abandonne l'hydrate en prismes clinorhombiques, fusibles à 57°,7.

---

§ VI. Aldoximes et hydrazones.

Les aldéhydes se condensent avec l'hydroxylamine et la phénylhydrazine pour donner des dérivés caractéristiques :

$$R - CHO + AzH^2OH = R - CH{=}AzOH + H^2O$$

Aldoxime

$$R - CHO + H^2Az - AzH - C^6H^5 = R - CH{=}Az - AzH - C^6H^5 + H^2O$$

Phénylhydrazone.

Ces composés se préparent comme les dérivés correspondants des acétones, en faisant agir respectivement sur l'aldéhyde soit le chlorhydrate d'hydroxylamine en présence de la quantité théorique de lessive de soude ou de solution de carbonate ou de bicarbonate de sodium, soit la phénylhydrazine. On trouvera au Chapitre suivant un exemple de chacun de ces modes opératoires.

CHAPITRE VI

CÉTONES

§ I. Cétones saturées.

MODES GÉNÉRAUX D'OBTENTION.

Parmi les nombreux procédés qui permettent de préparer les cétones saturées, les principaux sont :

1° *La distillation sèche des sels alcalino-terreux des acides gras :*

$$(R.COO)^2Ca = CO^3Ca + R\text{-}CO\text{-}R$$

[Fittig, *Ann. Chem.*, **120**, 18.]

2° *L'action des chlorures d'acides sur le zinc-éthyle et ses homologues :*

$$2\ R.COCl + Zn(C^2H^5)^2 = ZnCl^2 + 2\ R\text{-}CO\text{-}C^2H^5$$

[Freund, *Ann. Chem.*, **118**, 1.]

3° *La décomposition d'un éther cétonique ou d'une dicétone au moyen d'un alcali dilué ;*

$$CH^3\text{-}CO\text{-}CH^2\text{-}CO^2C^2H^5 + H^2O = CH^3\text{-}CO\text{-}CH^3 + CO^2 + C^2H^5OH.$$

[Guthzeit, *Ann. Chem.*, **204**, 4.]

Méthyléthylcétone (*butanone* 2), $CH^3.CO.CH^2.CH^3$.

On la prépare en distillant un mélange de propionate et d'acétate de calcium :

$$(CH^3.CH^2.CO^2)^2Ca + (CH^3.CO^2)^2Ca = 2\ CaCO^3 + 2\ CH^3.CO.C^2H^5.$$

On mélange intimement

Propionate de calcium..........	45	grammes
Acétate de calcium..............	40	—

préalablement pulvérisés et séchés complètement à 110°. La masse est ensuite introduite dans une cornue en verre vert d'un demi-litre, à laquelle on adapte un réfrigérant descendant. On chauffe graduellement, au bain de sable, jusqu'à ce qu'il ne distille plus rien. Le liquide distillé renferme principalement de l'eau, de l'acétone, de la propione et de la butanone. On le rectifie deux fois, en recueillant les portions qui passent entre 60 et 100°, puis entre 70 et 85°; on sèche cette fraction sur du carbonate de potassium, et l'on rectifie de nouveau. Le rendement est de 23 p. 100.

La méthyléthylcétone est un liquide mobile, d'odeur agréable, qui bout à 78°, et qui est assez soluble dans l'eau [Schramm, *D. chem. G.*, **16**, 1581].

---

§ II. Cétones non saturées.

Modes généraux d'obtention.

Les cétones non saturées s'obtiennent en général :

1° *Par condensation de deux molécules d'une cétone saturée avec élimination d'eau :*

$$2\,CH^3.CO.CH^3 = {CH^3 \atop CH^3}{>}C = CH.CO.CH^3 + H^2O.$$

[Kane, *Pogg. Ann.*, **44**, 475.]

2° *Par saponification des éthers acétylacétiques substitués correspondants :*

$$\underset{\textstyle |\atop CH^2.CH=CH^2}{CH^3.CO.CH.CO^2C^2H^5} + H^2O = CH^3.CO.CH^2.CH^2.CH=CH^2 + CO^2 + C^2H^5OH$$

[Zeidler, *Ann. Chem.*, **187**, 35; Merling, *ibid.*, **264**, 323.]

Oxyde de mésityle et phorone.

$${CH^3 \atop CH^3}{>}C = CH.CO.CH^3.$$

Oxyde de mésityle
(*méthyl 2 - penténone 4*)

$${CH^3 \atop CH^3}{>}C = CH.CO.CH = C{<}{CH^3 \atop CH^3}$$

Phorone
(*Diméthyl 2,6 - heptadiène 2,5 - one 4*)

Ces deux produits prennent simultanément naissance dans l'action de l'acide chlorhydrique sur l'acétone.

On introduit

Acétone ordinaire bien desséchée........................ 500 grammes

dans un ballon de deux litres, muni d'un bouchon à deux trous.

Le bouchon est traversé par deux tubes dont l'un plonge dans le liquide et est destiné au passage du gaz chlorhydrique sec; l'autre tube, assez long, est en verre mince, et tient lieu de réfrigérant. On refroidit le ballon au moyen d'eau glacée, et l'on sature l'acétone de gaz chlorhydrique jusqu'à refus. La liqueur est ensuite abandonnée à elle-même pendant deux ou trois semaines; au bout de ce temps, on ajoute un excès d'eau, on décante la couche inférieure et on la traite par la lessive de soude jusqu'à ce qu'elle soit presque décolorée et qu'elle surnage. On décante de nouveau, on sèche sur du chlorure de calcium et on entraîne par un courant de vapeur d'eau. Le liquide entraîné est additionné de quelques centimètres cubes de potasse alcoolique, afin de détruire les dernières traces de produits chlorés, puis lavé à l'eau, séché et fractionné. On recueille séparément les portions 129-140° et 180-200°.

La première fraction est formée d'oxyde de mésityle, qu'on purifie par une nouvelle distillation, et qui bout à 129-131°.

La deuxième, qui renferme la phorone, bout après rectification à 190-191°, elle se solidifie dans un mélange réfrigérant, et cristallise en prismes jaunâtres fusibles à 28°. L'acide sulfurique dilué dédouble partiellement ces deux composés en régénérant l'acétone [Kasanjeff, *Journ. phys. chim. russe*, **7**, 173; Claisen, *Ann. Chem.*, **180**, 4].

---

§ III. Polycétones.

Modes généraux d'obtention.

Les dicétones peuvent être préparées par trois procédés qui sont :

1° *La décomposition des isonitroso-cétones ou de leurs combinaisons bisulfitiques (acides imidosulfoniques) par l'acide sulfurique dilué ou par le nitrite d'amyle :*

$$CH^3.CO.C(AzOH).CH^3 + H^2O = AzH^2OH + CH^3.CO.CO.CH^3$$

$$CH^3.CO.C(AzSO^3H).CH^3 + H^2O = CH^3.CO.CO.CH^3 + SO^4H.AzH^4$$

(von Pechmann, *D. chem. G.*, **24**, 3954.)

$$CH^3.C(AzOH).CO.C^2H^5 + C^5H^{11}AzO^2$$
$$= CH^3.CO.CH^2.CO.C^2H^5 + C^5H^{11}OH + Az^2O.$$

(Manasse, *D. chem. G.*, **21**, 2177.)

2° *Action du chlorure d'aluminium sur les chlorures d'acides et décomposition du produit par l'eau :*

$$3\ CH^3.COCl + AlCl^3 = C^6H^7O^3.AlCl^4 + 2HCl$$

$$C^6H^7O^3.AlCl^4 + 4H^2O$$
$$= CO^2 + CH^3.CO.CH^2.CO.CH^3 + 4HCl + AlCl^3.$$

(Combes, *Ann. Chim. Phys.*, (6), **12**, 207.)

3° *Condensation d'une cétone et d'un éther-sel au moyen de l'éthylate de sodium.*

$$CH^3.CO.C^3H^7 + CH^3.CO^2.C^2H^5 + Na$$
$$= C^3H^7.CO.CH^2.CO.CH^3 + C^2H^5ONa + H.$$

(Claisen et Eberhard, *D. chem. G.*, **22**, 1011.)

Ce dernier procédé sera employé à propos des acides cétoniques (v. p. 162).

Biacétyle, $CH^3.CO.CO.CH^3$
(*Butane-dione 2-3*).

Le biacétyle s'obtient en employant le premier procédé indiqué plus haut : action de l'acide sulfurique étendu sur l'isonitroso-méthyléthylcétone.

Pour préparer cette dernière, on introduit dans un vase cylindrique d'une contenance de 2 litres environ :

Éther méthylacétylacétique.....	50	grammes
Eau...........................	875	—
Lessive de soude à 25 p. 100....	140	—

On agite fréquemment sans refroidir et on laisse reposer pendant douze heures. La liqueur, qui renferme de l'acide méthylacétylacétique libre, est additionnée ensuite de

Nitrite de sodium............., 50 grammes,

dissous dans

Eau......................... 25 grammes,

puis d'acide sulfurique dilué (1 : 5). Pour introduire ce dernier, on se sert d'un entonnoir à robinet, et l'on agite constamment le liquide au moyen d'un agitateur mû par une petite turbine ou en y faisant barboter un courant d'air. On transforme ainsi l'acide méthylacétylacétique en *isonitrosocétone* :

$$CH^3.CO.CH{<}{}^{CH^3}_{CO^2C^2H^5} + AzO^2H + H^2O = CH^3.CO.\underset{\underset{\displaystyle Az-OH}{\|}}{C}.CH^3 + CO^2 + C^2H^5OH$$

La réaction est achevée lorsqu'une goutte de la liqueur colore en violet un morceau de papier imbibé de tropéoline. Pendant toute l'opération, le vase doit être entouré de glace. On ajoute alors un excès de soude, puis du carbonate de sodium cristallisé (150 gr.), et l'on distille la moitié du liquide pour chasser l'alcool [1]. Le résidu est versé dans un ballon de 1 litre

1. Pendant cette distillation, il passe un peu d'isonitrosocétone (1 p. 100).

et demi, neutralisé et ramené au double du volume primitif (1700 cc.), par addition d'eau. On ajoute ensuite 250 grammes d'acide sulfurique et on distille en ne recueillant que les premiers 1000 cc. qui contiennent tout le biacétyle. On vérifiera qu'il en est ainsi en ajoutant un peu de soude au liquide qui distille, et qui doit rester incolore s'il n'y a plus de dicétone. Ces 1000 cc. sont additionnés de 150 grammes d'acide sulfurique et de chlorure de sodium, puis redistillés. En répétant plusieurs fois cette opération, on concentrera le biacétyle suffisamment pour pouvoir le dessécher sur du chlorure de calcium et le fractionner en prenant ce qui passe à 84-90°. On obtient de 12 à 15 grammes de biacétyle en partant de 50 grammes d'éther méthylacétylacétique.

Le biacétyle est un liquide verdâtre, mobile, doué d'une odeur caractéristique, qui bout vers 88°. Sa vapeur possède la couleur du chlore. Il se dissout dans quatre parties d'eau à 15° [von Pechmann, *D. chem. G.*, **24**, 3954].

Acétylacétone, $CH^3.CO.CH^2.CO.CH^3$
(*Pentane-dione 2-4*).

L'acétylacétone se prépare en décomposant par l'eau le produit de l'action du chlorure d'aluminium sur le chlorure d'acétyle.

On introduit dans un ballon de 2 litres

Chlorure d'aluminium sublimé[1], 160 grammes,

qu'on recouvre de

Chloroforme desséché sur l'acide sulfurique.................... 500 grammes.

Le ballon est chauffé au bain-marie à 60° environ; il est muni d'un bouchon à deux trous traversé par un entonnoir à robinet et par l'extrémité d'un réfrigérant ascendant portant un tube abducteur descendant dans un ballon plein d'eau. Dans ce ballon se condense le chloroforme entraîné mécaniquement. On laisse tomber peu à peu sur le chlorure d'aluminium

Chlorure d'acétyle............. 90 grammes,

1. On trouve actuellement dans le commerce du chlorure d'aluminium préparé avec le métal qui est assez pur pour être employé sans sublimation préalable.

au moyen de l'entonnoir à robinet, et l'on chauffe ensuite à la même température pendant environ quatre heures.

Au bout de ce temps, on décante le chloroforme et l'on décompose par l'eau glacée la combinaison de chlorure d'aluminium et d'acétylacétone qui s'est déposée au fond du ballon. A cet effet, on dispose dans un grand entonnoir, placé au-dessus d'un flacon en verre fort, des couches successives de cette combinaison et de glace pilée. La décomposition se fait peu à peu, en même temps qu'il se dégage de l'anhydride carbonique et du gaz chlorhydrique. On filtre pour séparer l'alumine et l'acétylacétonate d'aluminium qui se sont formés, et l'on épuise la liqueur à plusieurs reprises par le chloroforme. L'extrait chloroformique est ensuite distillé, séché sur du carbonate de potassium et fractionné.

Le résidu demeuré sur le filtre sera traité par une quantité d'acide sulfurique dilué suffisante pour tout dissoudre, et la liqueur sera ensuite épuisée comme il vient d'être dit. En réunissant les deux fractions, on obtient un rendement de 60-70 p. 100 de la théorie.

L'acétylacétone est un liquide mobile, assez soluble dans l'eau $\left(\frac{1}{8}\right)$, qui bout à 133° et dont l'odeur se rapproche de celle de l'acétone. Elle jouit de la propriété de précipiter presque tous les sels métalliques en donnant les acétylacétonates correspondants.

L'*acétylacétonate de cuivre* cristallise en prismes bleus, solubles dans le chloroforme, très peu solubles dans l'eau. Presque tous les acétylacétonates peuvent être distillés ou sublimés dans le vide [A. Combes, *Ann. Chim. Phys.*, (6), **12**, 207].

---

§ IV. Acétoximes et hydrazones.

Les acétones réagissent sur l'hydroxylamine et sur la phénylhydrazine pour donner des composés caractéristiques :

$$\genfrac{}{}{0pt}{}{R}{R'}{>}CO + H^2Az.OH = H^2O + \genfrac{}{}{0pt}{}{R}{R'}{>}C = AzOH$$

Acétoxime

$$\genfrac{}{}{0pt}{}{R}{R'}{>}CO + H^2Az - AzHC^6H^5 = H^2O + \genfrac{}{}{0pt}{}{R}{R'}{>}C = Az - AzHC^6H^5$$

Phénylhydrazone

Acétoxime, $(CH^3)^2C=AzOH$.

On fait une solution de

Chlorhydrate d'hydroxylamine..	5 grammes.
Eau..........................	10 —

à laquelle on ajoute

Acétone commerciale..........	6 grammes,

puis une quantité de lessive de soude concentrée titrée renfermant 3 gr. NaOH.

On laisse en contact à la température ordinaire pendant plusieurs heures, jusqu'à ce qu'une prise d'essai du liquide ne réduise plus la liqueur de Fehling. On ajoute alors 100 cc. d'éther, on agite, on décante l'éther et on abandonne la solution éthérée à l'évaporation spontanée. Il se dépose de longs prismes incolores, fusibles à 60°, qui constituent l'acétoxime. Le rendement est de 80 à 85 p. 100 de la théorie.

Chauffée à l'ébullition pendant 1 heure au réfrigérant ascendant avec 100 cc. d'acide sulfurique au dixième, l'acétoxime se dédouble en acétone et hydroxylamine.

Phénylhydrazone de l'acétone, $(CH^3)^2-C=Az-AzHC^6H^5$.

Dans une solution de

Acide acétique cristallisable...	10 grammes,

dans

Eau..........................	90 grammes,

on dissout

Phénylhydrazine..............	12 grammes,

et on ajoute

Acétone commerciale..........	6 grammes.

La liqueur incolore se trouble bientôt et des gouttelettes huileuses se séparent et montent à la surface. On chauffe pendant 1 heure au bain-marie, en agitant de temps en temps. Après refroidissement, on transvase dans une boule à décanter, on lave à plusieurs reprises avec de l'eau, et on décante la couche huileuse. Après l'avoir desséchée sur du carbonate de potassium, on la distille dans le vide.

La phénylhydrazone de l'acétone est une huile bouillant à 165° sous la pression de 91 millimètres. Elle est soluble dans l'éther et dans les acides dilués.

Les acides dilués, à chaud, la dédoublent facilement en ses composants.

CHAPITRE VII

ACIDES

§ I. Acides saturés monobasiques (acides gras).

MODES GÉNÉRAUX D'OBTENTION.

1° *Oxydation des alcools primaires :*

$$R.CH^2OH + O^2 = R.CO^2H + H^2O.$$

(Erlenmeyer, *D. chem. G.*, **9**, 1840.)

2° *Saponification des nitriles :*

$$R.CAz + 2H^2O = R.CO^2H + AzH^3.$$

(Conrad et Bischoff, *Ann. Chem.*, **204**, 146.)

3° *Saponification des acides β-cétoniques par la potasse concentrée :*

$$CH^3.CO.CH(CH^3).CO^2H + H^2O = CH^3.CO^2H + CH^3.CH^2.CO^2H.$$

(Jourdan, *Ann. Chem.*, **200**, 105.)

4° *Décomposition par la chaleur des acides bibasiques dans lesquels les deux carboxyles sont liés à un même carbone :*

$$R.CH{<}^{CO^2H}_{CO^2H} = CO^2 + R.CH^2.CO^2H.$$

(Conrad, *D. chem. G.*, **14**, 619.)

5° *Certains acides se préparent par fermentation ou par saponification de produits naturels.*

Acide formique, $H.CO^2H$

(*Acide méthanoïque*).

L'acide formique prend naissance dans la décomposition ménagée de l'acide oxalique sous l'action de la chaleur. On opère en présence de glycérine, il y a formation temporaire de monoformine qui est ensuite saponifiée :

$$CH^2OH.CHOH.CH^2OH + C^2H^2O^4$$
Glycérine
$$= CH^2OH.CHOH.CH^2O.CHO + CO^2 + H^2O.$$
Monoformine
$$CH^2OH.CHOH.CH^2O.CHO + H^2O$$
$$= CH^2OH.CHOH.CH^2OH + CH^2O^2.$$
Acide formique

On emploiera :

Glycérine déshydratée[1]......... 50 grammes.
Acide oxalique séché à 100°..... 530 —

L'opération se fait dans une cornue tubulée de 250 cc. qu'on chauffe au bain de sel et qui est reliée à un réfrigérant descendant; par la tubulure passe un thermomètre qui plonge dans le liquide. On introduit dans cette cornue la glycérine et l'acide oxalique, puis l'on chauffe à pleine ébullition. La réaction s'effectue dès 75°; elle devient tumultueuse à 90° par suite du dégagement d'acide carbonique. Le liquide qui distille peut être rejeté, car il ne renferme que des traces d'acide formique. Lorsque la réaction se ralentit, on sort la cornue du bain, on la laisse refroidir à 45°, et l'on ajoute 50 grammes d'acide oxalique. On chauffe de nouveau, en recueillant cette fois l'acide formique qui distille, et dont la concentration finit par être de 55 p. 100. On continue ainsi jusqu'à ce qu'on ait introduit 250-300 grammes d'acide oxalique. (Si l'on emploie de l'acide oxalique fondu, l'acide formique qui distille dans la dernière opération a une concentration de 90 p. 100.)

Pour obtenir l'acide formique anhydre, on emploiera le procédé indiqué par M. Maquenne. Le mélange des différentes portions distillées constitue une solution aqueuse à environ 50 p. 100. On ajoute à cette solution une quantité d'acide sulfurique concentré telle que la masse totale renferme les $\frac{4}{5}$ de l'acide sulfurique nécessaire pour former l'hydrate SO^4H^2,H^2O. On distille alors dans le vide, au bain-marie, entre 70 et 75°. On obtient ainsi du premier jet de l'acide qui cristallise dans un mélange réfrigérant [Lorin, *Bull. Soc. Chim.*, (2), **5**, 7 ; Maquenne, *ibid.*, **50**, 662].

1. On prépare cette glycérine déshydratée en la chauffant lentement au bain de sable, jusqu'à ce que la masse atteigne la température de 175-180°.

L'acide absolument anhydre ne peut être obtenu qu'en décomposant le sel de plomb par un courant d'hydrogène sulfuré et en redistillant l'acide sur un peu de carbonate de plomb.

L'acide formique est un liquide mobile, doué d'une odeur piquante, qui bout à 101°, et qui est soluble dans l'eau et dans l'alcool. Il se solidifie au-dessous de 0° en formant des aiguilles incolores qui fondent à + 8°,6. Il est très caustique. Seul parmi les acides gras, il possède des propriétés réductrices. L'acide sulfurique concentré le dédouble en oxyde de carbone et eau.

Acide propionique, $CH^3.CH^2.CO^2H$
(*Acide propanoïque*).

On le prépare en oxydant l'alcool propylique normal :

$$CH^3.CH^2.CH^2OH + O^2 = H^2O + CH^3.CH^2.CO^2H.$$

On introduit dans une conserve en verre épais, de deux litres de capacité, une solution refroidie de

Bichromate de sodium........	90 grammes,

dans

Eau..........................	300 grammes,
Acide sulfurique.............	15 —

On prépare, d'autre part, un mélange de

Alcool propylique............	35 grammes,
Acide sulfurique concentré....	125 —
Eau..........................	125 —

Ce mélange, bien refroidi, est versé goutte à goutte, au moyen d'un entonnoir à robinet, dans le vase qui renferme le bichromate. Pendant l'opération, il est nécessaire d'agiter constamment le liquide et de placer le vase dans un courant d'eau froide. Lorsque la réaction est terminée, on laisse reposer pendant quelques heures, on décante le liquide clair du dépôt cristallin qui s'est formé, et l'on distille ce liquide en deux ou trois fois dans une cornue tubulée de un litre, munie d'un thermomètre et d'un réfrigérant descendant, en poussant l'opération jusqu'à ce que le résidu commence à mousser et atteigne la température de 114°. Les liquides distillés sont ensuite réunis et fractionnés au tube Le Bel en recueillant la fraction bouillant entre 138 et 141°. Le rendement est de 70 p. 100.

L'acide propionique est un liquide d'odeur désagréable, assez soluble dans l'eau, qui bout à 140°,7 et qui se solidifie à basse température pour fondre ensuite à —24° [Pierre et Puchot, *Ann. Chim. Phys.*, (4), **28**, 75].

Acide butyrique normal (de fermentation), $CH^3.CH^2.CH^2.CO^2H$
(*Acide butanoïque*).

Cet acide s'obtient dans la fermentation lactique et butyrique.

La fermentation s'opérera de préférence dans de grandes terrines en grès, placées dans une pièce maintenue à la température de 25°. On commence par faire bouillir

Riz........................ 1 kilogr.

avec

Eau........................ 12 litres,

pendant cinq ou six heures, dans des ballons de 6 litres. (La quantité totale pourra être répartie en trois fractions pour plus de commodité.) On décante ensuite la masse dans les terrines, et l'on y ajoute, au bout de vingt-quatre heures,

Malt........................ 12 grammes,

broyé dans

Lait........................ 400 cc.

et

Viande déchiquetée en menus morceaux.................. 200 grammes,

puis

Craie........................ 400 grammes.

On recouvre les terrines avec des planches de façon à permettre l'accès de l'air, et on abandonne le tout pendant trois semaines à la température de 25°.

Au bout de ce temps, on chauffe la masse à 80°, on filtre sur toile, on ajoute du carbonate de sodium en solution concentrée tant qu'il se forme un précipité, on filtre de nouveau pour éliminer le carbonate de calcium, on évapore, de façon à obtenir un volume total d'environ un litre et on sursature par l'acide sulfurique. Une partie de l'acide butyrique se sépare à la surface sous la forme d'une couche insoluble qu'on décante; la solution aqueuse est ensuite distillée, le liquide distillé neutralisé, puis évaporé, décomposé par l'acide sulfurique et ainsi de suite, comme précédemment.

L'acide butyrique brut ainsi obtenu est accompagné d'acide acétique et d'acide caproïque. On commence par le fractionner, et l'on isole quatre portions : 100-125°; 125-155°; 155-165°; 165-175°. La première est de l'acide acétique à peu près pur; la deuxième un mélange d'acides acétique et butyrique. Pour séparer ces deux acides, on neutralise la moitié de la fraction, on la mélange avec l'autre moitié, et l'on distille. Dans ces conditions, l'acide acétique est presque exclusivement transformé en sel, tandis que l'acide butyrique est entraîné à la distillation [1]. On répétera deux ou trois fois ce traitement.

La fraction 155-165° constitue de l'acide butyrique pur, tandis que la fraction 165-175° renferme un mélange d'acides butyrique (en petite quantité) et caproïque. On pourra éliminer le premier en agitant cette fraction avec de l'eau froide, séparant le résidu et le traitant encore de la même façon. Tandis que l'acide butyrique se dissout peu à peu et totalement, l'acide caproïque reste à peu près insoluble. Les diverses fractions d'acide butyrique seront réunies et rectifiées jusqu'à ce qu'on obtienne un produit bouillant à 161-163°.

L'acide butyrique pur bout à 162°,3. Il est soluble dans l'eau en toutes proportions. Il se solidifie à — 19° et fond à + 2°. [Lieben et Rossi, *Ann. Chem.*, **158**, 146; Grillone, *Bull. Soc. Chim.*, (2), **19**, 308].

Acide isovalérianique (isovalérique), $\begin{matrix} CH^3 \\ CH^3 \end{matrix}\!\!>CH.CH^2.CO^2H$

(*Acide méthyl 2-butanoïque*).

On l'obtient en décomposant par la chaleur l'acide isopropylmalonique, préparé par action de l'iodure d'isopropyle sur le sodomalonate d'éthyle :

$$\underset{\text{Malonate d'étyle}}{CH^2.(CO^2C^2H^5)^2} + C^2H^5ONa = \underset{\text{Sodomalonate d'éthyle}}{CHNa(CO^2C^2H^5)^2} + C^2H^5OH.$$

$$C^3H^7I + CHNa(CO^2C^2H^5)^2 = \underset{\text{Isopropylmalonate d'éthyle}}{C^3H^7.CH(CO^2C^2H^5)^2} + NaI.$$

$$\underset{\text{Acide isopropylmalonique}}{C^3H^7.CH(CO^2H)^2} = CO^2 + \underset{\text{Acide isovalérianique}}{C^3H^7.CH^2.CO^2H}.$$

Dans un ballon de 250 centimètres cubes, surmonté d'un réfrigérant ascendant, on place

Alcool absolu.................. 50 grammes,

1. Ce fait est assez général. L'acide inférieur a plus de tendance à former un sel que l'acide supérieur.

dans lequel on dissout par petites portions

Sodium.................... 4 gr., 6.

Lorsque tout le sodium a disparu, on ajoute

Malonate d'éthyle........... 32 grammes.

Le liquide se prend rapidement en une masse blanche gélatineuse, qui constitue l'éther malonique sodé. On introduit alors par petites portions, par le haut du réfrigérant et en agitant énergiquement,

Iodure d'isopropyle......... 44 grammes;

il est inutile de refroidir le ballon pendant cette opération, car le réfrigérant doit suffire à condenser les vapeurs d'iodure et d'alcool qui se dégagent. On chauffe ensuite au bain-marie pendant deux heures, jusqu'à ce que la réaction de la masse ne soit plus alcaline, puis on chasse l'alcool par distillation au bain de sel, et l'on précipite par un excès d'eau.

L'isopropylmalonate d'éthyle qui se sépare est isolé au moyen de l'éther, et la solution éthérée est distillée directement (d'abord au bain-marie pour chasser l'éther, puis à feu nu). On obtient du premier coup environ 30 grammes d'isopropylmalonate d'éthyle pur, bouillant à 213-214° [Conrad et Bischoff, *Ann. Chem.*, **204**, 144].

L'isopropylmalonate d'éthyle ainsi obtenu est introduit dans un ballon de 200 centimètres cubes, muni d'un réfrigérant ascendant, avec

Eau......................... 60 grammes,

tenant en dissolution

Potasse en plaques.......... 35 grammes.

Il se forme d'abord un précipité gélatineux d'éthyle-isopropylmalonate de potassium, qui se décompose rapidement avec un notable dégagement de chaleur. On chauffe au bain-marie pendant environ une heure, jusqu'à ce que le contenu du ballon soit devenu absolument limpide. On ajoute alors un peu d'eau, on neutralise exactement par l'acide chlorhydrique concentré, et l'on précipite l'acide isopropylmalonique[1] par une solution saturée froide de chlorure de calcium (200 gr. environ de solution saturée à 10°). L'isopropylmalonate de calcium est essoré à la trompe, décomposé par l'acide chlorhydrique concentré, et la masse est épuisée par l'éther. L'extrait éthéré est distillé au bain-marie, et le résidu cristallise par refroidissement en prismes fusibles à 87°, solubles dans l'eau et dans les dissolvants organiques. L'*acide isopropylmalonique* peut être purifié simplement par un séjour de quelques heures sur une plaque poreuse. On en obtient environ 15 gr.

Pour transformer cet acide en *acide isovalérianique*, il suffit de le chauffer au bain d'huile à 180°, pendant une heure, jusqu'à ce qu'il ne se dégage plus d'acide carbonique. A cet effet, on pourra se servir d'un ballon à distillation fractionnée de 50 cc., incliné de telle sorte que le tube latéral communique avec un réfrigérant ascendant. La décomposition terminée, on redressera le ballon, et on renversera le réfrigérant. Le rendement est de 10 grammes pour les quantités indiquées.

L'acide isovalérianique pur bout à 174°. Il est inactif, et se dissout assez facilement dans l'eau.

La méthode de MM. Conrad et Bischoff est générale et peut servir à préparer synthétiquement les premiers termes de la série des acides gras à chaîne linéaire ou bifurquée et certains acides non saturés. Elle ne sera appliquée cependant que si l'iodure à employer est d'une obtention facile, et si les autres procédés, comme l'oxydation des alcools primaires, etc., ne peuvent être utilisés facilement.

Acide pélargonique, $C^8H^{17}.CO^2H$
(*Acide nonanoïque*).

Cet acide s'obtient en fondant avec de la potasse caustique l'*acide undécylénique*, obtenu accessoirement dans la préparation de l'œnanthol :

$$C^{10}H^{19}CO^2H + 2KOH = C^8H^{17}.CO^2K + CH^3.CO^2K + H^2.$$

Dans une marmite en fonte, on dissout dans le moins d'eau possible,

Potasse caustique............. 175 grammes,

on y ajoute

Acide undécylénique.......... 50 grammes,

et l'on chauffe graduellement en remuant constamment, jusqu'à ce que l'eau soit chassée et que la masse soit en fusion tranquille. A partir de ce moment on maintient la température pendant deux ou trois heures, tant qu'il se dégage des bulles d'hydrogène, puis on reprend par l'eau, on filtre, on sursature par l'acide chlorhydrique, et on décante la couche huileuse qui se sépare. Cette couche est lavée avec un peu d'eau, puis distillée dans le vide et purifiée par des cristallisations dans un mélange réfrigérant.

On obtient ainsi un acide pélargonique très pur, qui fond à 12°,5 et qui bout à 186° sous 100 millimètres, et à 254° sous 760 millimètres (Krafft, *D. chem. G.*, **15**, 1691).

Acide palmitique, $C^{15}H^{31}.CO^2H$
(Acide hexadécanoïque).

L'acide palmitique peut être extrait d'un certain nombre de glycérides naturels (cire du Japon, huile de palme, etc.). Pour l'obtenir tout à fait pur, le meilleur procédé consiste à saponifier la cire du Japon par la potasse :

$$C^{15}H^{31}.CO^2.CH^2.CHOH.CH^2OH + H^2O = C^{15}H^{31}.CO^2H + CH^2OH.CHOH.CH^2OH.$$

Les proportions à employer sont :

Cire du Japon.................	200 grammes.
Potasse caustique.............	70 —

On introduit dans une marmite en fer la potasse en plaques additionnée de son poids d'eau, puis on ajoute la cire du Japon et l'on chauffe le tout à l'ébullition pendant environ un quart d'heure, en ayant soin de remuer constamment la masse au moyen d'une spatule de fer ou de nickel.

Le savon qui surnage est ensuite dissous dans un léger excès d'eau bouillante; la liqueur est versée dans une terrine et décomposée par l'acide chlorhydrique ordinaire.

L'acide palmitique se sépare aussitôt à la surface sous la forme d'une couche huileuse qui se solidifie par refroidissement. Le gâteau ainsi obtenu est concassé et introduit dans une capsule de porcelaine qu'on chauffe graduellement au bain de sable, jusqu'à ce qu'un thermomètre plongé dans la masse accuse une température de 150°. De cette façon l'acide palmitique est débarrassé de toute l'eau qu'il renferme.

On le filtre alors rapidement sur du papier au moyen d'un entonnoir à filtration chaude, en le recueillant directement dans une cornue tubulée de 500 centimètres cubes, et on le soumet à la distillation sous une pression de 100 millimètres.

Les premières portions, légèrement colorées, sont laissées de côté, et la majeure partie du produit passe à point fixe, à 268°.

Pour purifier complètement l'acide palmitique, on peut le

fractionner une seconde fois ou le faire cristalliser dans l'alcool à 95° bouillant. Rendement, 100-110 grammes.

L'acide palmitique cristallise en paillettes fusibles à 62°, presque insolubles dans l'eau. Il bout en se décomposant légèrement vers 340-350° sous la pression atmosphérique [Krœmer, *Ann. Chem.*, **43**, 339; Krafft, *D. chem. G.*, **21**, 2265].

Acide stéarique, $C^{17}H^{35}.CO^2H$
(*Acide octadécanoïque*).

L'acide stéarique s'extrait par saponification du suif de bœuf ou de mouton qui est la tristéarine de la glycérine.

L'acide stéarique est très difficile à purifier lorsqu'il est mélangé avec d'autres acides voisins (palmitique, myristique, etc.). Pour l'obtenir pur du premier coup, on purifiera d'abord le suif en le faisant cristalliser dans l'éther, jusqu'à ce qu'il fonde à 62°.

On chauffe ensuite au réfrigérant ascendant :

Suif ainsi purifié.............. 200 grammes,

avec

Potasse...................... 80 grammes,

en solution alcoolique concentrée, jusqu'à ce qu'une prise d'essai additionnée d'eau reste limpide à chaud.

On chasse ensuite l'alcool par distillation au bain de sel, puis on étend d'eau, et on neutralise par l'acide chlorhydrique.

L'acide stéarique se précipite immédiatement. On l'essore, et on le fait cristalliser dans 4 parties d'alcool.

L'acide stéarique pur cristallise en paillettes blanches insolubles dans l'eau, qui fondent à 71°,5; il bout à 232° sous 15 millimètres et à 291° sous 100 millimètres. Ses sels alcalins sont dissociés par l'eau en sel acide et alcali libre [Heintz, *Ann. Chem.*, **80**, 299].

---

§ II. Acides non saturés.

Modes généraux d'obtention.

Ces acides se préparent principalement par les procédés suivants :

1° *Action des alcalis ou de l'oxyde d'argent sur les dérivés β-monohalogénés des acides saturés correspondants :*

$$CH^2Cl.CH^2.CO^2H + KOH = KCl + H^2O + CH^2{=}CH.CO^2H.$$

(Schneider et Erlenmeyer, *D. chem. G.*, **3**, 339).

2° *Saponification des dérivés substitués non saturés de l'éther acétylacétique :*

$$CH^3.CO.CH(C^3H^5).CO^2C^2H^5 + 2KOH$$
$$= CH^3.CO^2K + C^3H^5.CH^2.CO^2K + C^2H^5OH.$$

(Zeidler, *Ann. Chem.*, **187**, 39.)

3° *Condensation (à 100°) d'une aldéhyde avec l'acide malonique en présence d'acide acétique :*

$$CH^3.CH^2.CHO + CH^2(CO^2H)^2 = CH^3.CH^2.CH = CH.CO^2H + H^2O + CO^2.$$

(Kommenos, *Ann. Chem.*, **218**, 149.)

4° *Distillation de certains acides γ-lactoniques :*

$$\underbrace{CH^3.CH.CH(CO^2H) = CH^2.CO}_{O} = CH^3.CH = CH.CH^2.CO^2H + CO^2$$

Acide méthylparaconique. Acide éthylidène-propionique.

(Fittig et Baringer, *Ann. Chem.*, **161**, 309; Schundt et Fraenkel, *ibid.*, **255**, 27.)

5° *Condensation des aldéhydes avec l'acétate de sodium et l'acide acétique* (à 180°). *Ce procédé est employé surtout dans la série aromatique.*

6° *Beaucoup d'acides en $C^nH^{2n-2}O^2$ se trouvent combinés à la glycérine dans des produits naturels* (oléine, etc.).

Acide acrylique, $CH^2 = CH.CO^2H$
(*Acide propènoïque*).

L'acide β-chloropropionique, chauffé avec la potasse, fournit l'acide acrylique :

$$\underset{\text{Ac. β-chloropropionique}}{CH^2Cl.CH^2.CO^2H} + KOH = KCl + H^2O + \underset{\text{Acide acrylique}}{CH^2 = CH.CO^2H}$$

On chauffe au réfrigérant ascendant, pendant quatre heures,

Acide β-chloropropionique.....	50 grammes

avec une solution de

Potasse caustique.............	30 grammes
Eau..........................	700 —

Après refroidissement, on ajoute

Acide sulfurique au 1/5.......	500 grammes,

et l'on distille le liquide acide en ajoutant de temps en temps de l'eau dans le ballon, de façon à conserver à peu près le même volume. L'acide acrylique est contenu presque totalement dans les deux premiers litres qui ont distillé. Rendement, 80 p. 100.

Cet acide aqueux est transformé ensuite en *sel de plomb*; à cet effet, on le chauffe pendant une ou deux heures au bain-marie, avec un excès d'oxyde de plomb; on filtre, on précipite l'excès de plomb par un courant d'anhydride carbonique, on filtre de nouveau, et on évapore le liquide filtré à froid, dans le vide.

L'*acrylate de plomb*, $(CH^2 = CH.CO^2)^2Pb$, cristallise en aiguilles brillantes, solubles dans l'alcool et dans l'eau. Ce sel est desséché complètement dans le vide, puis pulvérisé et mélangé avec son poids de sable sec. Le mélange est introduit dans une cornue tubulée chauffée au bain de sable à 170°; la tubulure de cette cornue est fermée par un bouchon traversé par un tube servant à amener un courant de gaz sulfhydrique sec. L'acide qui distille est condensé au moyen d'un réfrigérant ordinaire (Wislicenus, *Ann. Chem.*, **166**, 2; Moureu, *Ann. Chim. Phys.*, (7), **2**, 145).

L'acide acrylique est un liquide à odeur piquante, qui se solidifie vers 8°, et qui bout à 140°. Il est soluble en toutes proportions dans l'eau (Linnemann, *Ann. Chem.*, **171**, 294).

Acide crotonique, $CH^3.CH = CH.CO^2H$
(*Acide butène 2-oïque*).

Le produit de condensation de l'aldéhyde et de l'acide malonique, perdant de l'anhydride carbonique, donne l'acide crotonique :

$$CH^3.CHO + CH^2 <^{CO^2H}_{CO^2H} = CO^2 + H^2O + CH^3.CH = CH.CO^2H.$$

On chauffe au bain-marie, dans un ballon de 500 centimètres cubes surmonté d'un bon réfrigérant, un mélange de

Paraldéhyde	80	grammes
Acide malonique	100	—
Acide acétique cristallisable	60	—

L'opération dure de deux à trois jours. Au bout de ce temps, on soumet la masse à la distillation fractionnée. On isole les portions 170-210° et 270-290°; la première fournit par de nouvelles distillations de l'acide crotonique pur. La seconde renferme de l'*acide éthylidène-diacétique*, $CH^3.CH = (CH^2.CO^2H)^2$, qui bout à 283-284° (Kommenos, *Ann. Chem.*, **218**, 149).

L'acide crotonique pur cristallise en aiguilles ou en prismes fusibles à 72°, peu solubles dans l'eau. Il bout vers 184° sous la pression normale.

Acide undécylénique, $C^{11}H^{20}O^{2}$
(*Acide undécène 1-oïque 11*).

L'acide undécylénique prend naissance, à côté de l'œnanthol dans la décomposition par la chaleur de l'huile de ricin (voir p. 125).

En outre, le résidu de la préparation de l'œnanthol renferme une certaine quantité d'une combinaison de l'acide undécylénique à partir de laquelle on peut régénérer ce dernier. A cet effet, on chauffe ce résidu, qui a l'aspect du caoutchouc, avec une fois et demie son poids de potasse alcoolique saturée, à 100°, pendant une journée. Lorsque la saponification est terminée, on chasse l'alcool par distillation, on reprend par l'eau, on acidule, et on fractionne la couche liquide qui s'est séparée, en la distillant dans le vide. On recueille la fraction qui passe à 160-170° sous la pression de 15 millimètres.

L'acide undécylénique se solidifie à froid et fond alors à 24°,5; il bout à 198-200° sous 90 millimètres, et à 275° sous la pression normale, en se décomposant légèrement [Krafft, *D. chem. G.*, **10**, 2035; **19**, 2228].

Acide érucique, $C^{22}H^{42}O^{2}$.

On le prépare en saponifiant l'huile de colza.

On chauffe pendant trois heures, à l'ébullition,

Huile de colza	750 grammes,

avec une solution alcoolique de potasse renfermant

Potasse en plaques...........	150 grammes,
Alcool.......................	1 litre.

Cette saponification s'effectue dans un ballon de deux litres, surmonté d'un réfrigérant ascendant. On distille ensuite l'alcool au bain de sel, on redissout le savon dans l'eau bouillante, et on le décompose par un grand excès d'acide sulfurique dilué. Si la saponification n'est pas complète, l'acide érucique cristallise difficilement. On le purifie par des lavages à l'eau tiède, puis on le dissout dans l'alcool à 80 p. 100; par le refroidissement de la liqueur, l'acide se dépose sous la forme de fines aiguilles fusibles à 33°,5. Rendement, 22 p. 100 de l'huile employée [Reimer et Will, *D. chem. G.*, **19**, 3320].

Acide brassidique, $C^{22}H^{42}O^2$.

Les eaux mères de la préparation précédente renferment encore de l'acide érucique impur qu'il est très difficile d'isoler, et qu'on transformera par l'action des vapeurs nitreuses en *acide brassidique* isomérique. A cet effet, on évaporera ces eaux mères, on broiera le résidu avec un peu d'eau et l'on saturera de vapeurs nitreuses produites par l'action de l'amidon sur l'acide azotique (voir p. 173). On essorera ensuite le produit, et on le fera cristalliser dans l'alcool à 80 p. 100. Rendement, 15 p. 100. L'acide brassidique fond à 60° [Reimer et Will, *D. chem. G.*, **19**, 3320].

---

§ III. Acides halogénés.

MODES GÉNÉRAUX D'OBTENTION.

Les ACIDES GRAS CHLORÉS ET BROMÉS *se préparent, d'une façon générale, par action directe du chlore ou du brome sur les acides, soit seuls, soit en présence d'un agent qui favorise l'halogénation : iode, soufre, phosphore :*

$$CH^3.CO^2H + Cl^2 = CH^2Cl.CO^2H + HCl.$$

(R. Hofmann, *Ann. Chem.*, **102**, 1.)

On peut aussi fixer le chlore, le brome ou leurs hydracides sur un acide non saturé, ou traiter un oxyacide par le perchlorure de phosphore, ou encore oxyder par l'acide azotique l'aldéhyde chlorée correspondante.

La substitution d'un atome de brome dans la molécule d'un acide gras, s'effectue généralement en position α. Si la place n'est pas libre, l'halogénation ne s'effectue que beaucoup plus difficilement.

Les ACIDES IODÉS *peuvent être préparés indirectement en faisant agir l'iodure de potassium sur les acides chlorés.*

Acide monochloracétique, $CH^2Cl.CO^2H$
(*Acide chloro 1-éthanoïque*).

Cet acide se prépare par l'action du chlore sur l'acide acétique en présence de phosphore :

$$CH^3.CO^2H + Cl = CH^2Cl.\ CO^2H + HCl$$

Dans une cornue tubulée de 500 cc., chauffée au bain-marie, on introduit

Acide acétique cristallisable...	150 grammes
Phosphore rouge..........	12 —

Par la tubulure passe un tube amenant du chlore sec au sein du liquide; dans le col s'engage un réfrigérant ascendant. L'appareil doit être exposé si c'est possible au plein soleil, et le courant de chlore sec doit être très rapide. L'opération dure en général 1 ou 2 jours, suivant l'intensité de la lumière. On l'interrompt lorsqu'une prise d'essai se solidifie complètement par refroidissement dans l'eau glacée. On décante alors le liquide dans un ballon à distillation fractionnée dont la tubulure est reliée à un réfrigérant constitué par un simple tube en verre mince, et l'on distille à feu nu. Ce qui passe au-dessous

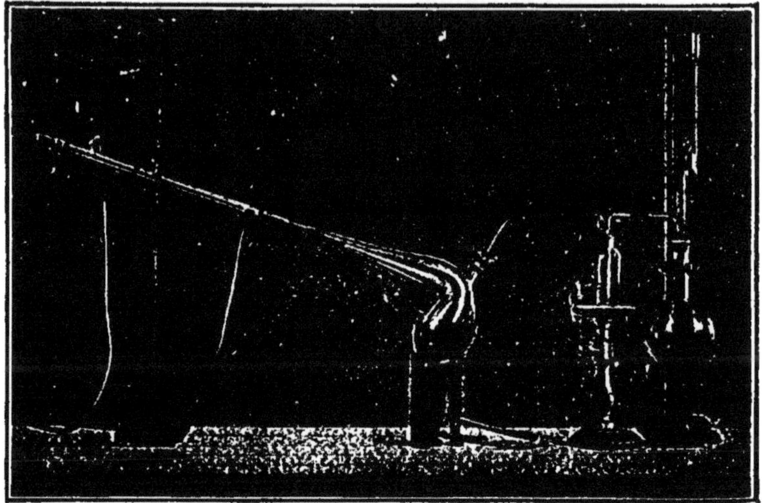

Fig. 31. — Préparation de l'acide monochloracétique.

de 150° est constitué par de l'acide acétique et peut être traité à nouveau. La fraction 150-200° se solidifie par refroidissement. On la broie et on l'essore rapidement; les eaux mères sont fractionnées de nouveau, et traitées comme la première portion. Tous les cristaux sont ensuite réunis et fractionnés une dernière fois; la portion qui passe de 184° à 187° est constituée par de l'acide monochloracétique pur. 150 grammes d'acide acétique fournissent en général de 100 à 125 grammes de produit pur.

L'acide monochloracétique cristallise en masse radiée ou en tables rhombiques déliquescentes, fusibles à 63°; il bout à 185-187°. L'eau le dissout facilement. Il est très caustique; aussi ne doit-on jamais le manier qu'avec une spatule. L'eau bouillante, les alcalis caustiques et carbonatés le transforment en acide glycolique, et l'ammoniaque en glycocolle.

Dans la préparation de l'acide monochloracétique on peut, mais sans grand avantage, remplacer le phosphore rouge par le soufre [Hofmann, *Ann. Chem.*, **102**, 3; Auger et Béhal, *Bull. Soc. Chim.*, (3), **2**, 145; Russanoff, *D. chem. G.*, **25**, *Ref.*, 334].

Acide β-chloropropionique, $CH^2Cl.CH^2.CO^2H$
(*Acide chloro 3-propanoïque*).

L'acide β-chloropropionique servant lui-même à obtenir l'acide acrylique, on ne le préparera pas par le procédé général qui consisterait à fixer l'acide chlorhydrique sur l'acide acrylique. On l'obtient très facilement en oxydant l'aldéhyde β-chloropropionique par l'acide azotique fumant :

$$CH^2Cl.CH^2.CHO + O = CH^2Cl.CH^2.CO^2H.$$

L'aldéhyde elle-même résulte de l'action de l'acide chlorhydrique sur l'acroléine. Il n'est pas nécessaire de la purifier complètement pour la transformer en acide. On opérera par conséquent de la façon suivante :

On introduit :

Acroléine fraîchement distillée, 200 grammes,

dans un ballon à fond plat de 1 lit., entouré d'un mélange de glace et de sel, et surmonté d'un tube à paroi mince destiné à servir de réfrigérant. On sature cette acroléine par un courant modéré de gaz chlorhydrique sec, en arrêtant l'opération dès que des fumées blanches apparaissent à l'extrémité du tube. On obtient ainsi un produit sirupeux, quelquefois partiellement solide, qui est constitué par un mélange d'aldéhyde β-chloro-propionique et d'un polymère. Rendement, 87 p. 100 de la théorie.

On divise ce produit brut en 5 portions égales de 50-55 grammes chacune, et l'on introduit séparément et peu à peu chaque portion dans

Acide azotique fumant ($d = 1,47$). 95 gr.-100 gr.

L'opération peut être effectuée simplement dans une série de matras de 500 centimètres cubes qu'on entoure d'eau froide et qu'on maintient debout au moyen de colliers de plomb.

Lorsque toute l'aldéhyde a été employée, on réunit les diverses portions dans un ballon de 2 litres, qu'on chauffe au bain-marie jusqu'à disparition complète des vapeurs nitreuses. Le ballon est ensuite refroidi au moyen d'un mélange de glace et de sel. L'acide β-chloropropionique formé se solidifie spontanément. On l'essore rapidement en se servant d'un entonnoir en bois à double paroi garnie de glace pilée, puis on presse rapidement la masse cristalline entre deux doubles de papier à filtrer blanc, et on achève sa dessiccation sur une assiette poreuse, à basse température.

Les eaux mères, qui renferment encore un tiers du produit, sont étendues de 3 volumes d'eau et épuisées à l'éther; la solution éthérée est évaporée, le résidu chauffé pendant quelque temps au bain-marie, puis solidifié et purifié comme il a été dit pour la première portion. On obtient ainsi 85-90 p. 100 du rendement théorique.

L'acide β-chloropropionique cristallise en paillettes nacrées fusibles à 55°; il est extrêmement soluble dans l'alcool et dans l'eau. Lorsqu'on cherche à le distiller, on le décompose partiellement en acide chlorhydrique et acide acrylique [Linnemann, *Ann. Chem.*, **163**, 95 ; Krestoffnikoff, *Journ. russ. Phys. Chim.*, **11**, 248; Ch. Moureu, *Bull. Soc. chim.*, (3), **7**, 402].

Acide α-dibromopropionique, $CH^3.CBr^2.CO^2H$
(Acide dibromo 2. 2-propanoïque).

Les acides propioniques monobromé et dibromé s'obtiennent directement en chauffant en tube scellé l'acide propionique avec respectivement les quantités calculées de brome :

$$CH^3.CH^2.CO^2H + Br^2 = CH^3.CHBr.CO^2H + HBr$$
$$CH^3.CH^2.CO^2H + 2Br^2 = CH^3.CBr^2.CO^2H + 2HBr.$$

Le procédé qui consiste à chauffer l'acide propionique avec du brome et du phosphore rouge, au réfrigérant ascendant, ne donne naissance qu'au bromure d'α-bromopropionyle.

Pour préparer l'acide α-dibromopropionique, on chauffe en tube scellé à 100°, pendant 24 heures, un mélange de

Acide propionique............	4 grammes.
Brome........................	9 —

Au bout de ce temps, on laisse refroidir, puis on ouvre le tube au chalumeau et on laisse le gaz bromhydrique se dégager complètement. On chauffe ensuite le résidu avec une nouvelle quantité de

Brome........................	9 grammes,

à 200° [1], pendant 48 heures, jusqu'à ce que le contenu du tube ait pris une teinte ambrée.

On ouvre de nouveau avec précaution, et lorsque la pression interne a disparu, on transvase le contenu du tube dans une capsule qu'on chauffe pendant quelque temps au bain-marie, de façon à chasser tout l'acide bromhydrique. Par refroidissement le résidu se prend en masse, si toutefois la bromuration est complète. Les cristaux d'acide dibromopropionique sont alors placés dans un entonnoir, sur une plaque de Witt, sous une cloche à côté d'une capsule pleine d'eau.

Les impuretés tombent peu à peu en déliquescence et abandonnent l'acide dibromopropionique presque pur. On achèvera de le dessécher sur une plaque poreuse.

L'acide dibromopropionique cristallise en tables ou en lamelles solubles dans l'eau, qui fondent à 61°. Il distille vers 201° en perdant de l'acide bromhydrique [Friedel et Machuca, *C. R.*, **54**, 220; Philippi et Tollens, *Ann. Chem.*, **171**, 315].

§ IV. Acides-alcools.

Les acides-alcools se préparent :

1° *En chauffant avec l'eau ou les alcalis les acides chlorés et bromés correspondants :*

$$CH^2Cl.CO^2H + H^2O = CH^2OH.CO^2H + HCl.$$

(Thomson, *Ann. Chem.*, **200**, 76.)

2° *En oxydant par le permanganate en solution alcaline les acides éthyléniques correspondants :*

$$R.CH = CH.CO^2H + H^2O + O = R.CH\ OH.CH\ OH.CO^2H.$$

(Saytzeff, *J. prakt. Chem.*, (2), **34**, 304 ; Gröger, *D. chem. G.*, **18**, 1268 ; **22**, 620.)

3° *En fixant l'acide cyanhydrique sur une aldéhyde et en saponifiant le nitrile ainsi obtenu :*

$$CH^3.CH^2.CHO + CAzH = CH^3.CH^2.CH(OH).CAz.$$

(Guthzeit, *Ann. Chem.*, **209**, 234.)

1. Les tubes scellés destinés à cette opération doivent être extrêmement résistants, à cause de la pression considérable qui s'exerce à l'intérieur. Il sera prudent de transvaser le contenu du tube dans un tube neuf avant de le traiter de nouveau par le brome, à cause de la difficulté qu'on éprouvera à refermer le premier et surtout à cause du danger d'une rupture. Les tubes qui ont été déjà chauffés sautent en effet avec la plus grande facilité. — On aura soin également de faire une pointe absolument capillaire, sans cela, au moment de l'ouverture, le dégagement gazeux serait tellement brusque, que le liquide mousserait et pourrait être en grande partie projeté au dehors.

Acide glycolique, $CH^2(OH).CO^2H$
(*Acide éthanoloïque*).

L'acide monochloracétique, fixant H^2O sous l'influence des alcalis, fournit l'acide glycolique :

$$CH^2Cl.CO^2K + H^2O = CH^2OH.CO^2H + KCl.$$

On dissout

Acide monochloracétique..... 100 grammes

dans la plus petite quantité d'eau possible (50 gr.) et l'on sature exactement par du carbonate de potassium pur, de façon à obtenir une solution concentrée de monochloracétate de potassium. Cette solution est chauffée pendant 30 heures au réfrigérant ascendant, sur une toile métallique ou sur un bain de sable. Au bout de ce temps, on renverse le réfrigérant, et on élimine autant que possible l'eau contenue dans la masse, en chauffant le ballon à 60-70° et en faisant le vide dans l'appareil.

Lorsqu'il ne passe plus rien, on ajoute de l'acétone jusqu'à précipitation complète du chlorure de potassium, on filtre à la trompe et on concentre la liqueur filtrée jusqu'à commencement de cristallisation. L'acide glycolique ainsi obtenu est presque pur et il suffit de le faire cristalliser une seule fois dans l'eau chaude. Les eaux mères acétoniques seront concentrées de nouveau et fourniront une nouvelle quantité d'acide. Le rendement total est de 70 à 80 p. 100 de la théorie.

L'acide glycolique cristallise en prismes orthorhombiques ou clinorhombiques fusibles à 79°. Il se dissout facilement dans l'eau, dans l'alcool et dans l'éther.

Glycolates. L'acide glycolique forme des sels très bien cristallisés. On préparera le *glycolate de calcium* en saturant par le carbonate de calcium pur et fraîchement précipité une solution aqueuse d'acide glycolique, et en concentrant la liqueur filtrée. Si l'on opère à basse température, on obtiendra de fines aiguilles renferment 4 molécules d'eau; une solution concentrée et chaude de sel abandonne par refroidissement des octaèdres répondant à la formule $(C^2H^3O^3)^2Ca,3H^2O$. Enfin, si la solution est complètement saturée à chaud, on pourra obtenir, quoique plus difficilement, des prismes anhydres.

Le *sel de cuivre* se prépare également en saturant de carbonate de cuivre une solution aqueuse concentrée d'acide glycolique. Il est anhydre et cristallise en prismes bleus solubles dans l'eau [Hölzer, *D. chem. G.*, **16**, 2954; Colman, *Proc. Chem. Soc.*, 1892, 72; voir aussi *Dictionnaire de Wurtz*, 2e *Suppl.*, article GLYCOLIQUE; de Forcrand, *Bull. Soc. Chim.* (2), **39**, 310].

Acide dioxystéarique, $CH^3(CH^2)^7CHOH.CHOH(CH^2)^7CO^2H$
(*Acide octodécane-diol 9, 10-oïque 18*).

Les deux acides dioxystéariques stéréoisomériques se préparent respectivement à partir de l'acide oléique et de l'acide élaïdique, par oxydation et hydratation simultanées au moyen du permanganate de potassium en solution alcaline :

$$CH^3.(CH^2)^7.CH = CH.(CH^2)^7.CO^2H + O + H^2O$$
$$= CH^3.(CH^2)^7.CHOH.CHOH.(CH^2)^7.CO^2H.$$

On dissout

Potasse........................ 50 grammes

dans

Eau........................ 1 litre,

et l'on ajoute peu à peu à cette lessive, en agitant énergiquement,

Acide oléique................ 168 grammes.

L'opération doit être faite dans un ballon de 4 litres. On entoure ensuite ce dernier d'un mélange réfrigérant, et on y verse peu à peu et en remuant constamment une solution de

Permanganate................ 35 grammes

dans

Eau........................ 1 litre.

La masse prend bientôt une couleur brunâtre qui passe au vert à la fin de l'opération. On laisse ensuite reposer pendant quelques heures. On chauffe au bain-marie pour détruire l'excès de manganate, et on filtre.

La liqueur limpide qui renferme du dioxystéarate de potassium est précipitée par l'acide sulfurique dilué. Le précipité est essoré, lavé à l'eau chaude, séché et soumis à 2 ou 3 cristallisations dans l'alcool bouillant, jusqu'à ce qu'il fonde nettement à 125°.

L'acide dioxystéarique cristallise en paillettes blanches insolubles dans l'eau, solubles dans l'alcool et dans l'éther bouillants [Saytzeff, *J. prakt. Chem.*, (2), **34**, 304; Gröger, *D. chem. G.*, **18**, 1268; **22**, 620].

§ V. Acides cétoniques.

Modes généraux d'obtention.

Les acides cétoniques s'obtiennent principalement :

1° *En faisant agir le cyanure de potassium ou le cyanure d'argent sur les chlorures d'acides et en saponifiant le nitrile formé ;*

$$CH^3.COCl + AgCAz = AgCl + CH^3.CO.CAz.$$

[Hübner, *Ann. Chem.*, **120**, 334; **124**, 315].

2° *En décomposant par l'alcool les produits de l'action du chlorure d'aluminium ou du chlorure ferrique sur les chlorures d'acides :*

$$CH^3.CO.CH^2.CO.CH^2.COCl.AlCl^3 + 2C^2H^5OH = CH^3.CO.CH^2.CO^2C^2H^5 + CH^3.CO^2C^2H^5 + HCl + AlCl^3.$$

[A. Combes, *Ann. Chim. Phys.*, (6), **12**, 254; Hamonet, *Bull. Soc. Chim.* (3), **2**, 344.]

3° *Les éthers des acides β-cétoniques se forment lorsqu'on traite par le sodium ou plutôt par l'éthylate de sodium les éthers d'acides gras :*

$$2CH^3.CO^2C^2H^5 + C^2H^5ONa = CH^3.CO.CHNa.CO^2C^2H^5 + C^2H^5.OH.$$

[Geuther, *Iahresb.*, **1863**,, 324].

Acide pyruvique, $CH^3.CO.CO^2H$
(Acide propanone 2-oïque 3).

On le prépare en enlevant à l'acide tartrique 1 molécule d'eau et 1 molécule d'acide carbonique :

$$\underset{\text{Acide tartrique}}{C^4H^6O^6} = \underset{\text{Ac. pyruvique}}{C^3H^4O^3} + CO^2 + H^2O.$$

On fait un mélange intime de :

Bisulfate de potassium pulvérisé.....	110 grammes
Acide tartrique......................	70 —

Le bisulfate de potassium se prépare en chauffant dans une capsule de platine du sulfate de potassium (9 parties) avec de l'acide sulfurique (5 parties) jusqu'à fusion tranquille. Après refroidissement, on le pulvérise et on le tamise.

Le mélange est introduit dans un ballon de 1 litre à col très court relié à un réfrigérant descendant. On chauffe sur un fourneau à couronne au-dessus d'une toile métallique.

Il n'y a aucun inconvénient à élever rapidement la température. Il se dégage de l'anhydride sulfureux, la masse se boursoufle et de l'eau distille; tout l'appareil se remplit de fumées blanches. La distillation se poursuit régulièrement, elle dure environ une heure. Au bout de ce temps le boursouflement diminue, la masse se rétracte, l'appareil se remplit de nouveau de vapeurs blanches. L'opération est terminée.

Le produit distillé est fractionné dans le vide.

On recueille successivement les portions 150-170°, puis 165-170°. On obtient ainsi environ 15 grammes d'acide pyruvique presque pur, ne renfermant plus que des traces d'eau et de composés sulfurés.

L'acide pyruvique cristallise dans un mélange réfrigérant, et fond alors à + 10°,5. Il bout vers 165°, et se dissout facilement dans l'eau, l'alcool et l'éther.

L'acide pyruvique se polymérise assez rapidement. Il est doué de propriétés réductrices et s'unit à la phénylhydrazine pour donner naissance à une *hydrazone* fusible à 114-115°, qui est très peu soluble dans l'eau et qui peut servir à le caractériser (Simon, *Bull. Soc. Chim.*, (3), **11**, 136).

Éther acétylacétique, $CH^3.CO.CH^2.COOC^2H^5$
(Butanone 2-oate d'éthyle 3).

L'éther acétylacétique est le produit de l'action du sodium sur l'acétate d'éthyle.

Le mécanisme de la synthèse de l'éther acétylacétique n'est pas encore absolument élucidé. M. Claisen admet qu'il se forme d'abord une petite quantité d'éthylate de sodium, et que celui-ci réagit sur une molécule d'acétate d'éthyle pour donner un produit d'addition :

$$CH^3.CO.OC^2H^5 + C^2H^5ONa = CH^3.C \begin{cases} OC^2H^5 \\ OC^2H^5 \\ ONa \end{cases}$$

Ce produit d'addition réagit sur une nouvelle molécule d'acétate d'éthyle en donnant naissance au *dérivé sodé* de l'éther acétylacétique.

$$CH^3.C \begin{cases} OC^2H^5 \\ OC^2H^5 \\ ONa \end{cases} + CH^3.CO^2C^2H^5 = CH^3.C(ONa)=CH.CO^2C^2H^5 + 2C^2H^5OH.$$

L'alcool mis en liberté réagit sur une nouvelle quantité de sodium, et les mêmes réactions se reproduisent.

L'acétate d'éthyle employé dans cette préparation ne doit renfermer qu'une très faible quantité d'alcool, si l'on veut éviter une réaction tumultueuse qui aurait pour conséquence un abaissement sensible dans le rendement. Si, d'autre part, l'éther acétique est absolument pur, il ne sera attaqué que très difficilement par le sodium.

On opérera de la façon suivante : 500 grammes d'acétate d'éthyle commercial seront agités dans un vase ouvert avec une solution à 10 0/0 de carbonate de sodium, de façon à enlever tout l'acide acétique (la couche éthérée ne doit plus rougir le tournesol bleu); on décante ensuite dans un entonnoir à robinet, on filtre la couche supérieure sur un filtre à plis sec et on l'agite dans un décanteur avec une solution aqueuse de chlorure de calcium contenant 100 grammes de sel pour 100 grammes d'eau; ce dernier traitement enlève la majeure partie de l'alcool. Après une dernière décantation, on dessèche le produit sur du carbonate de potassium sec, et on le rectifie au bain-marie. La fraction 76-79° doit encore rester pendant 12 heures en contact avec du carbonate de potassium.

L'appareil destiné à la préparation de l'éther acétylacétique est constitué par un ballon surmonté d'un réfrigérant ascendant.

Le ballon doit avoir une capacité de 1 litre et être absolument sec. On y introduit, par petits morceaux très minces, après l'avoir soigneusement débarrassé des croûtes qui le recouvrent,

Sodium........................ 25 grammes.

On emploiera avec avantage une petite presse spéciale qui permet de débiter le métal en fils minces. Après avoir adapté le réfrigérant, on introduit par l'extrémité supérieure, au moyen d'un petit entonnoir,

Acétate d'éthyle................ 250 grammes,

purifié comme il vient d'être dit. La réaction doit s'amorcer peu à peu; on la maintient en chauffant le ballon au bain-marie pendant 4 ou 5 heures, de façon que l'ébullition soit très modérée. Au bout de ce temps, on démonte le réfrigérant, et l'on traite la masse encore chaude par un mélange de

Acide acétique................ 50 grammes.
Eau........................ 50 —

jusqu'à réaction acide, en agitant s'il y a lieu, de façon à tout dissoudre. On ajoute ensuite une solution de chlorure de sodium saturée à froid, et l'on décante la couche éthérée qui se sépare. Cette couche renferme un mélange d'acétate d'éthyle et d'éther acétylacétique. On la fractionne au tube Le Bel, sous la pression normale, pour éliminer la majeure partie de l'acétate d'éthyle.

Lorsque le thermomètre marque 95°, on interrompt la distillation, et on fractionne le résidu dans le vide en chauffant au bain de sable. Il passe d'abord un peu d'eau, d'éther et d'acide acétique, puis de l'éther acétylacétique qu'il suffit de fractionner une seconde fois pour l'avoir tout à fait pur. Rendement, 50-55 gr.

L'éther acétylacétique bout à 71° sous $12^{mm},5$, à 79° sous 18^{mm}, à 88° sous 29^{mm}, à 100° sous 80^{mm} et à 181° sous la pression atmosphérique. Il est peu soluble dans l'eau.

L'éthylate de sodium joue un rôle absolument analogue dans une foule de condensations qui donnent naissance soit à des éthers cétoniques, soit à des éthers aldéhydiques, soit encore à des polycétones. [Conrad et Wislicenus, *Ann. Chem.*, **186**, 214; Michael, *J. prakt. Chem.*, (2), **37**, 473].

Méthylacétylacétate d'éthyle, $CH^3\text{-}CO\text{-}\underset{\displaystyle CH^3}{\underset{|}{CH}}\text{-}CO^2C^2H^5$

(*Méthyl 2-butanone 3-oate 1-d'éthyle*).

Les homologues supérieurs substitués en position α de l'éther acétylacétique s'obtiennent en traitant ce dernier par l'éthylate de sodium et en faisant ensuite réagir un iodure alcoolique sur le dérivé sodé ainsi obtenu :

$$CH^3\text{-}CO\text{-}CH^2\text{-}CO^2C^2H^5 + C^2H^5ONa = \underset{\text{Sodacétylacétate d'éthyle}}{CH^3\text{-}CO\text{-}CHNa.CO^2C^2H^5} + C^2H^5OH$$

$$CH^3\text{-}CO\text{-}CHNa\text{-}CO^2C^2H^5 + CH^3I = CH^3\text{-}CO\text{-}CH(CH^3)\text{-}CO^2C^2H^5 + NaI$$

Pratiquement les deux réactions sont réunies en une seule opération.

On prépare une solution d'éthylate de sodium en introduisant dans un ballon de 500 centimètres cubes :

Alcool absolu.................. 200 grammes,

puis

Sodium...................... 15 —

en menus fragments. Le ballon est surmonté d'un réfrigérant ascendant par lequel on verse, au moyen d'un petit entonnoir, d'abord

Éther acétylacétique.......... 90 grammes,

puis, par petites portions,

Iodure de méthyle............ 105 —

On agite énergiquement et, si la réaction devient par trop violente, on la modère en refroidissant le ballon avec de l'eau froide.

Lorsque tout l'iodure de méthyle a été introduit, on chauffe pendant 4 ou 5 heures au bain-marie. La réaction est terminée lorsque la masse, primitivement pâteuse, s'est transformée en un magma cristallin, dense, d'iodure de sodium et que le liquide qui baigne ce dernier n'est plus alcalin.

On renverse alors le réfrigérant, on distille au bain de sel ou de chlorure de calcium la majeure partie de l'alcool et on reprend le résidu par l'eau, de manière à dissoudre l'iodure alcalin.

L'éther méthylacétylacétique qui se sépare est rassemblé au moyen d'éther; la solution éthérée lavée à l'eau, puis séchée sur du carbonate de potassium, est fractionnée.

La fraction distillant entre 170 et 190° est rectifiée de nouveau jusqu'à ce qu'elle passe à point fixe, 183-186°. On obtient ainsi de 75 à 80 p. 100 d'éther méthylacétylacétique pur.

Ce corps se présente sous la forme d'un liquide mobile, un peu plus dense que l'eau, bouillant à 186° sous la pression normale. Il donne avec une solution de chlorure ferrique une coloration d'un bleu franc [Conrad et Limpach, *Ann. Chem.*, **192**, 154].

---

§ VI. Amino-acides.

Les amino-acides se préparent généralement en traitant les acides halogénés correspondants par l'ammoniaque aqueuse ou alcoolique :

$$R.CHCl.CO^2H + AzH^3 = R.CHAzH^2.CO^2H + HCl.$$

(Kekulé, *Ann. Chem.*, **130**, 18; Heintz, *ibid.*, **156**, 36.)

Glycocolle, $CH^2AzH^2.CO^2H$
(*Acide amino éthanoïque*).

Il se prépare en faisant agir l'ammoniaque sur l'acide monochloracétique :

$$CH^2Cl.CO^2H + 2AzH^3 = AzH^2.CH^2.CO^2H + AzH^4Cl.$$

On prépare une solution renfermant

Acide monochloracétique...... 50 grammes,

dans

Eau................................. 50 cc.,

et on l'introduit peu à peu dans

Solution ammoniacale à 26, 5 p. 100......... 600 cc.

placée dans un ballon rond à col large. Pendant toute l'opération, la masse doit être agitée constamment au moyen d'une petite turbine à eau, de façon que l'acide monochloracétique se trouve immédiatement au contact de l'ammoniaque.

La masse est ensuite abandonnée à elle-même pendant vingt-quatre heures; au bout de ce temps, on chasse l'excès d'ammoniaque par un violent courant de vapeur, et on évapore au bain-marie la solution qui renferme un mélange de glycocolle et de chlorure d'ammonium. Cette solution est ensuite chauffée avec de l'oxyde de cuivre fraîchement préparé et provenant de la précipitation par la soude de 70-75 gr. de sulfate de cuivre cristallisé. L'oxyde doit avoir été soigneusement lavé par décantation. Il se dissout presque totalement en formant du *glycocollate de cuivre*, $(C^2H^4AzO^2)^2Cu, H^2O$.

La liqueur prend une teinte d'un bleu très foncé. Pour isoler le sel, on la filtrera, et on évaporera à siccité; le résidu sera dissous dans 100 cc. d'eau et additionné de 100 cc. d'alcool absolu. De la sorte on précipite presque entièrement le glycocollate de cuivre, tandis que le chlorure d'ammonium reste en solution. Il suffit alors de laver deux ou trois fois le précipité avec de l'alcool dilué, puis avec de l'alcool à 90°, pour obtenir le sel absolument pur. Les eaux de lavage ne devront plus précipiter par l'azotate d'argent.

Pour régénérer le glycocolle, on dissout sa combinaison cuprique dans 100 cc. d'eau, on ajoute à cette solution un peu d'alumine fraîchement précipitée, et on sature de gaz sulfhydrique, en chauffant légèrement pour faciliter le dépôt de cuivre. La liqueur filtrée et les eaux de lavage du précipité sont réunies et concentrées fortement. Le glycocolle cristallise par refroidissement en grands prismes solubles dans l'eau (1 : 4). Rendement, 50 p. 100 de la théorie.

Le glycocolle fond en se décomposant vers 232-236°. Il est peu soluble dans l'alcool absolu et dans l'éther. Le chlorure ferrique le colore en rouge foncé. La baryte bouillante le dédouble en acide carbonique et méthylamine [Kraut, *Ann. Chem.*, **266**, 295.]

---

§ VII. Acides polybasiques.

Les modes généraux de préparation des acides polybasiques sont les mêmes que ceux des acides monobasiques.

Acide oxalique, (*Acide éthane-dioïque*). $\begin{matrix} CO^2H \\ | \\ CO^2H. \end{matrix}$

L'acide oxalique est un des produits constants de l'oxydation profonde des composés organiques. C'est ainsi qu'on peut le préparer en oxydant le sucre au moyen de l'acide azotique :

$$C^{12}H^{22}O^{11} + O^{18} = 6\, C^2H^2O^4 + 5H^2O.$$

Cette préparation est donnée comme un exemple d'oxydation par l'acide azotique.

On introduit dans un ballon de 2 litres,

Sucre pulvérisé............... 100 grammes

et

Acide azotique ordinaire..... .... 825 grammes;

le ballon est chauffé sur une toile métallique avec une très petite flamme qu'on éloigne dès qu'il se dégage une quantité notable de bulles gazeuses. La réaction se continue d'elle-même, accompagnée d'un dégagement de vapeurs rutilantes et d'acide carbonique que l'on conduit par un tube abducteur à quelques millimètres au-dessus de la surface d'une lessive de soude qui les absorbe. Lorsque les vapeurs rouges ont à peu près disparu, on transvase le contenu du ballon dans une capsule en porcelaine, et on évapore la liqueur au bain-marie jusqu'à ce que le volume primitif soit réduit au $\frac{1}{6}$. Toutes ces opérations doivent être faites sous une hotte à bon tirage.

On refroidit ensuite brusquement la capsule en la plongeant dans de l'eau froide, de façon à obtenir de petits cristaux qu'on essore et qu'on purifie par une nouvelle cristallisation dans l'eau bouillante. Les eaux mères sont concentrées davantage, et fournissent une nouvelle quantité d'acide oxalique qu'on purifie par des cristallisations dans l'eau. Le rendement total peut s'élever à 50 p. 100 du sucre employé.

L'acide oxalique cristallise en prismes clinorhombiques renfermant $2H^2O$. Il fond à 101°,5 et devient anhydre à 100-110°. L'acide anhydre fond à 109°. Il est soluble dans l'eau et dans l'éther; l'alcool le dissout encore plus facilement.

L'action de l'acide azotique ordinaire sur les hydrates de carbone fournit toujours, comme terme ultime, de l'acide oxalique, de l'acide carbonique et de l'eau, mais jamais d'acide formique, car celui-ci est oxydé instantanément. On peut toutefois modérer cette action de façon à n'oxyder que les groupements aldéhydiques sans rompre la chaîne longue.

Acide malonique, $CH^2 < {CO^2H \atop CO^2H}$

(Acide propane-dioïque).

L'acide monochloracétique traité par le cyanure de potassium fournit l'acide cyanacétique :

$$CH^2Cl.CO^2H + CAzK = CAz.CH^2.CO^2H + KCl;$$

celui-ci, fixant H^2O, engendre de l'ammoniaque et de l'acide malonique.

$$CAz.CH^2.CO^2H + 2H^2O = AzH^3 + CO^2H.CH^2.CO^2H.$$

Comme l'opération s'effectue en présence d'alcool, on obtient du malonate d'éthyle.

On prépare une solution de monochloracétate de potassium en mélangeant

Acide monochloracétique......	100 grammes
Eau...........................	200 —

et en neutralisant exactement avec du carbonate de potassium (75 gr. environ). Cette solution est versée dans une grande capsule à fond rond, chauffée sur un bain de sable, sous une hotte fermée. On ajoute alors

Cyanure de potassium......... 75 grammes,

pulvérisé grossièrement, et l'on chauffe doucement en remuant constamment la masse jusqu'à ce que la première réaction soit passée, puis on élève la température à 130°. La masse refroidie est concassée et introduite dans un ballon. On ajoute alors 1 vol. d'acide chlorhydrique et on sature de gaz chlorhydrique. Le précipité de chlorure de potassium qui se dépose est essoré, et la liqueur filtrée évaporée dans le vide jusqu'à consistance de sirop épais. Ce sirop est alors traité, encore chaud, par 120 gr. d'alcool. On sature de gaz chlorhydrique à froid, puis on ajoute du carbonate de potassium solide avec un peu d'eau et on épuise par l'éther. On obtient de cette façon 90 gr. de malonate d'éthyle pour 100 gr. d'acide monochloracétique. Le résidu est fractionné avec un tube Le Bel. On recueillera la portion 185-200°, qu'une nouvelle distillation suffira pour purifier complètement.

L'éther malonique se présente sous la forme d'un liquide bouillant à 198°, insoluble dans l'eau.

Les atomes d'hydrogène du carbone médian peuvent être remplacés par du sodium, et ce dernier par des radicaux alcooliques, de façon à donner des éthers maloniques substitués. Les acides correspondants perdent avec la plus grande facilité une molécule d'acide carbonique lorsqu'on les chauffe à 180°, de sorte qu'on peut au moyen de malonate d'éthyle effectuer la synthèse, non seulement des acides maloniques, mono- ou bi-substitués, mais encore des acides gras à chaîne normale ou secondaire. (Venable et Claisen, *Ann. Chem.*, **218**, 1.)

Acide adipique, $CO^2H.CH^2.CH^2.CH^2.CH^2.CO^2H$
(*Acide hexane-dioïque 1,6*).

L'acide adipique et ses homologues supérieurs peuvent être préparés en oxydant certaines graisses au moyen de l'acide azotique. Toutefois, le produit de cette oxydation est constitué par un mélange complexe d'acides polybasiques qu'il est extrêmement difficile de séparer les uns des autres.

Les acides bibasiques en C^{2n} s'obtiennent plus facilement à l'état de pureté en électrolysant les éthers acides en C^{n+1} ou leurs sels de potassium :

$$2\ C^2H^5CO^2.CH^2.CH^2.CO^2K + 2H^2O$$
$$= C^2H^5CO^2.CH^2.CH^2.CH^2.CH^2.CO^2C^2H^5 + 2CO^3K^2 + 2H^2.$$

Ce procédé convient tout particulièrement dans le cas de l'acide adipique. On partira par conséquent de l'*éthylsuccinate de potassium*.

Pour préparer l'éthylsuccinate de potassium, on introduit dans un ballon de 2 litres,

Succinate d'éthyle..............	70 grammes
Alcool..........................	40 — ,

puis l'on ajoute par petites portions et en refroidissant constamment,

Potasse alcoolique à 10 0/0.... 225 grammes[1].

On achève la réaction au bain-marie et l'on distille ensuite l'excès d'alcool dans un courant de gaz carbonique. Le résidu est alors étendu de son volume d'eau et lavé à l'éther, pour enlever le succinate neutre qui n'a pas réagi. La couche aqueuse est ensuite évaporée au bain-marie jusqu'à ce que son volume ne diminue plus. Pendant l'évaporation, on fera barboter dans le liquide un courant d'acide carbonique de façon à neutraliser constamment l'alcali libre qui pourrait se former et qui saponifierait l'éther acide. Après refroidissement, le résidu doit avoir une consistance sirupeuse ou pâteuse, mais non pas cristalline, car cela dénoterait la présence de succinate de potassium. Ce résidu renferme en somme 60 à 70 0/0 d'éthylsuccinate, du carbonate de potassium, un peu de succinate neutre et de l'eau. On peut néanmoins le soumettre directement à l'électrolyse après l'avoir étendu de son poids d'eau.

L'électrolyse de l'éthylsuccinate peut être effectuée, soit dans un grand creuset de platine, soit simplement dans un cylindre en cuivre à double paroi de 250 centimètres de capacité. L'anode est constituée par un fil de platine enroulé en spirale et protégé par un entonnoir renversé. La surface du fil doit être environ $\frac{1}{300}$ de celle du cylindre, et la distance des deux électrodes de un centimètre. On fait circuler continuellement de l'eau froide dans la double paroi.

Le courant nécessaire à l'électrolyse doit avoir une force électromotrice de 10 à 12 volts et une intensité de 3 à 5 ampères. La résistance de cet appareil est de 0,4 ohm.

L'éthylsuccinate étant introduit dans le cylindre, on fait passer le courant en refroidissant énergiquement. Il se forme bientôt une mousse blanche très abondante, puis celle-ci fait place à une couche huileuse qui surnage. Lorsque cette couche

1. Le succinate neutre d'éthyle se prépare comme celui de méthyle, en chauffant pendant quelques heures au réfrigérant ascendant le mélange suivant :

Acide succinique pur..........	300 grammes
Alcool à 95 0/0................	450 —
Acide sulfurique à 66°.........	15 —

La purification du produit est la même que celle du dérivé méthylique. Le succinate d'éthyle bout à 216-217°.

n'augmente plus (au bout de cinq ou six heures), on arrête le courant, on décante le contenu du cylindre dans un entonnoir à robinet, on sépare la couche éthérée, et on lave le résidu avec de l'éther. L'extrait éthéré est réuni à la première portion, et le tout est soumis à une série de distillations fractionnées, afin d'éliminer les produits complexes qui souillent l'éther adipique. Finalement, on recueille entre 240 et 250° une fraction assez notable qui constitue de l'adipate d'éthyle à peu près pur. Le rendement est de 30 à 35 p. 100 de la théorie.

L'éther adipique est ensuite chauffé pendant quelques heures au réfrigérant ascendant avec la quantité calculée de potasse alcoolique (2 mol. $\frac{1}{2}$) : le produit est débarrassé de l'alcool par distillation, puis sursaturé par l'acide chlorhydrique. L'acide adipique se dépose par refroidissement sous la forme de paillettes jaunâtres, qu'on purifie par des cristallisations dans l'eau bouillante.

L'acide adipique pur fond à 149°. Il bout à 205°,5 sous 10 millimètres et à 265° sous 100 millimètres; il se dissout facilement dans l'alcool [Laurent, *Ann. Chim. Phys.*, (2), **66**, 166; Malaguti, *ibid.*, (3), **16**, 84; Brown et Walker, *Ann. Chem.*, **261**, 117; Krafft et Nördlinger, *D. chem. G.*, **22**, 818; Étaix, *Ann. Chim. Phys.*, (7), **9**, 365].

---

§ VIII. Éthers-sels.

Les éthers-sels se forment par l'action d'un acide sur un alcool en présence d'un déshydratant :

$$R.CO^2H + R'.OH = R.COOR' + H^2O.$$

On les prépare par plusieurs procédés :

1° *Au moyen de l'acide sulfurique concentré (sulfovinates, acétates, oxalates, succinates).*

2° *Au moyen de l'acide chlorhydrique sec (tartrates).*

3° *Au moyen des chlorures d'acides :*

$$R.COCl + R'OH = R.COOR' + HCl.$$

4° *En faisant agir les iodures alcooliques sur les sels d'argent des acides :*

$$R.CO^2Ag + CH^3I = R.CO^2CH^3 + AgI.$$

I. Éthers d'acides minéraux.

Éthylsulfate (sulfovinate) de potassium. $CH^3.CH^2.O.SO^2OK$
(*Éthane-sulfate de potassium*).

Tandis que l'acide sulfurique fumant à 60 p. 100 réagit sur l'alcool pour donner l'acide éthionique

$$CH^2O.SO^2OH - CH^2.SO^2OH,$$

l'acide à 66° B. donne simplement l'acide sulfovinique ou éthyl-sulfurique :

$$C^2H^5OH + SO^4H^2 = C^2H^5O.SO^2OH + H^2O.$$

On prépare d'avance de l'acide sulfurique à 66° en mélangeant dans un ballon de 500 centimètres cubes, 60 grammes d'acide sulfurique ordinaire (à 92 0/0) et 40 grammes d'acide fumant à 35 0/0 (ou la quantité équivalente d'acide à 60 0/0 d'anhydride).

100 grammes de ce mélange sont additionnés avec précaution de 140 grammes d'alcool absolu, et le tout est chauffé pendant deux heures environ au bain-marie, dans un ballon de 2 litres muni d'un réfrigérant ascendant. La masse renferme dans ces conditions de l'acide sulfovinique, de l'alcool et de l'acide sulfurique. Lorsqu'elle est refroidie complètement, on l'étend d'eau glacée (1 lit. 1/2), dans une grande capsule, et on neutralise complètement par du carbonate de calcium précipité. Le sulfate de calcium se précipite totalement dans ces conditions. On filtre alors à la trompe, sur une plaque de Witt, la liqueur qui renferme presque exclusivement de l'éthylsulfate de calcium. Lorsque l'essorage est terminé, on décante le liquide dans une capsule de porcelaine, on chauffe au bain-marie, et on ajoute du carbonate de potassium en solution concentrée (30 p. 100), jusqu'à réaction alcaline. Il se forme ainsi du carbonate de calcium et de l'éthylsulfate de potassium en solution. On filtre ce dernier, et on l'évapore au bain-marie jusqu'à commencement de cristallisation; pour éviter toute trace de saponification, on maintiendra la solution légèrement alcaline par des additions éventuelles de carbonate de potassium. Par refroidissement, l'éthylsulfate de potassium se prend en masse.

On le purifiera par de nouvelles cristallisations dans l'alcool et dans l'eau.

On peut obtenir dans cette préparation en sulfovinate de 80 à 90 p. 100 du poids de l'acide sulfurique employé.

Le sulfovinate de potassium cristallise dans l'eau en tables clinorhombiques. Il se dissout dans son poids d'eau froide, mais il est insoluble dans l'alcool absolu et dans l'éther. Sa solution aqueuse ne doit pas précipiter par le chlorure de baryum [Berthelot, *Bull. Soc. Chim.*, (3), **19**, 295; Claesson, *J. prakt. Chem.*, (2), **19**, 246].

Azotite d'amyle, $C^5H^{11}O.AzO$.

L'azotite d'amyle s'obtient en éthérifiant l'alcool amylique par l'acide azoteux naissant, ou mieux par l'anhydride azoteux :

$$2\,C^5H^{11}OH + Az^2O^3 = 2\,C^5H^{11}O.AzO + H^2O.$$

On emploiera à cet effet les vapeurs nitreuses (mélange de Az^2O^3 et de AzO^2) provenant de l'action de l'acide azotique ordinaire sur l'amidon. Comme générateur, on se servira simplement d'un ballon de un litre muni d'un tube en S et d'un tube à dégagement, dans lequel on chauffera très doucement un mélange de

Amidon........................ 50 grammes

et

Acide azotique ordinaire....... 200 —

Dans un ballon rond de 500 centimètres cubes, fermé par un bouchon à deux trous et chauffé au bain-marie à 60-70° environ, on introduit

Alcool amylique............... 350 grammes.

Par l'un des trous du bouchon passe le tube adducteur des vapeurs nitreuses, l'autre trou étant traversé par l'extrémité d'un réfrigérant ascendant.

Lorsque le bain-marie a atteint la température indiquée, on chauffe doucement le ballon renfermant l'amidon et l'acide azotique, de manière à produire un courant régulier de gaz. A mesure que l'éthérification s'opère, on voit l'alcool amylique se colorer en jaune, tandis qu'une couche aqueuse se sépare. Lorsque la saturation est complète, on arrête le courant gazeux, on décante le produit dans un entonnoir à robinet, et on le lave à la potasse aqueuse diluée, puis à l'eau. On sèche ensuite et on rectifie en recueillant la portion comprise entre 90 et 100°. Le rendement est de 80-90 p. 100.

Le nitrite d'amyle fraîchement préparé possède une couleur ambrée et une odeur agréable. Il bout à 94-95°. Au bout d'un certain temps, il se décompose, surtout à la lumière, en un mélange d'acide azoteux, d'acide azotique, d'acide valérianique, d'alcool amylique et de valérianate d'amyle [Rennard, *Jarcsb.*, 1874, 352].

II. Éthers d'acides organiques.

Acétate d'amyle, $CH^3.CO^2C^5H^{11}$
(Éthanoyloxy 4-méthyl 2-butane).

On peut préparer cet éther en chauffant un mélange d'alcool iso-amylique et d'acide acétique avec de l'acide sulfurique concentré.

$$CH^3.CO^2H + SO^4H^2 + C^5H^{11}OH = CH^3.CO^2C^5H^{11} + H^2SO^4 + H^2O.$$

Mais il est avantageux de remplacer l'acide acétique par l'acétate de sodium fondu :

L'acétate de sodium fondu se prépare en chauffant le sel cristallisé, $CH^3.CO^2Na + 3H^2O$, dans une capsule en tôle émaillée. La fusion aqueuse se produit vers 100°, puis la masse se solidifie pour fondre de nouveau vers 320°. Dès que le sel est transformé complètement en un liquide clair, on laisse refroidir en recouvrant la capsule, et on pulvérise le produit lorsqu'il a atteint la température de 50-60°. On le conserve dans un flacon bouché à l'émeri dont le bouchon est convenablement suifé.

Dans un ballon de 300 centimètres cubes surmonté d'un réfrigérant ascendant, on introduit :

Acétate de sodium concassé... 30 grammes,

on y ajoute un mélange d'acide sulfurique et d'alcool préparé à l'avance dans la proportion de

Alcool amylique..............	30 grammes
Acide sulfurique concentré.....	60 —

et l'on chauffe le tout au bain de sable pendant environ une demi-heure. Le produit est ensuite versé dans un excès d'eau froide, et l'acétate d'amyle formé est séparé par décantation, lavé à la soude diluée et à l'eau, séché sur du chlorure de calcium et distillé. Le rendement est de 80 à 90 p. 100.

Comme l'éther retient toujours un peu d'alcool amylique,

si on veut l'en débarrasser complètement, on le lavera avec de l'acide acétique étendu de son poids d'eau qui dissout l'alcool en laissant l'éther (Berthelot).

L'acétate d'amyle constitue un liquide mobile, moins dense que l'eau, dans laquelle il est insoluble. Il bout à 138°-139° et possède une odeur de fruits un peu suffocante [R. Schiff, *Ann. Chem.*, **220**, 110; **234**, 344].

Oxalate de méthyle, $\begin{array}{l} CO^2\,CH^3 \\ | \\ CO^2\,CH^3 \end{array}$

(Éthane-dioate de méthyle).

On le préparera par éthérification directe de l'alcool en présence d'acide sulfurique.

$$C^2H^2O^4 + 2\,CH^3(OH) = C^2(OCH^3)^2O^4 + 2H^2O.$$

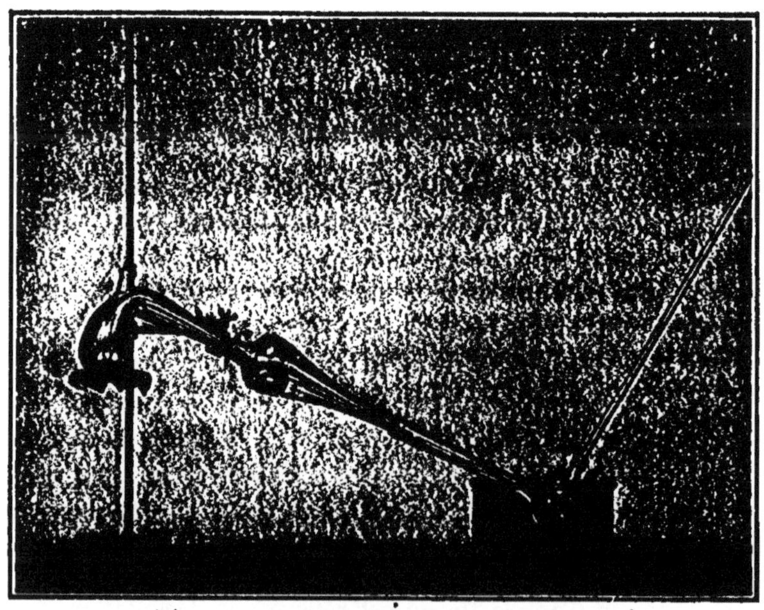

Fig. 35. — Préparation de l'oxalate de méthyle.

Comme les éthers neutres des acides bibasiques se saponifient avec une grande facilité, il importe de les soustraire aussi rapidement que possible à l'action de l'acide aqueux et de l'eau qui prend naissance dans l'éthérification. L'oxalate de méthyle distillant facilement sans décomposition, on emploiera la méthode suivante :

On fait un mélange de :

Alcool méthylique desséché...	60 grammes
Acide sulfurique 66°...........	60 —

et on l'abandonne pendant quelques heures au repos. Puis, dans une cornue de verre vert de 500 centimètres cubes, on introduit :

Acide oxalique pulvérisé......	90 grammes.

Il est bon de dessécher au préalable l'acide oxalique en le maintenant pendant quelques heures à l'étuve à 100-110°.

On verse l'acide sulfométhylique en agitant, pour mouiller uniformément l'acide oxalique, on adapte au col de la cornue une allonge, puis un ballon tubulé à long col que l'on refroidit dans une terrine pleine d'eau. On chauffe doucement sur un fourneau à couronne au-dessus d'une toile métallique, de façon à chasser l'excès d'alcool et l'eau; lorsque le liquide qui distille commence à se solidifier, on change de récipient et on continue l'opération en élevant graduellement la température jusqu'à ce que le contenu de la cornue mousse fortement.

L'oxalate de méthyle brut est essoré à la presse entre des doubles de papier à filtrer et purifié ensuite par une nouvelle distillation. On peut aussi le sublimer très facilement dans un creuset de porcelaine.

L'oxalate de méthyle cristallise en tables fusibles à 154°; il bout à 168°,3 et se dissout dans un grand excès d'eau [Erlenmeyer, *Jahresb*, **1874**, 572].

Succinate de méthyle, $C^2H^4 < {CO^2CH^3 \atop CO^2CH^3}$

(Butane-dioate de méthyle).

Cet éther s'obtiendra également par éthérification de l'alcool en présence d'acide sulfurique.

Dans un ballon de deux litres, on mélange

Alcool méthylique.............	200 grammes
Acide sulfurique 66°..........	50 —

puis on ajoute

Acide succinique pulvérisé....	100 grammes.

On chauffe le mélange au bain-marie, au réfrigérant ascendant, pendant environ cinq heures. Au bout de ce temps, on verse la masse fluide dans une solution aqueuse saturée de sulfate d'ammonium. Le succinate de méthyle surnage, on le sépare et on le soumet à la distillation.

C'est un liquide à odeur fade, qui bout à 196°. Il est assez soluble dans l'eau. [Weger, *Ann. Chem.*, **221**, 81.]

CHAPITRE VIII

ANHYDRIDES D'ACIDES

Modes généraux d'obtention.

Les anhydrides d'acides s'obtiennent :

1° *En faisant agir le chlorure de l'acide sur l'acide lui-même ou ses sels :*

$$R.COCl + R.CO^2H = HCl + (R\,CO)^2O.$$

(Kanonnikoff et Saytzeff, *Ann. Chem.*, **185**, 192.)

2° *En traitant l'acide ou ses sels par une quantité insuffisante de pentachlorure de phosphore ou par l'oxychlorure de phosphore :*

$$6\,R.CO^2H + POCl^3 = 3\,(R.CO)^2O + PO(OH)^3 + 3\,HCl.$$

(Gerhardt, *Ann. Chim. Phys.*, (3), **37**, 311.)

Anhydride acétique, $\begin{matrix}CH^3CO\\CH^3CO\end{matrix}>O$

(*Bis-éthanoyle*).

Le chlorure d'acétyle réagissant sur l'acétate de sodium fournit l'anhydride acétique :

$$CH^3.CO^2Na + CH^3.COCl = NaCl + (CH^3CO)^2O.$$

L'appareil destiné à la préparation de l'anhydride acétique est composé d'une cornue tubulée de 250 cc. reliée à un réfrigérant ascendant. La tubulure est munie d'un bouchon de liège traversé par un tube à brome de 100 cc. de capacité. On introduit dans la cornue

Acétate de sodium fondu....... 60 grammes,

puis on laisse couler lentement

Chlorure d'acétyle............... 50 grammes

en refroidissant la cornue au moyen d'eau froide. Lorsque la première réaction est passée, on remue autant que possible la masse avec une baguette de verre, et on termine ensuite la réaction en chauffant au bain-marie jusqu'à ce qu'il ne se condense presque plus de liquide dans le réfrigérant ascendant. On retourne alors ce dernier, et on distille l'anhydride acétique au bain d'huile à 170°, jusqu'à ce qu'il ne passe plus rien.

Le produit doit être recueilli dans un ballon à distillation fractionnée renfermant un peu d'acétate de sodium fondu, et dont la tubulure est reliée à un petit tube à chlorure de calcium. On rectifiera l'anhydride acétique 2 ou 3 fois de la même façon, en recueillant successivement les fractions 130-142° et 135°-140°.

Le rendement est de 90 p. 100 du chlorure employé.

L'anhydride acétique est un liquide mobile doué d'une odeur piquante, et très caustique. Il bout vers 138° et s'hydrate très rapidement à l'air.

Il ne doit pas précipiter par l'azotate d'argent lorsqu'on le traite par l'eau [Kanonnikoff et Saytzeff, *Ann. Chem.*, **185**, 192].

Anhydride succinique, $\begin{matrix} CH^2 - CO \\ | \\ CH^2 - CO \end{matrix} \!\!> O$

(Butane-oïde).

L'anhydride succinique peut être préparé en traitant l'acide succinique par un certain nombre de déshydratants. Le procédé le plus pratique consiste dans l'emploi de l'oxychlorure de phosphore :

$$3 \begin{matrix} CH^2 - CO^2H \\ | \\ CH^2 - CO^2H \end{matrix} + POCl^3 = \begin{matrix} CH^2 - CO \\ | \\ CH^2 - CO \end{matrix} \!\!> O + PO^4H^3 + 3HCl.$$

On introduit dans un ballon de 500 cc., surmonté d'un réfrigérant ascendant,

Acide succinique sec, finement pulvérisé.	100 grammes
Oxychlorure de phosphore..............	65 —

et l'on chauffe le tout au bain-marie pendant 5 ou 6 heures, jusqu'à ce que le dégagement de gaz chlorhydrique ait cessé.

On renverse alors le réfrigérant et on distille le produit

au bain d'huile. L'excès d'oxychlorure ayant été chassé, on supprime le réfrigérant et on continue la distillation ; on obtient, entre 250 et 270°, environ 50 gr. d'anhydride succinique brut qu'il suffit de faire cristalliser une ou deux fois dans le chloroforme bouillant pour l'obtenir pur [Anschütz, *Ann. Chem.*, **226**, 8; Volhard, *ibid.* **242**, 150].

L'anhydride succinique se présente sous la forme de prismes solubles dans l'alcool, peu solubles dans l'éther, qui fondent à 119°. Il distille à 139° sous 15 mm. et à 261° sous la pression normale.

CHAPITRE IX

CHLORURES D'ACIDES

MODES GÉNÉRAUX D'OBTENTION.

Les chlorures d'acides se préparent :

1° *En traitant l'acide par le trichlorure de phosphore :*

$$PCl^3 + 3\,CH^3.CO^2H = 3\,CH^3.COCl + P(OH)^3.$$

(Béchamp, *C. R.*, **42**, 224.)

2° *En faisant agir l'oxychlorure de phosphore sur le sel de sodium de l'acide :*

$$POCl^3 + 3\,CH = CH.CO^2Na = PO(ONa)^3 + 3CH^2 = CH.COCl.$$

(Gerhardt; Kanonnikoff, *D. chem. G.*, **7**, 1650.)

Les chlorures des acides bibasiques s'obtiennent surtout en faisant agir le perchlorure de phosphore (ou le chlorure de thionyle) sur l'acide ou sur l'anhydride.

$$\begin{matrix} CH^2.CO^2H \\ | \\ CH^2.CO^2H \end{matrix} + 2\,PCl^5 = 2\,POCl^3 + \begin{matrix} CH^2.COCl \\ | \\ CH^2.COCl \end{matrix} + 2\,HCl.$$

(Auger, *Ann. Chim. Phys.*, (6), **22**, 347.)

Chlorure d'acétyle, CH^3-COCl
(*Chlorure d'éthanoyle*).

Dans un ballon de 500 cc., bien desséché, on introduit

Acide acétique cristallisable........ 90 grammes.

Le col du ballon porte un bouchon de caoutchouc à deux trous donnant passage à un entonnoir à brome et à un tube droit ouvert de 50 ou 60 centimètres de long. Dans l'entonnoir on place

Trichlorure de phosphore........... 60 grammes

que l'on fait couler goutte à goutte dans l'acide. Il se déclare une vive réaction, et de l'acide chlorhydrique se dégage en abondance par le tube ouvert. On imprime au ballon un mouvement circulaire afin de mélanger les deux liquides, le trichlorure tendant à occuper le fond. Quand tout le trichlorure a été ajouté, on chauffe au bain-marie à une température comprise entre 50 et 60°, en agitant de temps en temps pour faciliter le départ de l'acide chlorhydrique. Quand ce gaz a cessé de se dégager, on abandonne l'appareil à lui-même pendant un quart d'heure. Au bout de ce temps, le liquide s'est séparé en deux couches; la couche supérieure est constituée par le chlorure d'acétyle, renfermant en dissolution de l'acide phosphoreux, la couche inférieure, sirupeuse, est formée d'acide phosphoreux. On les sépare au moyen d'un entonnoir à décantation, et on soumet la couche supérieure à la rectification au bain-marie. Le chlorure d'acétyle passe entre 50 et 55°. Dans le ballon distillatoire reste un résidu d'acide phosphoreux.

Le produit s'obtient tout à fait pur par une seconde rectification. C'est un liquide mobile, limpide lorsqu'il est fraîchement distillé, fumant à l'air. Il bout à 55°.

Chlorure de malonyle, $CH^2 <^{COCl}_{COCl}$

(Chlorure de propane-dioyle).

On le préparera par action du chlorure de thionyle sur l'acide malonique.

L'équation de la réaction est la suivante :

$$2\ SO<^{Cl}_{Cl} + CH^2<^{COOH}_{COOH} = 2SO^2 + 2HCl + CH^2<^{COCl}_{COCl}$$

L'appareil se compose d'un ballon de 250 cc. surmonté d'un réfrigérant ascendant. On y introduit

Chlorure de thionyle..............	120 grammes
Acide malonique pulvérisé.........	50 —

et on chauffe au bain-marie pendant environ trois heures. L'acide se dissout peu à peu, et la masse brunit. Au bout de trois heures, tout l'acide est dissous; on transvase le liquide dans un ballon à distiller, et on distille dans le vide (avec thermomètre et rentrée d'air). Le récipient doit être entouré de glace. Le chlorure de thionyle en excès, bouillant à 78° sous la pression normale, est tout entier entraîné dans la trompe [1], le chlorure de malonyle seul se condense pur dans le récipient.

C'est un liquide incolore qui bout à 58° sous la pression de 27 mm. Le rendement est de 28 gr. de chlorure pur pour 50 gr. d'acide [Auger, *Ann. Chim. Phys.*, (6), **22**, 347].

Chlorure de succinyle
(Chlorure de butane-dioyle).

$$C^2H^4<{COCl \atop COCl} \text{ et } C^2H^4<{CCl^2 \atop OC}>O.$$

Le chlorure de succinyle et ses homologues supérieurs se préparent en faisant réagir le perchlorure de phosphore (2 mol.) sur l'acide correspondant. On économisera toutefois la moitié du perchlorure en partant de l'anhydride :

$$C^2H^4<{CO \atop CO}>O + PCl^5 = POCl^3 + C^2H^4<{COCl \atop COCl}$$

On introduit successivement dans un ballon de 1 litre, surmonté d'un réfrigérant ascendant,

Perchlorure de phosphore...........	160	grammes
Anhydride succinique pulvérisé......	100	—

La réaction s'effectue spontanément. On l'accélère en chauffant pendant quelque temps au bain-marie, jusqu'à ce que, tout l'anhydride ayant disparu, la masse devienne complètement fluide. Cela exige environ une heure. Au bout de ce temps, on renverse le réfrigérant, et on relie le récipient destiné à recueillir le liquide à une bonne trompe à eau, en prenant la précaution indiquée plus haut. On fait le vide et l'on distille au bain-marie jusqu'à ce qu'il ne passe plus rien. Dans ces conditions, tout l'oxychlorure de phosphore est éliminé. On remplace alors le bain d'eau par un bain d'huile qu'on chauffe à 140° environ, et on fractionne le résidu. La portion passant entre 110 et 120° sous 20 mm. constitue du chlorure de succinyle pur. Les rendements sont presque théoriques.

1. Le tube de caoutchouc qui relie la trompe au récipient est mis rapidement hors d'usage. On devra donc employer plutôt un tube de verre avec seulement deux raccords de caoutchouc sur l'ajutage de la trompe et sur le récipient.

Le chlorure de succinyle est liquide à la température ordinaire. Il se solidifie vers 0° et bout à 116° sous 20 mm. et à 190-192° sous la pression normale.

M. Auger a montré que le chlorure de succinyle ainsi préparé était constitué par un mélange de deux chlorures isomériques, l'un symétrique, l'autre dissymétrique.

$$C^2H^4{<}\genfrac{}{}{0pt}{}{COCl}{COCl} \qquad C^2H^4{<}\genfrac{}{}{0pt}{}{CO}{CCl^2}{>}O$$

Ces deux chlorures ne peuvent être d'ailleurs séparés par fractionnement. Le second se forme en plus grande quantité [Gerhardt et Chiozza, *C. R.*, **36**, 1052; Möller, *J. prakt. Chem.*, (2), **22**, 208; Auger, *Bull. Soc. Chim.*, (2), **49**, 347].

Les chlorures d'acide possèdent sensiblement les mêmes propriétés chimiques que les anhydrides. Ils bouillent toutefois plus bas que ces derniers.

CHAPITRE X

AMIDES ET IMIDES

Modes généraux d'obtention.

Les amides *se préparent généralement :*
1° *Par déshydratation des sels ammoniacaux :*

$$R.COOAzH^4 - H^2O = R.COAzH^2.$$

(Dumas, *Ann. Chim. Phys.*, (3), **44**, 129; **54**, 240.)

2° *Par l'action de l'ammoniaque sur les chlorures d'acides :*

$$R.COCl + AzH^3 = R.COAzH^2 + HCl.$$

(Liebig et Woehler, *Ann. Chem.*, **3**, 268.)

3° *Par l'action de l'ammoniaque aqueuse ou alcoolique sur les éthers correspondants :*

$$R.CO^2C^2H^5 + AzH^3 = R.COAzH^2 + C^2H^5OH.$$

(Dumas, Malaguti et Leblanc, *C. R.*, **25**, 657.)

Les imides *s'obtiennent :*
1° *En traitant les anhydrides d'acides bibasiques par l'ammoniaque :*

$$R<{}^{CO}_{CO}>O + AzH^3 = R<{}^{CO}_{CO}>AzH + H^2O.$$

(d'Arcet, *Ann. Chim. Phys.*, (2), **58**, 294.)

2° *En chauffant les sels acides d'ammonium des acides bibasiques :*

$$R<{}^{CO^2H}_{CO^2AzH^4} = 2H^2O + R<{}^{CO}_{CO}>AzH.$$

(Fehling, *Ann. Chem.*, **49**, 296.)

Acétamide, $CH^3.CO.AzH^2$
(*Éthane-amide*).

L'acétamide s'obtient en déshydratant l'acétate d'ammonium par la chaleur :

$$CH^3.CO^2AzH^4 = CH^3.COAzH^2 + H^2O.$$

Toutefois, cette réaction, si simple en apparence, doit être effectuée dans certaines conditions si l'on veut obtenir un rendement satisfaisant. On introduit :

Acide acétique cristallisable... 200 grammes,

dans un ballon à col large, de 500 centimètres cubes environ, qu'on ferme au moyen d'un bouchon à deux trous. L'un de ceux-ci est traversé par l'extrémité inférieure d'un serpentin Schlœsing, relié lui-même à un réfrigérant ascendant. L'autre trou est destiné au passage d'un tube plongeant jusqu'au fond du ballon et qui sert à faire passer dans l'appareil un courant de gaz ammoniac[1].

On sature d'abord complètement l'acide acétique d'ammoniaque, puis l'on commence à chauffer le ballon sur une toile métallique, sans interrompre le courant gazeux, qui doit être modéré, et de façon à ce que la température du liquide qui distille (eau ammoniaçale) ne dépasse pas 110°.

Au bout d'un certain temps, l'acétate d'ammonium est à peu près déshydraté et le thermomètre s'élève rapidement au-dessus de 130°. On change alors de récipient, et l'on recueille la portion passant de 130 à 150° qui renferme encore de l'eau, puis on supprime le réfrigérant et on continue la distillation, toujours dans le courant de gaz ammoniac, jusqu'à ce qu'il ne reste plus rien dans le ballon.

La dernière portion constitue de l'acétamide presque pure. La précédente peut être fractionnée de nouveau, mais elle ne fournit qu'une faible quantité de produit. L'acétamide brute sera cristallisée dans le benzène. Rendement moyen, 70 p. 100.

L'acétamide pure se présente sous la forme de paillettes hexagonales, absolument inodores. Elle fond vers 82-83° et distille à 222°. Elle est soluble dans l'eau et dans la plupart des solvants organiques [Hofmann, *D. chem. G.*, **14**, 2729; Keller, *J. prakt. Chem.*, (2), **31**, 364].

1. Pour obtenir un courant constant de gaz ammoniac sec, on chauffera la solution commerciale dans un grand ballon muni d'un tube en S renfermant un peu de mercure. On aura soin d'ajouter au préalable quelques morceaux de chaux vive. Le gaz sera desséché dans une ou deux éprouvettes de Dumas remplies de chaux vive.

Succinamide, $C^2H^4<{}^{COAzH^2}_{COAzH^2}$

(*Butane-diamide*).

On l'obtiendra par action d'une solution aqueuse ammoniacale saturée sur le succinate de méthyle :

$$C^2H^4<{}^{COOCH^3}_{COOCH^3} + 2AzH^3 = C^2H^4<{}^{COAzH^2}_{COAzH^2} + 2CH^3OH.$$

Dans un matras de 500 cc. on place

Succinate de méthyle.............. 50 grammes,

puis

Solution ammoniacale (préparée en saturant de gaz ammoniac la solution commerciale refroidie)....... 200 grammes.

On agite de temps en temps le matras jusqu'à ce que l'éther ait complètement disparu, ce qui demande environ une heure. On laisse ensuite reposer pendant vingt-quatre heures. La succinamide se dépose presque totalement sous la forme de paillettes que l'on essore à la trompe. Il suffit de les laver avec un peu d'eau froide pour les avoir tout à fait pures.

La succinamide fond à 242-243°. Elle est très soluble dans l'alcool, peu soluble dans l'eau [Fehling, *Ann. Chem.*, **49**, 196].

Succinimide

(*Pentazdioxane 2,4*).

$$\begin{matrix} CH^2-CO \\ | \\ CH^2-CO \end{matrix}\Big\rangle AzH.$$

Pour préparer la succinimide, on peut faire agir le gaz ammoniac sur l'anhydride succinique; mais il est plus simple de soumettre à la distillation le succinate d'ammonium :

$$\begin{matrix} CH^2.CO^2AzH^4 \\ | \\ CH^2.CO^2AzH^4 \end{matrix} = \begin{matrix} CH^2.CO \\ | \\ CH^2.CO \end{matrix}\Big\rangle AzH + AzH^3 + 2H^2O.$$

On dissoudra

Acide succinique.............. 100 grammes,

dans de l'ammoniaque ordinaire en léger excès, et l'on évaporera aussi rapidement qu'on pourra la solution filtrée, en ajoutant de temps en temps de petites quantités d'ammoniaque concentrée, de façon à maintenir autant que possible une réaction neutre. Le résidu, qui est constitué par un mélange de sel neutre et de sel acide, sera pulvérisé et introduit dans une cornue non tubulée de 250 cc. qu'on chauffera directement ou sur une toile métallique. La distillation devra être effectuée aussi rapidement que possible.

Le produit recueilli est constitué par de la succinimide à peu près pure. On le fera cristalliser dans l'eau ou dans l'alcool dilué, après l'avoir décoloré au noir animal s'il y a lieu.

La succinimide se présente sous la forme d'octaèdres rhombiques, renfermant une molécule d'eau. Elle fond à 126° et distille sans décomposition vers 247°. Elle est soluble dans l'alcool et dans l'eau [Fehling, *Ann. Chem.*, **49**, 196; Mentschoutkine, *ibid.*, **162**, 166].

On préparera le *dérivé argentique*, $C^4H^4AzO^2Ag$, en dissolvant la succinimide (10 gr.) dans 50 cc. d'alcool additionné d'un peu d'ammoniaque, et en ajoutant à la liqueur bouillante un faible excès d'azotate d'argent. La succinimide argentique se dépose par refroidissement sous la forme d'aiguilles blanches qui sont anhydres ou qui renferment une demi-molécule d'eau, suivant la dilution à laquelle on a opéré [Gerhardt, Laurent; Teuchert, *Ann. Chem.*, **134**, 150].

CHAPITRE XI

NITRILES

Modes généraux d'obtention.

Les nitriles s'obtiennent :
1° *Par la déshydratation des amides :*

$$R.CO\,AzH^2 = H^2O + R.CAz.$$

(Dumas, *C. R.*, **25**, 383, 442, 473, 657.)

2° *Par l'action du cyanure de potassium sur un dérivé halogéné ou sur un alcoylsulfate :*

$$R.CH^2I + KCAz = R.CH^2Az + KI.$$

(Pelouze; Rossi, *Ann. Chem.*, **159**, 79.)

3° *Par fixation d'acide cyanhydrique sur une cétone ou sur une aldéhyde :*

$$R.CHO + CAzH = R.CHOH.CAz.$$

(Simpson; Gautier; Henry, *Bull. Soc. Chim.*, (3), **4**, 402.)

Nitrile formique (acide cyanhydrique), CAzH
(*Méthane-nitrile*).

La préparation de l'acide cyanhydrique pur, anhydre, présente quelque difficulté. On l'effectue en décomposant le ferrocyanure de potassium par l'acide sulfurique dilué :

$$Fe(CAz)^6K^4 + 3SO^4H^2 = 2SO^4K^2 + FeSO^4 + 6\,CAzH.$$

On obtient ainsi une solution aqueuse, plus ou moins concentrée, d'acide cyanhydrique. Cette solution est ensuite distillée par petites portions au bain-marie, à aussi basse température que possible, puis le liquide distillé est déshydraté au moyen du chlorure de calcium.

Dans un ballon de 2 litres, relié à un bon réfrigérant, on introduit

Ferrocyanure de potassium pulvérisé.	500	grammes.
Eau	700	—
Acide sulfurique	350	—

et on distille doucement, sur un bain de sable ou sur une toile métallique.

Lorsqu'on a recueilli environ 1 litre de liquide, on arrête la distillation; il ne reste plus qu'à fractionner le produit.

L'appareil où s'effectue cette opération est constitué par un ballon à distillation de 500 cc., chauffé dans un bain-marie dont la température ne doit pas dépasser 40°. Ce ballon est relié à un réfrigérant dont l'extrémité inférieure se rend dans un matras tubulé rempli au tiers de chlorure de calcium fondu, et qui est chauffé dans un bain-marie à 35-40°. La tubulure est reliée à un ensemble de 2 tubes en U garnis de chlorure de calcium granulé, chauffés également dans un bain-marie à 35°. A la suite du second tube en U se trouve un réfrigérant ou un serpentin communiquant avec un matras plongé dans l'eau glacée et bouché par un bouchon à deux trous dont le second trou donne passage à un tube à chlorure de calcium destiné à prévenir toute rentrée d'air humide.

On place dans le ballon la solution d'acide cyanhydrique, par portions de 250 gr., et l'on distille jusqu'à ce qu'il ne passe plus rien. Le liquide épuisé est rejeté et remplacé par la solution fraîche. Si l'on a soin de maintenir les diverses parties de l'appareil rigoureusement aux températures indiquées, on obtient de l'acide cyanhydrique pur et anhydre, susceptible d'être conservé pendant quelque temps à l'abri de la lumière dans le matras scellé. Si le produit est aqueux, il se décompose très rapidement en donnant du formiate d'ammonium.

L'acide cyanhydrique pur est un liquide mobile, d'odeur âcre et suffocante, qui bout à 26°,6 et se solidifie vers 14° [Wœhler, *Ann. Chem.*, **73**, 219; Blythe, *Jahresb.*, 1889; A. Gautier, *Ann. Chim. Phys.*, (4), **17**, 1157].

Les propriétés toxiques de l'acide cyanhydrique sont trop connues pour qu'il soit utile de les rappeler ici. Sa préparation devra toujours être effectuée en plein air, dans des appareils soigneusement montés, ne présentant aucune fuite. Il faudra éviter, en transvasant les liquides aqueux épuisés, de respirer les faibles quantités d'acide cyanhydrique qu'ils renferment encore. On ne saurait user de trop de précautions dans la préparation et la manipulation de ce produit.

Propionitrile, $CH^3 - CH^2 - CAz$
(*Propane-nitrile*).

Le propionitrile peut être préparé en distillant un mélange de sulfovinate et de cyanure de potassium :

$$C^2H^5.O.SO^2OK + CAzK = C^2H^5CAz + SO^4K^2.$$

Néanmoins ce procédé fournit de mauvais rendements, à cause de la production d'une combinaison d'alcool et de propionitrile, $C^2H^5.CAz, 3C^2H^5.OH$, qu'il est impossible de dédoubler par distillation.

Il est préférable de chauffer le chlorure ou l'iodure d'éthyle avec du cyanure de potassium pur :

$$C^2H^5Cl + CAzK = C^2H^5CAz + KCl.$$

On prépare une solution de

Chlorure d'éthyle[1] .... 20 grammes

dans

Alcool à 95° .... 50 grammes,

et on la répartit également dans deux matras de Würtz de 500 cc. en ajoutant à chaque portion

Cyanure de potassium finement pulvérisé. 12 gr. 5

Les matras étant scellés, on les chauffe pendant six heures à 105° au bain de sel, dans un grand manchon de fonte placé verticalement sur un fourneau à couronne. Afin d'éviter tout accident, on les entourera d'un torchon soigneusement ficelé.

Pour alimenter automatiquement d'eau le manchon, on adaptera à la partie supérieure, au moyen d'un support, un

1. Le chlorure d'éthyle se prépare comme celui de propyle (p. 98), en ajoutant de plus à l'alcool 5 p. 100 de son poids de chlorure de zinc fondu. Comme le produit est gazeux à la température ordinaire, on le recueillera dans un matras d'essayeur entouré d'un mélange réfrigérant. Le col du matras aura été préalablement étiré, de telle sorte qu'on puisse ensuite le sceller plus facilement. On purifiera le gaz avant de le condenser en le faisant barboter dans une série de flacons laveurs contenant de l'eau et de l'acide sulfurique concentré.

ballon de 2 litres renversé portant un bouchon donnant passage à un tube court et large. La position de l'orifice inférieur de ce tube réglera le niveau de l'eau dans le bain.

Après refroidissement, on ouvre les matras à la flamme, on filtre le contenu pour éliminer le chlorure de potassium, et l'on distille le résidu au tube Le Bel. La portion 90-110° est fractionnée de nouveau, puis laissée en contact pendant vingt-quatre heures avec de l'anhydride phosphorique et rectifiée une dernière fois. Le rendement varie de 60 à 80 p. 100, suivant la pureté du cyanure de potassium employé.

Le propionitrile se présente sous la forme d'un liquide mobile à odeur alliacée, qui bout à 97°. Il se dissout assez facilement dans l'eau [A. Gautier, *Ann. Chim. Phys.*, (4), **17**, 191; Rossi, *Ann. Chem.*, **159**, 79].

CHAPITRE XII

AMINES

MODES GÉNÉRAUX D'OBTENTION.

Les AMINES PRIMAIRES *s'obtiennent :*

1° *Par l'action de l'ammoniaque sur les éthers-sels ou sur les éthers des hydracides :*

$$C^2H^5I + AzH^3 = C^2H^5AzH^2, HI.$$

(Hofmann, *Ann. Chem.*, **74**, 159.)

2° *Par la décomposition des isocyanates et des isosulfocyanates :*

$$C^2H^5.AzCO + H^2O = C^2H^5.AzH^2 + CO^2.$$

(Würtz, *Ann. Chim. Phys.*, (3), **30**, 467.)

3° *Par l'action des hypobromites sur les amides :*

$$R.COAzH^2 + BrOK = R.AzH^2 + CO^2 + KBr.$$

(Hofmann, *D. chem. G.*, **15**, 770.)

Les AMINES SECONDAIRES, TERTIAIRES, etc., *résultent de l'action des iodures ou chlorures alcooliques sur les amines primaires :*

$$R.AzH^2 + CH^3I = R.AzH.CH^3.HI.$$

(Hofmann, *loc. cit.*)

Méthylamine, $CH^3 - AzH^2$
(*Amino-méthane*).

La méthylamine se prépare industriellement par réduction de l'hexaméthylène-tétramine $C^6H^{12}Az^4$ (combinaison d'aldéhyde formique et d'ammoniaque). On l'obtient tout à fait exempte de diméthylamine et de triméthylamine en traitant l'acétamide (1 mol.) par le brome (1 mol.) et la potasse diluée à 10 p. 100

(1 mol.). Il se forme dans ces conditions de l'acétamide bromée, qu'on décompose ensuite à chaud par un excès d'alcali [1] :

$$CH^3.COAzH^2 + Br^2 + KOH = CH^3.COAzHBr + KBr + H^2O.$$
$$CH^3COAzHBr + 3KOH = CH^3.AzH^2 + KBr + K^2CO^3 + H^2O.$$

Pratiquement, il n'est pas nécessaire d'isoler l'amide bromée.

On introduit dans un verre à pied entouré d'un mélange réfrigérant

Acétamide pulvérisée.......... 70 grammes,

et l'on ajoute par petites portions

Brome.......................... 85 grammes,

en agitant constamment la masse avec un agitateur en verre épais. Cette opération doit être faite sous une hotte à fort tirage.

On verse ensuite sur la masse pâteuse ainsi obtenue une solution froide de potasse à 10 p. 100, en continuant à agiter jusqu'à ce que tout soit dissous et que la liqueur ait pris une coloration jaune paille.

On dispose d'autre part un appareil distillatoire composé d'un ballon relié à un réfrigérant descendant, et dont le bouchon porte un second trou donnant passage à un tube à brome. L'extrémité du réfrigérant est en communication au moyen d'une allonge coudée avec un premier flacon contenant de la potasse solide, suivi d'un deuxième et d'un troisième flacon contenant de l'acide chlorhydrique et destinés à absorber la méthylamine.

On introduit dans le ballon une solution de potasse à 30 p. 100 (500 grammes environ), et on le chauffe à 60-70° au moyen d'un bain-marie bien réglé. Lorsque la température indiquée est atteinte, on laisse tomber goutte à goutte, au moyen de l'entonnoir à robinet, la solution alcaline de l'amide bromée; ceci fait, on laisse reposer le tout pendant une demi-heure en maintenant la même température, puis on enlève le bain et l'on distille à feu nu.

La méthylamine se dégage en même temps qu'un peu d'ammoniaque, en entraînant de l'eau dont la majeure partie est arrêtée par le premier flacon à potasse. Elle est absorbée complètement dans le laveur à acide chlorhydrique.

1. Cette méthode est applicable à toutes les amides des acides monobasiques. Toutefois, à partir du terme en C^7 ou C^8, il se forme des proportions très notables de nitrile, et les rendements en amines deviennent mauvais.

On obtient ainsi une solution aqueuse renfermant du chlorhydrate de méthylamine et du chlorure d'ammonium. Cette solution est évaporée à sec, puis épuisée par l'alcool absolu, qui ne dissout que le sel de méthylamine et qui l'abandonne ensuite tout à fait pur par évaporation.

Si l'on veut régénérer la méthylamine, on chauffera son chlorhydrate avec la quantité calculée de potasse solide dans une petite cornue en verre vert, et l'on recueillera la méthylamine soit dans de l'eau distillée, soit dans un matras d'essayeur entouré d'un mélange de neige et de sel. Dans ce dernier cas, on séchera complètement la méthylamine en la faisant passer à travers un tube garni de fragments de potasse caustique.

Le rendement en méthylamine est de 70 p. 100 de la théorie.

La méthylamine bout à 6°. Elle est très avide d'eau. Ses solutions possèdent des propriétés plus fortement basiques que l'ammoniaque.

Le *chlorhydrate*, $CH^3AzH^2.HCl$, cristallise en paillettes déliquescentes solubles dans l'alcool, et le *chloroplatinate* en tables jaunes hexagonales [A. W. Hofmann, *D. chem.*, G. **15**, 765].

Allylamine, $CH^2=CH.CH^2AzH^2$
(*Amino 3-propène 1*).

L'allylamine s'obtient facilement en décomposant l'essence de moutarde (isosulfocyanate d'allyle) par l'acide chlorhydrique ou l'acide sulfurique :

$$C^3H^5AzCS + H^2O = COS + C^3H^5AzH^2.$$

On chauffe au bain-marie, dans un ballon de 500 cc. muni d'un réfrigérant ascendant,

Essence de moutarde.......... 50 grammes

et

Acide chlorhydrique à 20 p. 100. 200 cc.

Lorsque la couche huileuse a complètement disparu (au bout de cinq heures environ), on évapore à siccité le contenu du ballon ; on décompose le chlorhydrate d'allylamine dissous dans un peu d'eau par de la potasse solide, on décante la base qui surnage, on la sèche sur de la potasse, puis sur du sodium, et on la rectifie jusqu'à ce qu'elle distille à point fixe.

La fraction 55-58° constitue de l'allylamine pure.

Rendement, 75 p. 100 de la théorie.

L'allylamine est un liquide mobile doué d'une odeur irritante, qui se dissout en toutes proportions dans l'eau, et qui bout à 56° [Wurtz; A. W. Hofmann, *D. chem. G.*, **1**, 182; Gabriel et Eschenbach, *ibid.*, **30**, 1124].

Amylamine, $(CH^3)^2.CH.CH^2.AzH^2$

(Amino 4-méthyl 2-butane).

Les amines primaires à poids moléculaire élevé ne peuvent être préparées facilement par la réaction de Hofmann. M. Delépine a montré qu'on pouvait les obtenir avec des rendements de plus de 90 p. 100 en combinant avec l'hexaméthylène-tétramine le chlorure ou l'iodure alcoolique correspondant, et en distillant ensuite le produit avec de l'alcool et de l'acide chlorhydrique. Ces deux réactions peuvent être représentées, dans le cas de l'amylamine, par les équations suivantes :

$$\underset{\text{Hexaméthylène-tétramine}}{C^6H^{12}Az^4} + \underset{\text{Iodure d'amyle}}{C^5H^{11}I} = \underset{\text{Iodamylate d'hexaméthylène-tétramine}}{C^6H^{12}Az^4.C^5H^{11}I}$$

$$C^6H^{12}Az^4.C^5H^{11}I + 3HCl + 12C^2H^5OH =$$
$$\underset{\text{Diéthylformal}}{6\,CH^2(OC^2H^5)^2} + 3AzH^4Cl + \underset{\text{Iodhydrate d'amylamine}}{C^5H^{11}AzH^2.HI}$$

L'hexaméthylène-tétramine nécessaire à cette préparation sera obtenue de la façon suivante :

On mélange 500 cc. d'aldéhyde formique commerciale à 30 p. 100 avec de l'ammoniaque concentrée, jusqu'à réaction faiblement alcaline, et l'on évapore la solution dans une capsule, à feu nu, aussi rapidement que possible. Au fur et à mesure qu'il se dépose du produit, on le sépare, on l'essore et on continue à évaporer le liquide filtré. Le produit obtenu peut être employé tel quel ou bien cristallisé dans l'alcool absolu bouillant.

On introduit dans un ballon de 500 cc., muni d'un réfrigérant ascendant,

Hexaméthylène-tétramine finement pulvérisée.	140 gr.
Chloroforme	400 —

et

Iodure d'amyle	125 —

puis l'on chauffe doucement jusqu'à ce que le chloroforme commence à bouillir.

La combinaison s'effectue rapidement dans ces conditions, et l'iodamylate se dépose sous la forme de lamelles nacrées, insolubles dans le chloroforme.

Au bout d'une demi-heure, on laisse refroidir, on filtre, on essore le précipité à la trompe et on le lave avec un peu de chloroforme froid.

On introduit ensuite dans un ballon de 1 litre le mélange suivant :

Iodamylate d'hexaméthylène-tétramine.	250 gr.
Acide chlorhydrique concentré.........	110 —
Alcool à 95°.........................	250 —

et on relie ce ballon à un réfrigérant descendant, puis l'on chauffe graduellement. Le liquide se sépare peu à peu en deux couches, dont la plus légère est constituée par du diéthylformal, et dont l'autre renferme de l'alcool, de l'eau, du chlorure d'ammonium et du chlorhydrate d'amylamine. On continue à chauffer doucement, jusqu'à ce que la couche supérieure n'augmente plus, puis on élève la température de façon à distiller la majeure partie du formal.

Le résidu est filtré pour éliminer le chlorure d'ammonium qui s'est déposé, et la liqueur filtrée est réintroduite dans l'appareil distillatoire. On y ajoute 40 gr. d'acide chlorhydrique concentré et 180 gr. d'alcool, et on recommence une première, puis une deuxième fois l'opération qui vient d'être décrite.

Après la troisième distillation, la décomposition de l'iodamylate est tout à fait complète. La dernière liqueur filtrée est évaporée à sec, et le résidu chauffé avec le double de son poids de potasse caustique dans une cornue en verre vert reliée à un réfrigérant. Après expulsion de l'ammoniaque, il passe vers 90-100° de l'amylamine presque pure qu'il suffit de sécher sur de la potasse fondue et de rectifier une fois ou deux pour l'obtenir absolument pure.

Le rendement total dans cette préparation est de 85 p. 100.

L'amylamine se présente sous la forme d'un liquide à odeur désagréable, qui bout à 95° [Delépine, *Bull. Soc. Chim.*, (3), **13**, 355; **17**, 393].

Le diéthylformal, produit accessoire de cette préparation, sera purifié par distillation fractionnée. Il bout à 88°.

Méthylamylamine, $AzH<^{C^5H^{11}}_{CH^3}$

(*Méthyl-amino-pentane*).

Les amines secondaires se préparent d'une façon générale en faisant agir un iodure alcoolique sur une amine primaire. Il se forme dans ces conditions un iodalcoylate qu'on décompose ensuite par la potasse :

$$C^5H^{11}AzH^2 + CH^3I = HI.C^5H^{11}.AzH\text{-}CH^3$$
$$HI.C^5H^{11}\text{-}AzH\text{-}CH^3 + KOH = KI + H^2O + C^5H^{11}.AzH.CH^3.$$

La réaction n'est toutefois jamais quantitative, car une partie de l'iodure réagit sur l'amine secondaire pour donner l'iodalcoylate correspondant, tandis qu'une partie de l'amine primaire reste inaltérée. Lorsqu'on sursature par la potasse, on se trouve donc en présence d'un mélange de trois bases, primaire, secondaire et tertiaire. On les séparera au moyen des dérivés nitrosés.

On introduit dans un ballon de 300 cc., surmonté d'un réfrigérant ascendant,

Amylamine.................... 85 grammes,

et on y ajoute par petites portions

Iodure de méthyle............ 140 grammes.

La réaction s'effectue déjà à froid, mais il est nécessaire de chauffer au bain-marie pendant une ou deux heures pour achever la combinaison.

Par le refroidissement, le contenu du ballon se prend en une masse cristalline qui constitue un mélange d'iodhydrates d'amylamine, de méthylamylamine et principalement de diméthylamylamine.

On traite ce mélange par un excès de potasse concentrée, et l'on distille à sec.

Le mélange des trois bases recueilli est saturé exactement par l'acide chlorhydrique, et la solution est étendue à 500 cc. On ajoute alors

Nitrite de sodium à 95 p. 100.. 50 grammes,

et on acidule fortement par

Acide chlorhydrique.......... 100 cc.

L'amylamine est aussitôt décomposée en alcool amylique et azote ; tandis que la méthylamylamine se transforme en *dérivé nitrosé*, $CH^3.(C^5H^{11}).Az.AzO$. Celui-ci se sépare à la surface du liquide avec l'alcool amylique. La base tertiaire n'est pas altérée et reste à l'état de sel dans la solution aqueuse.

On sépare soigneusement la couche huileuse dans un entonnoir à robinet, on la lave avec un peu d'eau, et on la chauffe pendant quatre ou cinq heures au réfrigérant ascendant avec

Acide chlorhydrique ordinaire....... 200 cc.

Au bout de ce temps, le dérivé nitrosé est complètement décomposé. On sépare l'alcool amylique qui surnage, on évapore à sec la solution aqueuse, et on décompose le résidu par la potasse solide. On obtient ainsi une petite quantité de *méthylamylamine* bouillant à 105-106°.

La solution aqueuse du chlorhydrate de diméthylamylamine sera traitée de la même façon et fournira environ 40-50 gr. de *diméthylamylamine*, $(CH^3)^2.Az.C^5H^{11}$, sous la forme d'un liquide bouillant à 113-114° [Collie et Schryver, *Chem. Soc.*, **57**, 774; van Romburgh, *Rec. Pays-Bas*, **5**, 248].

Éthylène-diamine, (*Diamino 1, 2-éthane*).

$$\begin{array}{l} CH^2AzH^2 \\ | \\ CH^2AzH^2 \end{array}$$

On préparera l'éthylène-diamine à partir du succinate de méthyle. Cet éther, chauffé avec l'hydrate d'hydrazine, fournit l'*hydrazide succinique* :

$$\begin{array}{l} CO^2CH^3 \\ | \\ CH^2 \\ | \\ CH^2 \\ | \\ CO^2.CH^3 \end{array} + 2\begin{array}{l} AzH^2 \\ | \\ AzH^2 \end{array},H^2O = \begin{array}{l} COAzH.AzH^2 \\ | \\ CH^2 \\ | \\ CH^2 \\ | \\ COAzH.AzH^2 \end{array} + 2CH^3OH$$

Celle-ci, traitée par l'acide nitreux, se transforme en *azide* :

$$C^2H^4(CO.AzH.AzH^2)^2 + 2AzO^2H = C^2H^4\left(COAz\begin{array}{l} \diagup Az \\ \;\; \| \\ \diagdown Az \end{array}\right)^2 + 4H^2O.$$

L'azide, sous l'influence de l'alcool, engendre l'*uréthane* :

$$C^2H^4(COAz^3)^2 + 2C^2H^5.OH = C^2H^4(AzH.CO^2C^2H^5)^2 + 2Az^2,$$

qui est décomposée elle-même par l'acide chlorhydrique en chlorure d'éthyle et éthylène-diamine :

$$C^2H^4(AzH.CO^2C^2H^5)^2 + 2HCl = 2CO^2 + 2C^2H^5Cl + C^2H^4<\begin{array}{l} AzH^2 \\ AzH^2 \end{array}$$

On chauffe à l'ébullition, au réfrigérant ascendant,

Hydrate d'hydrazine fumant . . : 75 grammes,

et l'on y ajoute par petites portions

Succinate de méthyle . . . . 75 grammes,

en attendant pour faire une nouvelle addition que l'éther soit complètement dissous. La réaction s'effectue assez lentement au premier abord. Lorsqu'elle est terminée, on chauffe encore pendant quatre ou cinq heures à l'ébullition, puis on laisse refroidir.

L'hydrazide succinique cristallise par refroidissement. On peut la transformer directement en *azide*, ou la purifier en la broyant avec une très petite quantité d'alcool méthylique froid. Les impuretés se dissolvent presque totalement, et il suffit ensuite d'essorer le résidu et de le faire cristalliser dans l'alcool bouillant pour obtenir l'hydrazide tout à fait pure. Le rendement est de 50-60 gr.

Alors on dissout dans

Eau . . . . 3000 cc.
Hydrazide succinique . . . . 60 grammes

et on y ajoute une solution de

Nitrite de sodium . . . . 70 grammes

dans

Eau . . . . 100 grammes.

L'opération doit être faite dans un vase cylindrique à parois épaisses, de 2 litres de capacité; on ajoute quelques morceaux de glace, puis de l'acide acétique jusqu'à réaction fortement acide. L'azide se précipite peu à peu sous la forme d'une poudre cristalline blanche, insoluble dans l'eau. On laisse reposer le tout pendant quelques heures en maintenant la température voisine de 0° par des additions de glace, puis l'on essore rapidement le précipité, on le lave deux ou trois fois avec de l'eau glacée, et on le sèche sur une assiette poreuse sous une cloche, au-dessus de l'acide sulfurique [1]. L'azide peut être purifiée complètement par une cristallisation dans le chloroforme, mais

1. *L'azide succinique est un corps explosif.* L'un de nous a pu en faire la cruelle expérience. Pour avoir tenté d'en évaporer une solution chloroformique, M. Freundler a vu le vase qui la renfermait lui éclater entre les mains, pulvérisé, le criblant d'éclats de verre.

elle doit être conservée le moins longtemps possible à cause de sa grande altérabilité. Rendement, 55 gr.

On dissout ensuite l'azide dans 100 gr. d'alcool absolu, et l'on chauffe la solution au réfrigérant ascendant, en évitant une élévation trop rapide de température tant que le dégagement d'azote n'est pas à peu près terminé. On termine la réaction en chauffant au bain-marie pendant cinq ou six heures.

L'alcool en excès est ensuite chassé par évaporation ou distillation, et le résidu qui constitue l'uréthane, $C^2H^4(AzHCO^2C^2H^5)$, est purifié par des cristallisations dans l'alcool ou chauffé directement en tube scellé à 120°, et par portions de 5 grammes au plus, avec de l'acide chlorhydrique fumant.

On aura soin de ne pas remplir les tubes au delà de la moitié. La décomposition de l'uréthane est complète au bout de cinq ou six heures.

On ouvrira les tubes avec précaution, pour laisser échapper l'acide carbonique et le chlorure d'éthyle; on reprendra le résidu par un peu d'eau, et l'on évaporera à siccité la solution filtrée.

On obtient ainsi du chlorhydrate d'éthylène-diamine à peu près pur, qu'on fera cristalliser dans l'eau ou dans l'alcool très dilué. On décomposera ensuite ce sel en le distillant avec le double de son poids de baryte caustique, dans une petite cornue tubulée en verre vert munie d'un réfrigérant descendant.

L'éthylène-diamine sera desséchée et purifiée ensuite par une ou deux rectifications sur le sodium. Rendement maximum pour les quantités indiquées, 30 grammes.

L'éthylène-diamine constitue un liquide mobile, doué d'une odeur vireuse, qui bout à 116°,5.

Elle se dissout facilement dans l'eau, avec laquelle elle forme un *hydrate*, $C^2H^4<^{AzH^2}_{AzH^2}$, H^2O, qui n'est pas décomposable par la baryte, mais seulement par le sodium (Hofmann, *D. chem. G.*, **4**, 666; Kraut, *Ann. Chem.*, **212**, 254; Curtius, *J. prakt. Chem.*, (2), **52**, 221).

Hydrate d'hydrazine, $\begin{pmatrix}AzH^2\\|\\AzH^2\end{pmatrix}$, H^2O.

L'hydrate d'hydrazine s'obtiendra en décomposant le sulfate d'hydrazine commercial par la baryte. On emploiera

Hydrate de baryte cristallisé.......	75 grammes,
Sulfate d'hydrazine................	60 —

On dissoudra séparément l'hydrate de baryte et le sulfate d'hydrazine dans l'eau bouillante. Les deux solutions seront mélangées avec précaution, et le tout chauffé à l'ébullition dans un ballon sur une toile métallique, de façon à agglomérer le précipité de sulfate de baryum. On laissera ensuite reposer et on décantera la liqueur claire, qui devra renfermer un très léger excès de baryte, sur un filtre à plis; on fera bouillir le précipité avec une petite quantité d'eau, et l'on rassemblera la première liqueur et les eaux de lavage dans un ballon rond de 1 litre muni d'une colonne Le Bel à cinq plateaux et d'un réfrigérant descendant.

On fractionnera aussi rapidement que possible, de façon à éviter la décomposition de l'hydrazine en ammoniaque, décomposition qui résulte toujours d'une ébullition prolongée des solutions aqueuses de la base.

La portion 105-117° sera recueillie à part, pour être transformée de nouveau en sulfate; la fraction 117-120° constitue l'hydrate d'hydrazine fumant renfermant environ 98-99 p. 100 d'hydrate. On le conservera dans un flacon bouché à l'émeri.

L'hydrate d'hydrazine est un liquide assez dense, qui bout à 119-119°5, fumant à l'air et très hygroscopique. Il se décompose vers 170° en ammoniaque et azote. Sa vapeur surchauffée attaque le verre et peut brûler avec une flamme jaune.

La portion 105-117° sera saturée exactement par l'acide sulfurique, et la liqueur, filtrée s'il y a lieu, sera évaporée jusqu'à commencement de cristallisation [Curtius et Jay, *J. prakt. Chem.*, (2), **39**, 27].

CHAPITRE XIII

RADICAUX ORGANO-MÉTALLIQUES

Zinc-éthyle, $Zn < {C^2H^5 \atop C^2H^5}$

Le zinc-éthyle se prépare en faisant réagir l'iodure d'éthyle sur le couple zinc-cuivre de MM. Gladstone et Tribe. La réaction s'effectue en deux phases. Dans la première, il se forme un *iodéthylate de zinc* :

$$Zn + C^2H^5I = Zn < {I \atop C^2H^5}$$

Celui-ci se décompose ensuite à une température plus élevée, en donnant de l'iodure de zinc et du zinc-éthyle :

$$2\,Zn < {I \atop C^2H^5} = ZnI^2 + Zn < {C^2H^5 \atop C^2H^5}$$

On commence par préparer le couple zinc-cuivre. Pour cela, on introduit dans un ballon de 300 cc. un mélange intime de

Limaille de zinc............ .... 36 grammes

et de

Cuivre réduit [1].................. 4 grammes,

et l'on ferme ce ballon au moyen d'un bouchon de liège traversé par un tube effilé. On chauffe ensuite le mélange à pleine flamme, sur une toile métallique, en agitant énergiquement, jusqu'à ce que la masse ait perdu complètement son aspect brillant et

1. Le cuivre nécessaire à cette préparation s'obtient en réduisant de l'oxyde pur dans un courant d'hydrogène, à aussi basse température que possible.

qu'elle ait acquis au contraire une consistance spongieuse. A ce moment, on retire le ballon et on scelle la pointe du tube effilé.

Lorsque la masse est refroidie, on enlève le tube qu'on remplace par un réfrigérant ascendant, et on introduit

Iodure d'éthyle.................. 50 grammes.

On chauffe au bain-marie pendant environ une demi-heure ou une heure. Au bout de ce temps, on laisse refroidir la masse qui s'est solidifiée; on démonte l'appareil, et l'on ferme le ballon par un bouchon que traversent deux tubes dont l'un communique avec un réfrigérant descendant et l'autre avec un appareil à acide carbonique sec qu'on fait fonctionner immédiatement.

Lorsque l'appareil est plein de gaz inerte, on commence à chauffer le ballon à 140-150°, au moyen d'un bain d'huile. L'iodéthylate se décompose graduellement et le zinc-éthyle distille. On le recueille dans un matras d'essayeur qu'on scellera ensuite, ou simplement dans un flacon sec rempli d'acide carbonique qui sera fermé au moyen d'un bouchon de liège.

Le zinc-éthyle constitue un liquide incolore, plus dense que l'eau, qui bout à 118° *et qui s'enflamme spontanément à l'air. Il sera donc nécessaire, quand on voudra le transvaser, de le déplacer au moyen d'une pression d'acide carbonique sec dans des vases remplis au préalable du même gaz.*

L'eau et l'alcool le décomposent en donnant naissance à des carbures (méthane, éthane), à de l'hydrogène, etc. [Frankland, *Ann. Chem.*, **95**, 28; Gladstone et Tribe, *Chem. Soc.*, **35**, 569].

TROISIÈME PARTIE

COMPOSÉS DE LA SÉRIE AROMATIQUE

CHAPITRE I

CARBURES

Modes généraux d'obtention.

Les carbures aromatiques vrais *se préparent principalement :*

1° *En chauffant les acides aromatiques avec de la chaux, de la baryte (ou même seuls dans le cas d'un carbure non saturé) :*

$$C^6H^5.CO^2H + CaO = CO^3Ca + C^6H^6$$

(Mitscherlich, *Ann. Chem.*, **9**, 39).

2° *En faisant agir le sodium sur un mélange de dérivés halogénés d'un carbure aromatique et d'un carbure gras :*

$$C^6H^5Br + C^2H^5Br + Na^2 = C^6H^5.C^2H^5 + 2\ NaBr$$

(Fittig et Tollens, *Ann. Chem.*, **131**, 303).

3° *En condensant les carbures aromatiques avec une aldéhyde de la série grasse au moyen de l'acide sulfurique :*

$$CH^2O + 2\ C^6H^6 = H^2O + CH^2\Big\langle\begin{matrix}C^6H^5\\C^6H^5\end{matrix}$$

(Baeyer, *D. chem. G.*, **6**, 221).

4° *En faisant agir un dérivé halogéné gras ou aromatique sur un carbure aromatique en présence de chlorure d'aluminium :*

$$3\ C^6H^6 + CHCl^3 = HC\Big\langle\begin{matrix}C^6H^5\\C^6H^5\\C^6H^5\end{matrix} + 3\ HCl$$

(Friedel et Crafts, *Ann. Chim. Phys.*, (6), **1**, 489).

5° *Certains carbures résultent de la pyrogénation de carbures aromatiques moins complexes :*

$$2\,C^6H^6 = C^6H^5 - C^6H^5 + H^2$$

(Fittig, *Ann. Chem.*, **121**, 363).

Les CARBURES AROMATIQUES RENFERMANT UNE CHAÎNE LATÉRALE NON SATURÉE *s'obtiennent plus généralement en faisant agir la potasse aqueuse ou alcoolique sur le dérivé halogéné correspondant :*

$$C^6H^5.CHBr.CHBr.C^6H^5 + 2\,KOH = C^6H^5.C \equiv C.C^6H^5 + 2KBr + 2H^2O$$

(Limpricht et Schwanert, *Ann. Chem.*, **145**, 347).

Éthylbenzène, $C^6H^5.C^2H^5$
(*Éthylphène*).

Ce carbure peut être préparé, avec un rendement de 70-80 p. 100, par le procédé de MM. Friedel et Crafts. On l'obtient également

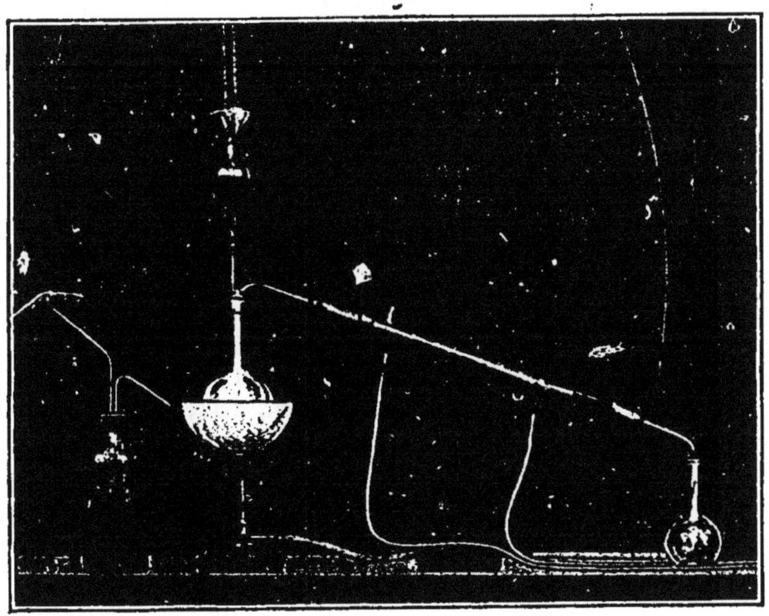

Fig. 36. — Préparation de l'éthylbenzène.

avec facilité en traitant par le sodium un mélange de bromure d'éthyle et de benzène bromé :

$$C^6H^5Br + C^2H^5Br + Na^2 = 2\,NaBr + C^6H^5.C^2H^5.$$

On introduit dans un ballon rond de 1 litre

Sodium........................ 25 grammes,

découpé en tranches minces, que l'on recouvre avec

Éther anhydre................ 100 grammes.

Le ballon est ensuite fermé par un bouchon à deux trous que traversent un entonnoir à brome et un tube abducteur relié à un réfrigérant descendant.

Le mélange de

Benzène bromé.................. 60 grammes

et de

Bromure d'éthyle............... 50 grammes

est alors introduit d'un seul coup dans le ballon, qu'on a soin d'entourer d'eau glacée. La réaction se déclare bientôt, le liquide s'échauffe et l'éther se met à bouillir et distille partiellement. Lorsque cette ébullition s'arrête, on chauffe au bain-marie pour chasser l'excès d'éther, et l'on traite le résidu par un peu d'alcool, puis par un excès d'eau froide lorsque toute effervescence a cessé.

On séparera par décantation la couche supérieure qui est constituée par un mélange d'éthylbenzène, de benzène et d'un peu de benzène bromé ; on la lavera une fois ou deux avec de l'eau, on la séchera sur du chlorure de calcium et on la rectifiera au tube Le Bel.

La majeure partie du produit distille entre 130 et 140° ; un second fractionnement fournira de l'éthylbenzène sensiblement pur, bouillant à 133-136°. Rendement, 30 grammes (70 pour 100).

L'éthylbenzène se présente sous la forme d'un liquide mobile, moins dense que l'eau dans laquelle il est insoluble. Il bout à 135-136° [Tollens et Fittig, *Ann. Chem.*, **131**, 310 ; Fittig et Kœnig, *ibid.*, **144**, 277].

Biphényle ou Diphényle

(*Phénylphène*).

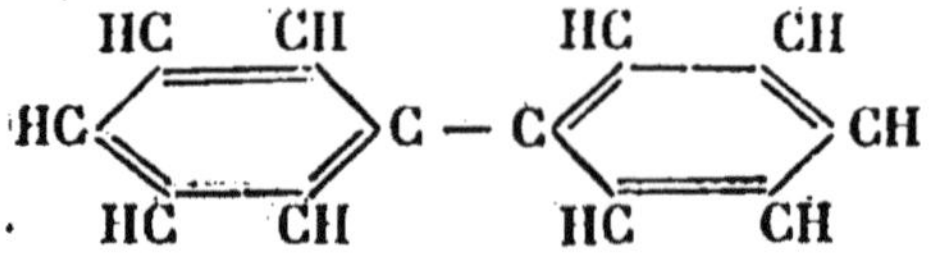

HC CH HC CH
HC<>C — C<>CH
HC CH HC CH

Le biphényle constitue l'un des produits de la pyrogénation du benzène :

$$2\,C^6H^6 = C^6H^5 - C^6H^5 + H^2.$$

Pour le préparer, on fait passer des vapeurs de benzène dans un tube de fer forgé chauffé au rouge sombre. Comme les rendements sont assez faibles, il sera avantageux de monter un appareil continu dans lequel le benzène qui aura échappé à la pyrogénation sera séparé du biphényle par fractionnement et soumis de nouveau à l'action de la chaleur. Cet appareil peut être disposé de la façon suivante :

Le tube en fer forgé, qui doit avoir de 3 à 4 cm. de diamètre, est placé sur une grille à combustion dont on a enlevé la gouttière; ses deux extrémités doivent déborder la grille de 10 à 15 cm. On le remplit de fragments de ponce très grossièrement concassée. La grille elle-même doit être légèrement inclinée au moyen de briques convenablement disposées.

La partie la plus élevée du tube de fer est reliée au moyen d'un tube coudé, luté avec du plâtre et de l'amiante, à un entonnoir à brome de 500 cc. qui sera supporté par un support universel muni d'un anneau.

A l'autre extrémité du tube se trouve, également lutée, une allonge qu'on préparera avec un tube à entonnoir coudé, dont la branche descendante pénétrera dans un ballon à distillation fractionnée de 1 litre de capacité. Ce dernier, dont le col devra être un peu long, sera relié à un réfrigérant descendant. On le chauffera dans un bain de sel ou de chlorure de calcium, de façon à distiller au fur et à mesure qu'il se condensera, le benzène qui n'aura pas réagi.

L'appareil étant ainsi monté, on chauffe la partie médiane du tube (environ les 2/3) au rouge sombre, et l'on fait couler goutte à goutte le benzène au moyen de l'entonnoir à robinet.

Les rendements dépendent beaucoup de la température du tube et de la vitesse du passage du benzène. On obtient de bons résultats en faisant couler environ 150 cc. de liquide par heure (15 à 20 gouttes par minute). L'excès de benzène qui a été recueilli à l'extrémité de l'appareil est introduit de nouveau dans l'entonnoir à robinet, et l'on continue l'opération jusqu'à ce qu'il ne distille presque plus rien à la sortie du tube.

Ce résultat peut être atteint sensiblement au bout d'une journée.

On démonte alors l'appareil, et on soumet le produit de la réaction à la distillation fractionnée. Il passe d'abord du benzène jusqu'à 100°, puis une portion bouillant entre 240 et 300°, qui constitue du biphényle presque pur. Ce dernier se solidifie par le refroidissement. On achève de le purifier en le faisant cristalliser dans l'alcool.

Outre le biphényle, il se forme dans la pyrogénation une certaine quantité de carbures supérieurs, ainsi que du charbon qui reste dans le tube, et qui peut même l'obstruer si l'on ne prend pas la précaution de maintenir la température au rouge sombre.

Le biphényle se présente sous la forme de paillettes blanches, fusibles à 70°,5, solubles dans l'alcool et dans l'éther. Il distille sans décomposition à 254°.

[Fittig, *Ann. Chem.*, **121**, 363; Berthelot, *Bull. Soc. Chim.*, (2), **6**, 265; La Coste et Sorger, *Ann. Chem.*, **230**, 5; Gattermann, *D. chem. G.*, **23**, 1226.]

Triphénylméthane, $CH\begin{cases}C^6H^5\\C^6H^5\\C^6H^5\end{cases}$

Le triphénylméthane se prépare en condensant le benzène avec le chloroforme en présence de chlorure d'aluminium :

$$CHl^3 + 3C^6H^6 = 3HCl + CH(C^6H^5)^3.$$

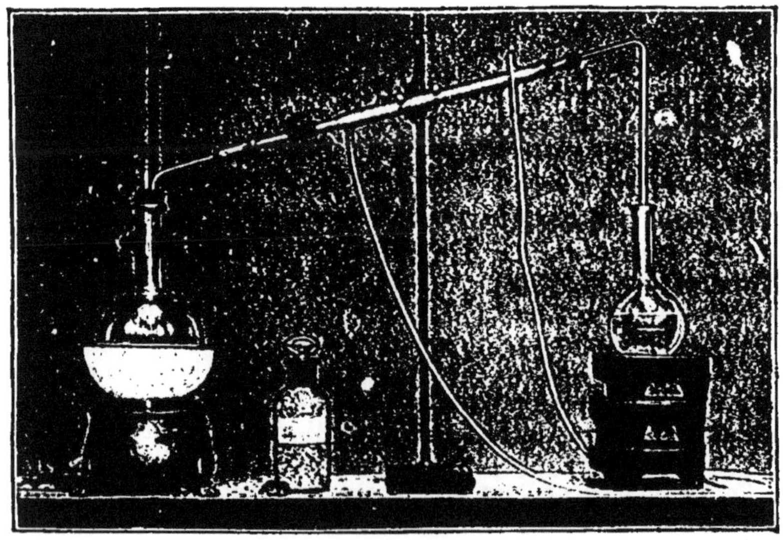

Fig. 37. — Préparation du triphénylméthane.

Il se forme d'abord une combinaison de chlorure d'aluminium et de benzène, puis celle-ci réagit sur le chloroforme par suite d'une nouvelle élimination d'acide chlorhydrique.

Dans cette préparation, il est nécessaire de sécher rigoureusement aussi bien les appareils que le benzène et le chloroforme. Ces derniers seront par conséquent laissés en contact avec du chlorure de calcium fondu pendant un ou deux jours. Le chlorure d'aluminium devra remplir les conditions énoncées précédemment (p. 138).

L'opération s'effectuera dans l'appareil que représente la figure 36; le ballon devra avoir une contenance de deux litres environ, l'acide chlorhydrique dégagé sera conduit par un tube abducteur dans une fiole contenant de l'eau et tarée avant l'expérience pour qu'on puisse contrôler le dégagement d'acide chlorhydrique. L'orifice du tube ne doit pas plonger dans l'eau, mais seulement arriver à quelques millimètres de la surface, afin d'éviter les absorptions.

Dans le ballon, on place

Benzène.....................	180 grammes
Chloroforme..................	35 —

puis, au moyen d'un tube de large diamètre fermé par un bouchon de liège, qu'on voit sur la gauche de la figure, on introduit, par portions de 5 grammes,

Chlorure d'aluminium..........	25 grammes.

On pourra se servir, pour manier le chlorure, d'une petite main de cuivre. Après chaque addition, on aura soin d'agiter énergiquement le ballon, et l'on n'introduira une nouvelle portion que lorsque le dégagement de gaz chlorhydrique aura cessé. Tout le chlorure ayant été introduit, on chauffe le ballon au bain-marie pendant une ou deux heures; lorsque la réaction est terminée, le poids de la fiole doit avoir augmenté d'environ 40 grammes. On laisse alors refroidir, et l'on verse le produit brut dans une grande capsule contenant de l'eau froide [1]. L'excès de chlorure d'aluminium est décomposé, ainsi que la combinaison de chlorure d'aluminium et de triphénylméthane, et le mélange de triphénylméthane et de benzène vient se séparer à la surface sous la forme d'une couche mobile qu'on décante et qu'on lave à l'eau à la façon habituelle.

Ce mélange est ensuite séché sur du chlorure de calcium et soumis à la distillation fractionnée. Le benzène ayant été éliminé, on recueille séparément deux portions : l'une, passant entre 200 et 300°, est constituée par un mélange de diphénylméthane et de produits chlorés; l'autre, passant entre 320 et 370°,

1. Cette opération doit être faite loin de toute flamme, pour éviter l'inflammation des vapeurs de benzène.

contient principalement du triphénylméthane. On pousse la distillation jusqu'à ce qu'il commence à passer des produits goudronneux.

La fraction 320-370° se solidifie par le refroidissement. Pour la purifier, on la fait cristalliser dans le benzène bouillant. Dans ces conditions, le triphénylméthane s'unit à une molécule de benzène pour former une *combinaison moléculaire*, $C^{19}H^{16}.C^6H^6$, qui se présente sous la forme de grands prismes limpides, fusibles à 76°. Cette combinaison, qui est peu soluble dans le benzène, se dissocie déjà à 90°. On la chauffera donc au bain-marie, et on fera cristalliser le résidu dans l'alcool bouillant. Rendement, 50 grammes.

Le triphénylméthane se présente sous la forme d'aiguilles fusibles à 92°, solubles dans tous les dissolvants organiques. Il bout à 358-359°.

[Friedel et Crafts, *C. R.*, **84**, 1450; *Ann. Chim., Phys.*, (6), **I**, 489; Biltz, *D. chem. G.*, **26**, 1961.]

Cinnamène (styrolène, phényl-éthylène), $C^6H^5 - CH = CH^2$ (*Éthénylphène*).

Ce carbure s'obtient facilement en distillant lentement l'acide cinnamique :

$$C^6H^5.CH.CO^2H = CO^2 + C^6H^5.CH = CH^2.$$

Néanmoins, ce procédé a l'inconvénient de fournir une certaine quantité de dicinnamène et de polycinnamène, de sorte que les rendements sont assez mauvais.

Il est préférable de fixer l'acide iodhydrique ou l'acide bromhydrique sur l'acide cinnamique et de décomposer ensuite par un alcali l'acide β-bromhydrocinnamique brut qui prend naissance :

$$C^6H^5.CH = CH.CO^2H + HBr = C^6H^5.CHBr.CH^2.CO^2H$$
$$C^6H^5.CHBr.CH^2.CO^2H + KOH = C^6H^5.CH = CH^2 + KBr + CO^2 + H^2O.$$

On introduit dans une fiole à fond plat de 1 litre un mélange de

Acide cinnamique sec, pulvérisé.......	150 grammes
Acide bromhydrique fumant (d = 1,75).	110 —

et on laisse reposer la masse pendant 2 à 3 jours en agitant de temps en temps, et en ayant soin de fermer le vase avec un bouchon entrant à frottement doux.

L'acide bromhydrocinnamique brut, qui constitue une masse pâteuse plus ou moins colorée, est alors filtré sur de la laine de verre, puis lavé avec un peu d'eau froide et essoré rapidement.

On dispose d'autre part un ballon de 2 litres, rempli à moitié d'une lessive de carbonate de sodium à 30 p. 100 que l'on chauffe presque à l'ébullition, puis l'on y introduit par petites portions l'acide bromhydrocinnamique brut; on relie le ballon avec un réfrigérant descendant, et on distille aussi rapidement que possible, jusqu'à ce qu'il ne passe plus de gouttes huileuses.

Le cinnamène entraîné est séparé de la couche aqueuse au moyen d'un peu d'éther; la solution éthérée est lavée à la soude diluée, puis à l'eau, séchée sur du chlorure de calcium et enfin distillée.

La fraction bouillant à 140-150° est soumise à une nouvelle rectification et fournit alors du cinnamène parfaitement pur.

Le cinnamène se présente sous la forme d'un liquide mobile bouillant à 144-145°, insoluble dans l'eau, soluble en toutes proportions dans l'alcool et dans l'éther. Il est doué d'une odeur éthérée.

Le cinnamène pur peut se conserver sans altération. Mais lorsqu'il renferme des traces d'un acide minéral, il se polymérise peu à peu en se transformant en dicinnamène et en polycinnamène [Miller, *Ann. Chem.*, **189**, 339; Fittig et Binder, *ibid.*, **195**, 137].

CHAPITRE II

DÉRIVÉS HALOGÉNÉS

MODES GÉNÉRAUX D'OBTENTION.

Les DÉRIVÉS HALOGÉNÉS SUBSTITUÉS DANS LE NOYAU *se préparent principalement :*

1° *En faisant agir l'élément halogène sur le carbure correspondant, en présence d'un agent tel que l'iode, le fer, l'acide iodique (à chaud), etc. :*

$$C^6H^6 + I + Cl = C^6H^6 + ICl = C^6H^5Cl + HI$$

(H. Müller, *Jahresb.*, **1862**, 415; Page, *Ann. Chem.*, **225**, 200).

2° *En décomposant un sel de diazonium par un sel cuivreux ou par le cuivre réduit en présence d'un hydracide :*

$$CH^3.C^6H^4.Az = AzCl = CH^3.C^6H^4.Cl + Az^2$$

(Körner et Beilstein, *Ann. Chem.*, **182**, 97; H. Erdmann, *ibid.*, **272**, 145).

Les DÉRIVÉS HALOGÉNÉS D'ADDITION *se forment par fixation directe des éléments halogènes sur les carbures en présence d'un dissolvant tel que le chloroforme, le sulfure de carbone, etc.*

Les DÉRIVÉS HALOGÉNÉS NON SATURÉS *s'obtiennent en général comme ceux de la série grasse.*

Les DÉRIVÉS HALOGÉNÉS SUBSTITUÉS DANS LA CHAÎNE LATÉRALE *s'obtiennent également par chloruration ou par bromuration directe (quelquefois en présence de soufre), mais toujours à chaud.*

$$C^6H^5.CH^3 + Cl^2 = C^6H^5.CH^2Cl + HCl$$

(Cannizzaro, *Ann. Chem.*, **96**, 246).

Benzène monobromé, C^6H^5Br
(*Bromophène*).

Le benzène bromé peut être préparé avec une égale facilité en bromant le benzène

$$C^6H^6 + Br^2 = C^6H^5Br + HBr$$

soit en présence d'iode ou de chlorure d'aluminium, soit en présence de fer. Ce dernier procédé a toutefois l'inconvénient de donner naissance à une certaine quantité de p-dibromobenzène[1].

L'opération sera effectuée dans une fiole à fond plat bien sèche, de 300 centimètres cubes environ; on y introduit

Chlorure d'aluminium	0,05 grammes
Benzène séché sur du chlorure de calcium	60 —

puis on y fait tomber goutte à goutte

Brome	35 cc.

au moyen d'un entonnoir à robinet, en agitant constamment la masse. Pour éviter le dégagement du gaz bromhydrique dans l'atmosphère, on fera bien de fermer la fiole par un bouchon de liège à deux trous, dont l'un sera traversé par le tube de l'entonnoir et l'autre par un tube abducteur coudé deux fois; la branche descendante de ce tube pénétrera dans un matras rempli d'eau, sans cependant plonger dans le liquide.

La réaction s'effectue déjà à froid, néanmoins il est nécessaire de l'activer en plongeant de temps en temps le ballon dans de l'eau tiède.

Lorsque tout le brome a été ajouté, et qu'il ne se dégage plus de gaz bromhydrique, on traite la masse par de l'eau chlorhydrique (5 p. 100), dans un décanteur de 1 litre. Le benzène bromé se sépare à la partie inférieure sous la forme d'une huile jaunâtre, qui renferme encore un peu de benzène ainsi que du benzène dibromé. On le décante, on le lave plusieurs fois avec de l'eau, et on le purifie par un entraînement à la vapeur d'eau. Cette dernière opération doit être arrêtée aussitôt que le produit commence à se solidifier dans le réfrigérant (présence de benzène dibromé).

1. Dans les deux derniers cas, la réaction peut être interprétée ainsi : il se forme d'abord du bromure d'iode IBr^3 ou du bromure ferrique; puis celui-ci réagit sur le carbure en donnant du benzène bromé, de l'acide bromhydrique et du bromure IBr ou du bromure ferreux.

Le produit entraîné est séparé de l'eau par décantation, et fractionné. La portion passant entre 145 et 175° est séchée sur du chlorure de calcium, puis rectifiée une seconde fois et fournit environ 72 grammes de bromobenzène pur, bouillant vers 152-155°.

En épuisant par l'éther le résidu de l'entraînement à la vapeur, on peut en retirer une certaine quantité de p-dibromobenzène, qu'on purifie par cristallisation dans l'alcool bouillant.

Le benzène bromé constitue un liquide assez dense, à odeur faible, qui bout à 154°,5. [Fittig, *Ann. Chem.*, **121**, 361; Schramm, *D. chem. G.*, **18**, 607; Leroy, *Bull. Soc. Chim.*, (2), **48**, 210.]

Para-dibromobenzène (1.4)
(*Dibromo 1,4-phène*).

Br / HC CH / HC CH / Br

Ce composé, qui ne constitue qu'un produit accessoire de la bromuration du benzène en présence de chlorure d'aluminium, s'obtient au contraire presque exclusivement lorsqu'on effectue la même opération en présence d'une trace de bromure ferreux :

$$C^6H^6 + 2\,Br^2 = C^6H^4Br^2 + 2\,HBr.$$

On se servira pour cette préparation d'un appareil analogue à celui qui est figuré p. 209, en substituant au tube large un tube à brome de 250 cc. Les vapeurs d'acide bromhydrique qui se dégagent seront ainsi absorbées par l'eau du matras et ne se répandront pas dans l'atmosphère.

On introduit dans le ballon, qui doit avoir une capacité de 500 cc.,

Benzène sec....................	100 grammes
Bromure ferreux anhydre.....	5 —

puis l'on ajuste le bouchon et on entoure le ballon d'eau froide, de façon à modérer la réaction qui est assez énergique au premier abord. On verse ensuite dans l'entonnoir à robinet

Brome sec..................................	135 cc.

et on le laisse couler goutte à goutte.

Au bout d'un certain temps, le dégagement de gaz bromhydrique se ralentit, et il devient nécessaire de chauffer doucement le ballon au moyen d'un bain-marie. Lorsque tout le brome a été ajouté, on chauffe plus fortement, de façon à porter le benzène à l'ébullition, jusqu'à ce que le dégagement d'acide bromhydrique ait cessé.

On laisse alors refroidir, on transvase la masse dans un ballon à distillation fractionnée relié à un réfrigérant descendant, et on soumet le produit à une première rectification. La portion bouillant au-dessous de 200° est rejetée; elle renferme du benzène, du bromobenzène et une petite quantité de dibromobenzène 1.2. La fraction 215-220° est recueillie séparément; elle se prend par le refroidissement en une masse cristalline qu'il suffit de faire cristalliser une fois dans l'alcool bouillant. On obtient ainsi environ 100 à 105 grammes de para-dibromobenzène pur.

Le p-dibromobenzène se présente sous la forme de prismes clinorhombiques qui fondent à 88°. Il bout sans décomposition vers 220° [Couper, *Ann. Chim. Phys.*, (3), **52**, 309; Jannasch, *D. chem. G.*, **10**, 1355].

Para-chlorotoluène, $CH^{3}{}_{(1)}.C^{6}H^{4}.Cl_{(4)}$

(*Méthyl 1-chloro 4-phène*).

Ce composé s'obtient facilement en décomposant le chlorure de p-diazotoluène par la poudre de cuivre en présence d'acide chlorhydrique :

$$CH^3.C^6H^4.Az = Az.Cl = CH^3.C^6H^4.Cl + Az^2.$$

On admettait autrefois qu'il se formait dans un premier stade une combinaison de chlorure cuivreux et de diazoïque, et que celle-ci se dédoublait ensuite en régénérant du chlorure cuivreux, de l'azote et du toluène chloré. Mais M. Gattermann a montré que la réaction s'effectuait à peu près aussi bien en l'absence complète d'acide chlorhydrique libre : la décomposition n'est donc pas due à la formation de chlorure cuivreux.

Ce procédé de préparation au moyen des diazoïques convient surtout lorsque le noyau renferme déjà des groupements substitués; dans ce cas, en effet, il se forme toujours, si l'on emploie la méthode directe, au moins deux isomères (en général en position 1.2 et 1.4), et ceux-ci sont souvent fort difficiles à séparer.

Pour préparer la solution de p-diazotoluène on mélange dans un ballon de 1 litre, sans refroidir,

P-toluidine commerciale................	40	grammes
Acide chlorhydrique concentré (40 p. 100).	225	—
Eau..................................	150	—

puis on verse la liqueur, sans la filtrer, dans une conserve de 2 litres environ, qu'on place dans une terrine et qu'on entoure de glace et de sel. La température de la solution doit être maintenue entre — 5° et 0°. A cet effet, on se servira comme agitateur d'un thermomètre assez résistant qui restera constamment plongé dans le liquide, de façon à pouvoir suivre les variations de la température.

Lorsque le thermomètre marque — 5°, on ajoute quelques menus morceaux de glace, et l'on commence à verser par petites portions une solution de

Nitrite de sodium............... 25 grammes

dans

Eau.......................... 25 grammes.

Avant d'effectuer une nouvelle addition, on attendra que la température soit revenue à — 5°. Si l'opération est bien conduite, la liqueur doit rester peu colorée et on ne doit constater ni dégagement de bulles gazeuses ni odeur de vapeurs nitreuses.

Dès que tout le nitrite a été ajouté, on jette par petites portions dans la liqueur

Cuivre précipité humide [1]....... 40 grammes,

en ayant soin de remuer constamment. Il se dégage aussitôt de notables quantités d'azote, tandis que la température

1. Le cuivre réduit nécessaire pour cette préparation s'obtient de la façon suivante : on prépare d'abord de la poudre de zinc en tamisant de la limaille à travers un tamis très fin, et l'on jette cette poudre par petites portions dans une solution saturée à froid de sulfate de cuivre, contenue dans une grande capsule plate. On agite constamment la masse au moyen d'une baguette de verre, et l'on cesse d'ajouter du zinc dès que la liqueur surnageante n'est plus que faiblement colorée en bleu. Le cuivre se dépose sous la forme d'une poudre très fine qu'on lave plusieurs fois par décantation avec de l'eau. Pour éliminer les dernières traces de zinc, on le traite par une petite quantité d'acide chlorhydrique à 1 p. 100 jusqu'à ce que toute effervescence ait disparu. On le lave de nouveau avec de l'eau, et on l'essore rapidement à la trompe, sans le laisser sécher.

Le cuivre réduit ainsi obtenu étant très oxydable, on le conservera bien humecté d'eau dans un flacon bouché hermétiquement. [Gattermann, *loc. cit.*]

s'élève peu à peu et finit par atteindre 50-60°. Au bout d'une heure environ, le dégagement gazeux s'arrête complètement, et le chlorotoluène formé s'est déposé au fond du vase sous la forme d'une huile assez dense qu'on décante et qu'on lave avec un peu de soude diluée, puis avec de l'eau. Le chlorotoluène est ensuite purifié par un entraînement à la vapeur d'eau, puis séparé de la couche aqueuse au moyen d'un peu d'éther. La solution éthérée est enfin desséchée sur du chlorure de calcium et distillée.

La portion passant entre 155 et 170° est fractionnée de nouveau et fournit alors du p-chlorotoluène pur, bouillant entre 160 et 163°. Rendement, 65 p. 100 de la théorie.

Le p-chlorotoluène pur cristallise dans un mélange réfrigérant en paillettes cireuses, fusibles à 7°,4. Il bout à 162° sous la pression normale. Le mélange chromique l'oxyde en donnant de l'acide p-chlorobenzoïque (le dérivé ortho est détruit complètement dans ces conditions) [Sandmeyer, *D. chem. G*, **17**, 2651 ; Gasiorowski et Wayss, *ibid.*, **18**, 1939 ; H. Erdmann, *Ann. Chem.*, **272**, 145; Gattermann et Hausskuecht, *D. chem. G.*, **23**, 1221; **25**, 1091].

Chlorure de benzyle, $C^6H^5.CH^2Cl$
(*Chlorométhylphène*).

La chloruration directe du toluène ne s'effectue bien qu'à la lumière ; elle donne naissance à un mélange de chlorure de benzyle, de chlorure de benzylidène et de trichlorure de benzényle :

$$C^6H^5.CH^3 + Cl^2 = C^6H^5.CH^2Cl + HCl$$
$$C^6H^5.CH^3 + 2Cl^2 = C^6H^5.CH\,Cl^2 + 2HCl$$
$$C^6H^5.CH^3 + 3Cl^2 = C^6H^5.CCl^3 + 3HCl.$$

L'appareil destiné à cette préparation est tout à fait analogue à celui qui a été décrit à propos de l'acide monochloracétique (fig. 38). Dans la cornue on place

Toluène sec.................... 100 grammes,

et on la tare avant de commencer l'opération, de façon à arrêter celle-ci lorsque le poids aura augmenté de 75 grammes environ.

Le toluène est maintenu à une légère ébullition pendant le passage du chlore, qui doit être assez rapide. L'appareil devra être exposé autant que possible au soleil; on peut également ajouter au toluène 5 grammes de soufre, mais on obtient alors facilement des produits de chloruration plus avancée qui rendent malaisée la purification du chlorure de benzyle.

Lorsque la saturation est terminée, on fractionne directement le liquide au moyen d'un serpentin ou d'un tube Le Bel, et l'on isole successivement :

Toluène inaltéré, de 110 à 120°....	10-15	grammes
Chlorure de benzyle, de 150 à 190°.	200	—

enfin, au-dessus de 190°, un mélange de chlorure de benzylidène et de trichlorure de benzényle (environ 20-25 gr.).

Fig. 38. — Préparation du chlorure de benzyle.

La fraction 150-190° est rectifiée de nouveau; elle fournit en définitive environ 190 grammes de chlorure de benzyle presque pur, bouillant à 175-182°.

Le chlorure de benzyle est un liquide à odeur piquante, qui irrite violemment les yeux et les muqueuses. Il bout à 178-180° et ne se dissout pas dans l'eau. Il est entraînable par la vapeur d'eau [Cannizzaro, *Ann. Chem.*, **96**, 246; Lauth et Grimaux, *Bull. Soc. Chim.* (2), **7**, 105; Schramm, *D. chem. G.*, **18**, 608].

CHAPITRE III

DÉRIVÉS NITRÉS ET NITROSÉS

Modes généraux d'obtention.

Les dérivés nitrés aromatiques se préparent quelquefois par décomposition des nitrates de diazoïques correspondant, mais le plus souvent par nitration directe des carbures. Suivant les conditions, on obtient des dérivés mononitrés, dinitrés (en général 1,3) et trinitrés.

L'acide azotique fumant, agissant directement sur le carbure ou sur ses solutions acétiques, benzéniques, etc., et le mélange d'acide azotique ordinaire (1 p.) et d'acide sulfurique (1 1/2 p.) à froid, donnent naissance aux dérivés mononitrés.

Les dérivés dinitrés s'obtiennent principalement à chaud, en présence d'acide sulfurique.

Nitrobenzène, $C^6H^5.AzO^2$.

Le nitrobenzène s'obtient dans les laboratoires en traitant le benzène, à froid, par un mélange d'acide sulfurique et d'acide azotique :

$$C^6H^6 + AzO^3H = C^6H^5.AzO^2 + H^2O.$$

On préparera au préalable une certaine quantité d'acide azotique ayant une densité de 1,380 et d'acide sulfurique concentré d'une densité de 1,80; cette opération doit être faite avec le plus grand soin, car la concentration des acides influe énormément sur le rendement.

On introduira ensuite dans un ballon de 500 cc. :

Acide nitrique (1,380)...........	110 grammes
Acide sulfurique (1,800)........	100 —

et, lorsque le mélange sera bien refroidi, on ajoutera peu à peu

Benzène pur et sec............	80 grammes,

en ayant soin d'aller très lentement, de refroidir constamment le ballon dans de l'eau froide, et d'agiter énergiquement.

Cette agitation est absolument nécessaire dans les nitrations. Il faut faciliter la combinaison du carbure et de l'acide sitôt que le mélange est opéré. Sinon, on peut avoir en présence du mélange acide une grande quantité de carbure libre; alors la réaction part tout d'un coup, et on se trouve impuissant à la modérer, il y a oxydation, dégagement de vapeurs nitreuses, quelquefois inflammation; en tout cas l'opération est manquée.

Lorsque tout le benzène a été ajouté, on adapte au ballon un bouchon muni d'un réfrigérant ascendant, et l'on chauffe au bain-marie pendant une demi-heure environ. Ceci fait, on verse la masse dans un litre d'eau, et on la lave plusieurs fois dans un décanteur, jusqu'à ce qu'il n'y ait plus trace d'acidité. Si l'opération a réussi, le produit doit avoir une couleur ambrée, et se déposer rapidement à la partie inférieure du récipient. Quand le benzène a été ajouté trop rapidement, l'excès monte à la surface; si l'on n'a pas refroidi suffisamment, le nitrobenzène est brun foncé et possède une odeur désagréable due à des produits polynitrés.

Dans ce dernier cas, on soumettra le produit à une première purification en l'entraînant par un courant de vapeur, jusqu'à ce qu'il ne passe plus de gouttelettes huileuses. Le mono-nitrobenzène seul est entraîné.

On sépare ensuite autant que possible le nitrobenzène de l'eau par décantation, et on le sèche en le chauffant au bain-marie pendant quelques minutes avec des fragments de chlorure de calcium fondu.

On décante ensuite le liquide clair et on le distille à feu nu, en condensant les vapeurs au moyen d'un long tube mince et en recueillant ce qui passe entre 200 et 210°. Une deuxième rectification fournit du nitrobenzène presque pur, bouillant vers 205-208°. Rendement maximum, 85 pour 100 de la théorie.

Le nitrobenzène constitue un liquide jaunâtre, doué d'une odeur d'amandes amères, qui bout à 208° et qui est peu soluble dans l'eau. Il cristallise dans un mélange réfrigérant et fond alors à + 4°. Ses vapeurs sont toxiques lorsqu'on les respire en grande quantité [Mitscherlich, *Ann. Chem.*, **9**, 47; **12**, 385; L. Meyer, *D. chem. G.*, **22**, 18].

Méta-dinitrobenzène, $C^6H^4<\begin{matrix}AzO^2_{(1)}.\\AzO^2_{(3)}.\end{matrix}$

L'action du mélange nitrant sur le nitrobenzène donne naissance principalement au m-dinitrobenzène.

$$C^6H^5.AzO^2 + AzO^3H = C^6H^4(AzO^2)^2 + H^2O.$$

Il se forme également de petites quantités des isomères ortho et para, mais jamais de dérivés trinitrés. Ceux-ci ne se forment guère que dans le cas des homologues supérieurs du benzène (xylène, mésitylène, pseudocumène, etc.).

On emploiera :

Nitrobenzène..................	20	grammes
Acide azotique (d. = 1,471)......	27	—
Acide sulfurique (d. = 1,842)....	42	—

L'acide sulfurique et l'acide azotique, de densités convenables, seront préparés en mélangeant graduellement les quantités voulues d'acides ordinaires et d'acide sulfurique ou azotique fumants.

Les acides ainsi préparés sont mélangés dans les proportions indiquées et introduits dans un ballon de 250 cc.; on ajoute ensuite, sans refroidir, le nitrobenzène, et on chauffe le tout au bain-marie pendant une heure environ, en agitant de temps en temps. On laisse alors refroidir, et l'on jette le produit dans un excès d'eau froide.

Le précipité est essoré à la trompe, lavé à l'eau et recristallisé dans environ 200 cc. d'alcool bouillant. Par refroidissement, on obtient le m-dinitrobenzène à peu près pur, sous la forme d'aiguilles jaunâtres, fusibles à 90°. Les isomères restent totalement dans les eaux mères alcooliques. Rendement, 85 pour 100.

Le m-dinitrobenzène bout à 302°; il cristallise en aiguilles jaunâtres inodores, insolubles dans l'eau, peu solubles dans l'alcool froid. Il ne doit pas être coloré en rouge par la potasse (présence de dérivés thiophéniques) [Deville, *Ann. Chim. Phys.*, (3), **3**, 187; Beilstein et Kourbatoff, *Ann. Chem.*, **176**, 43].

La nitration des dérivés halogénés s'effectue par des procédés analogues aux précédents. Elle donne naissance principalement aux isomères méta.

Les mêmes composés s'obtiennent également, quoique plus difficilement, en chlorant ou en bromant les dérivés nitrés correspondants en présence de soufre, de chlorure ou de bromure ferrique, etc.

Chloro 1-dinitro 2, 4-benzène.

Cl
HC⟨ ⟩AzO²
HC⟨ ⟩CH
AzO²

La nitration du benzène chloré s'effectue en deux phases. Il se forme dans la première un dérivé mono-nitré qu'on transforme ensuite en dinitré. Pratiquement, il est absolument inutile de purifier le produit intermédiaire.

On emploiera d'abord

Benzène chloré..................	20	grammes.
Acide azotique fumant (d = 1,5)..	40	—
Acide sulfurique à 66° B.........	100	—

Le mélange d'acide azotique fumant et d'acide sulfurique est introduit après refroidissement dans un matras de 250 cc.; puis on y ajoute par petites portions, et cette fois sans refroidir, le benzène chloré.

On laisse reposer pendant quelques heures, et on enlève par décantation la couche inférieure qui est constituée par l'excès d'acide. La couche supérieure est alors dissoute dans

Acide azotique fumant (d = 1,5). 40 grammes

puis additionnée de

Acide sulfurique concentré.... 150 grammes

et le tout est chauffé à l'ébullition, au réfrigérant ascendant, pendant une heure environ.

On précipite ensuite la masse par l'eau, et on fait cristalliser le produit une fois ou deux dans l'alcool à 95 p. 100. Les rendements sont presque théoriques.

Le chloro 1-dinitrobenzène 2,4 cristallise en prismes rhombiques d'un jaune clair, qui fondent vers 50°. Il bout, en se décomposant un peu, vers 315° [Jungfleisch; Engelhardt et Latschinoff, *Zeits. f. Chem.*, 1870, 232].

Les dérivés nitrosés des carbures aromatiques, R.AzO, *s'obtiennent généralement en oxydant par le mélange chromique, le permanganate, etc., soit un sel du diazoïque*, R.Az = Az.Cl, *soit l'hydroxylamine substituée correspondante*, $R.AzH^2OH$:

$$R.AzH^2OH + O = R.AzO + H^2O$$

(Bamberger, Storch et Landsteiner, *D. chem. G.*, **26**, 473, 483).

Nitrosobenzène, $C^6H^5.AzO$.

Le procédé le plus pratique pour obtenir le nitrosobenzène consiste à oxyder la phénylhydroxylamine au moyen du mélange chromique :

$$C^6H^5.AzH.OH + O = C^6H^5.AzO + H^2O.$$

La phénylhydroxylamine nécessaire à cette préparation sera obtenue par réduction du nitrobenzène en solution alcoolique :

$$C^6H^5.AzO^2 + 2H^2 = H^2O + C^6H^5.AzH.OH.$$

Dans un ballon de 500 cc., on dissout

Nitrobenzène.................... 30 grammes

dans

Alcool à 95°.................... 125 cc.

puis on ajoute

Chlorure de calcium........... 2 grammes

dissous dans

Eau.......................... 2 —

Le ballon est chauffé dans un bain-marie dont la température doit rester rigoureusement constante entre 70 et 80°. On ajoute alors par petites portions

Poudre de zinc................ 45 grammes,

de façon que l'opération dure en tout de 3/4 d'heure à 1 heure, suivant que la masse s'échauffera plus ou moins. L'opération étant terminée, on laisse le contenu du ballon se refroidir complètement, on filtre rapidement sur une plaque de Witt pour séparer l'oxyde de zinc et le zinc en excès, on lave le résidu avec un peu d'alcool, et on verse la liqueur sur de la glace pilée (environ 250 gr.) qu'on a placée au préalable dans une conserve de 1 litre.

La phénylhydroxylamine se précipite bientôt sous la forme d'aiguilles blanches qu'on essore, qu'on sèche et qu'on purifie par une cristallisation dans le benzène[1]. Rendement, 10-12 grammes.

La phénylhydroxylamine fond à 80°. Elle est soluble dans les dissolvants organiques, sauf dans la ligroïne, insoluble dans l'eau. C'est une base douée d'un fort pouvoir réducteur.

L'oxydation de la phénylhydroxylamine sera effectuée au moyen du mélange chromique, avec les proportions suivantes :

Phénylhydroxylamine..........	8	grammes
Acide sulfurique concentré......	60	—
Bichromate de potassium.......	10	—

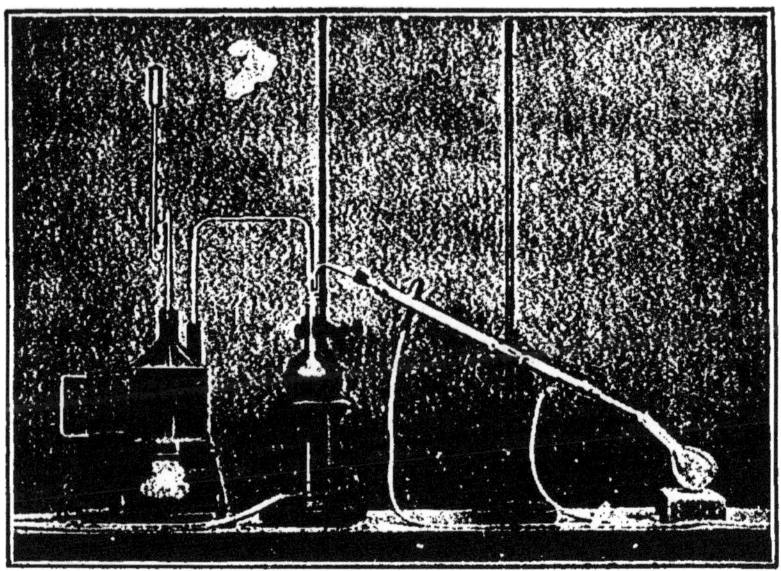

Fig. 59. — Entraînement du nitrosobenzène.

La phénylhydroxylamine pulvérisée est dissoute dans le mélange bien refroidi d'acide sulfurique concentré avec 550 grammes d'eau. Cette solution, additionnée de quelques petits morceaux de glace, est introduite dans un ballon de 2 litres ; on y ajoute d'un seul coup la solution de bichromate de potassium dans 400 grammes d'eau, et on relie le ballon d'une part à un réfrigérant descendant et de l'autre à un générateur à vapeur d'eau.

1. *La phénylhydroxylamine doit être maniée avec beaucoup de précautions.* Ses solutions en particulier ont sur les muqueuses et sur la peau une action caustique comparable à celle de l'acide fluorhydrique ; elles amènent au bout de quelques heures des suppurations très douloureuses.

Le nitrosobenzène qui se précipite immédiatement sous la forme de cristaux blancs est entraîné rapidement, en se liquéfiant en un liquide vert foncé, lequel se solidifie de nouveau en redevenant incolore. On filtrera le liquide distillé, et on séchera les cristaux de nitrosobenzène sur une plaque poreuse. Rendement, 5-6 grammes.

Le nitrosobenzène pur fond à 68° en se transformant en un liquide vert-émeraude. Il cristallise en prismes solubles en vert dans la plupart des dissolvants organiques. Il se volatilise facilement et possède une odeur piquante [Gattermann; Bamberger et Nohl, *D. chem. G.*, **27**, 1347, 1432, 1548; **28**, 245, 1218].

CHAPITRE IV

AMINES

§ I. Amines primaires.

Modes généraux d'obtention.

1° *Les* AMINES AROMATIQUES PRIMAIRES *proprement dites se préparent d'une façon générale par réduction des dérivés nitrés correspondants, en solution acide :*

$$R.AzO^2 + 3H^2 = R.AzH^2 + 2H^2O$$

[Zinine, *Ann. Chem.*, **44**, 283].

Cette réduction peut être effectuée au moyen de l'hydrogène naissant (zinc, fer ou étain et acide chlorhydrique ou acétique) : le sulfure d'ammonium en solution alcoolique ne donne lieu généralement qu'à une réduction incomplète.

2° *Les amines primaires s'obtiennent également en chauffant les phénols correspondants en vase clos, vers 300°, avec du chlorure de zinc et de l'ammoniaque :*

$$R.OH + AzH^3 = H^2O + R.AzH^2$$

[Benz, *D. chem. G.*, **16**, 14].

Cette réaction convient surtout dans le cas des naphtols et des anthrols.

3° *Les amines aromatiques s'obtiennent encore par divers procédés qui ont été appliqués dans la série grasse : action des hypobromites sur les amides, dédoublement des isocyanates par les acides, etc.*

Les DIAMINES AROMATIQUES *s'obtiennent quelquefois par réduction directe des dérivés dinitrés correspondants. Lorsque ceux-ci sont difficiles à obtenir, on peut nitrer l'amine primaire correspondante en protégeant le groupement* AzH^2 *par acétylation.*

Les AMINES ALCOOLIQUES PRIMAIRES, *telles que la benzylamine, se préparent par des procédés analogues à ceux qui ont été décrits à propos des amines grasses. Elles possèdent les mêmes propriétés générales.*

Les AMINES CHLORÉES, BROMÉES, *etc., peuvent être préparées en réduisant les dérivés nitrés correspondants.*

Souvent aussi, on chlore ou on brome directement les amines primaires *après avoir protégé le groupement AzH^2 par un radical acide (voy. p-nitraniline).*

Les AMINES NITRÉES *s'obtiennent aussi par réduction incomplète des dérivés dinitrés correspondants. Cette réduction s'effectuait autrefois au moyen du sulfure d'ammonium en solution alcoolique. On remplace maintenant souvent le sulfure d'ammonium par le chlorure stanneux, également en solution alcoolique.*

Aniline, $C^6H^5.AzH^2$
(*Aminophène*).

Dans l'industrie, l'aniline se prépare en réduisant le nitrobenzène par le fer et l'acide acétique. On peut également employer l'acide chlorhydrique :

$$C^6H^5.AzO^2 + 3H^2 = C^6H^5.AzH^2 + 2H^2O.$$

On emploiera

Nitrobenzène........................	50	grammes.
Limaille de fer................	150	—
Acide chlorhydrique concentré.	30	—

Cette préparation peut être effectuée dans un ballon de 1 litre qu'on ferme par un bouchon que traverse un long tube à parois minces. On introduit dans ce ballon la limaille de fer et le nitrobenzène, puis l'on ajoute par petites portions, et en agitant énergiquement, l'acide chlorhydrique additionné de 100 grammes d'eau. Lorsque l'addition est terminée, on adapte le bouchon et on chauffe le ballon au bain-marie pendant une heure environ. Si l'opération a bien marché, on doit obtenir une liqueur verdâtre peu colorée, que surnage une petite couche noirâtre constituée par les particules de charbon provenant du fer employé. La réduction du nitrobenzène est due non pas tant à l'hydrogène naissant, qu'au chlorure ferreux qui doit rester en léger excès à la fin de la réaction.

Pour terminer, on fait bouillir le contenu du ballon pendant quelques minutes, sur une toile métallique, puis on laisse refroidir, et on déplace l'aniline par un excès de soude caustique.

Pour purifier l'aniline, on la soumet à un entraînement par la vapeur surchauffée[1] qu'on poursuit quelque temps après qu'il

1. On surchauffe facilement la vapeur en lui faisant traverser, à sa sortie de la petite chaudière, un serpentin de cuivre vertical enfermé dans une cheminée tronconique en tôle, à la base de laquelle on place un bec Bunsen.

ne passe plus de gouttelettes huileuses dans le récipient. On obtient ainsi deux couches constituées, l'une par de l'aniline, l'autre par une solution aqueuse d'aniline. Pour séparer complètement cette dernière, on ajoute du chlorure de sodium (20 gr. par 100 cc. de liquide) et l'on agite le tout avec une petite quantité d'éther. Après l'avoir décantée, on sèche la couche éthérée en la laissant en contact pendant vingt-quatre heures avec quelques fragments de potasse ou de carbonate de potassium sec, puis on la décante, et on la distille. Lorsque l'éther a été chassé au bain-marie, on enlève le réfrigérant, et on continue la distillation en condensant l'aniline au moyen d'un tube large en verre mince.

La portion 180-190° est recueillie séparément. Elle fournit après une nouvelle rectification de l'aniline presque pure, bouillant à 182-185°. Le rendement est à peu près théorique.

L'aniline, lorsqu'elle est fraîchement distillée, constitue un liquide incolore très réfringent, qui se colore rapidement à l'air et à la lumière. Elle bout à 184°, et se solidifie dans un mélange réfrigérant pour fondre alors à + 3°. 1 partie d'aniline se dissout dans 31 parties d'eau froide.

L'aniline est soluble en toute porportion dans les dissolvants organiques. Elle donne avec les hypochlorites alcalins et alcalino-terreux une coloration violette; chauffée avec de la potasse alcoolique et du chloroforme, elle fournit, comme toutes les amines primaires, une carbylamine.

L'aniline forme des sels solubles dans l'eau [Roussin, *C. R.*, **52**, 797; Beilstein, *Ann. Chem.*, **130**, 247].

β-Naphtylamine, $C^{10}H^7.AzH^2$
(*Amino 3-naphtalène*).

La β-naphtylamine se prépare généralement en chauffant le β-naphtol avec du chlorure de zinc (ou de calcium) ammoniacal :

$$C^{10}H^7.OH + AzH^3 = C^{10}H^7.AzH^2 + H^2O.$$

On introduit dans un ballon de 250 cc. de capacité :

β naphtol........................ 20 grammes.

et

Chlorure de zinc ammoniacal[1]. 80 —

1. Pour préparer le chlorure de zinc ammoniacal, on fait passer jusqu'à refus un courant de gaz ammoniac sec à travers un tube de verre

on adapte sur le ballon un bouchon traversé par un tube effilé, et on chauffe au bain d'huile, à 200-210°, pendant deux heures environ. Pendant l'opération, il se dégage de notables quantités d'eau, mais presque pas d'ammoniaque. Au bout de ce temps, on laisse refroidir la masse qui se sépare en deux couches, on ajoute de la soude (50 gr. de lessive ordinaire), et on fait bouillir le tout pendant quelques minutes, puis on décante dans un ballon de 1 litre, et on soumet le produit brut à un entraînement par la vapeur d'eau surchauffée. Dans ces conditions, la β-naphtylamine est entraînée totalement.

Pour l'isoler, on concentre le liquide qui a distillé. La base se dépose par refroidissement; il suffit d'une nouvelle cristallisation pour l'obtenir tout à fait pure. Rendement, 35-40 p. 100.

Le résidu de l'entraînement à la vapeur d'eau renferme une certaine quantité de *dinaphtylamine* $(C^{10}H^7)^2AzH$, qu'on peut extraire en épuisant ce résidu par un peu de benzène. La solution benzénique est ensuite évaporée, et le résidu est cristallisé dans l'alcool.

La β-naphtylamine se présente sous la forme de paillettes nacrées, fusibles à 111-113°. Elle distille vers 294°, et est assez soluble dans l'eau bouillante. Le chlorure ferrique ne la colore pas.

La dinaphtylamine cristallise en paillettes fusibles à 170°,5; elle est soluble dans l'alcool et dans le benzène [Merz et Weith, *D. chem. G.*, **13**, 1300; **14**, 2343; Calm, *ibid.*, **15**, 613].

Para-phénylène-diamine,
(*Diamino 1,4-phène*).

AzH²
HC CH
HC CH
AzH²

Pour préparer ce composé, on commence par nitrer l'acétanilide, puis on réduit la p-nitro-acétanilide ainsi obtenue en la saponifiant simultanément :

$$C^6H^5.AzH.COCH^3 + AzO^3H = AzO^2.C^6H^4.AzH.COCH^3 + H^2O$$

$$AzO^2.C^6H^4.AzH.COCH^3 + 3H^2 = AzH^2.C^6H^4.AzH^2 + CH^3.CO^2H + H^2O.$$

vert ou de porcelaine dans lequel on a disposé du chlorure de zinc fondu et pulvérisé. La combinaison se fait avec une telle énergie que la masse s'échauffe jusqu'à 300° et finit par fondre complètement. Après refroidissement, on la pulvérise, et on la conserve dans un vase sec.

P-nitracétanilide. — On dissout à chaud

Acétanilide.................... 100 grammes

dans

Acide acétique................. 100 grammes,

et on laisse refroidir; lorsque la liqueur commence à cristalliser sur les bords, on la verse doucement dans une conserve entourée d'un mélange réfrigérant et renfermant déjà

Acide sulfurique à 66° B....... 400 grammes,

Lorsque la température de la solution, qui doit rester claire, est voisine de 0°, on ajoute lentement et en agitant un mélange froid de

Acide sulfurique à 66° B....... 120 grammes

et de

Acide azotique (densité 1,478)... 160 grammes.

On laisse ensuite reposer pendant quelque temps, et l'on précipite la p-nitro-acétanilide formée par un excès d'eau glacée. Le produit est alors essoré, lavé à l'eau froide [1] et cristallisé une fois ou deux dans l'alcool bouillant. Rendement, 95 p. 100.

La p-nitro-acétanilide cristallise en prismes rhombiques jaunâtres, fusibles à 207°. Elle est très peu soluble dans l'eau froide, mais elle se dissout facilement dans l'alcool et dans l'eau bouillante [Nœlting et Collin, *D. chem. G.*, **17**, 262].

Transformation en p-nitraniline. — Dans un ballon de 1 litre environ, on introduit

P-nitro-acétanilide............. 100 grammes

avec

Acide sulfurique à 54° B........ 120 grammes,

et on chauffe le mélange au bain-marie pendant une à deux heures, jusqu'à ce que tout soit dissous, et que la dissolution soit devenue incolore. On laisse alors refroidir, on ajoute

Eau.............................. 500 cc.

puis du carbonate de sodium jusqu'à réaction alcaline. La p-nitraniline se précipite sous la forme de flocons jaunes, qu'on essore, qu'on sèche, et qu'on purifie par des cristallisations dans l'alcool bouillant. Rendement, 93 p. 100.

1. Ces lavages à l'eau froide ont pour but d'éliminer les traces de m-nitracétanilide qui s'est formée à côté du dérivé para.

La p-nitraniline se présente sous la forme d'aiguilles jaunes fusibles à 247°; elle est presque insoluble dans l'eau.

Réduction de la p-nitraniline. — La réduction de la p-nitraniline s'effectue généralement au moyen du fer et de l'acide chlorhydrique. On peut néanmoins remplacer le fer par l'étain.

L'opération sera faite dans un ballon de 1 litre muni d'un bouchon surmonté d'un tube large. On introduira dans ce ballon

P-nitraniline.................... 60 grammes

et

Étain granulé................ 90 grammes,

puis l'on ajoutera, par petites portions et en agitant énergiquement,

Acide chlorhydrique concentré (d = 1,17).................... 250 grammes,

en attendant chaque fois que l'effervescence se soit calmée.

On termine la réduction en chauffant pendant une ou deux heures au bain-marie, puis on étend d'eau à 1 litre environ, on filtre, et on sature la liqueur de gaz sulfhydrique en chauffant le ballon sur un bain-marie. Lorsque tout l'étain est précipité, ce qui demande plusieurs heures, on filtre, on lave le précipité avec de l'eau bouillante, et l'on concentre au bain-marie les deux liquides après les avoir réunis, en évitant autant que possible l'accès de l'air.

Pour obtenir la p-phénylène-diamine libre, on sature exactement la solution ainsi obtenue avec du carbonate de sodium, on filtre, et on évapore dans le vide. La p-phénylène-diamine cristallise peu à peu, mais elle s'oxyde très rapidement à l'air en prenant une teinte noire.

On la transformera en *sulfate* en la neutralisant avec précaution par l'acide sulfurique dilué. Le sulfate est extrêmement peu soluble dans l'eau froide. On le fera cristalliser dans l'eau bouillante d'où il se dépose en paillettes blanches répondant à la formule $C^6H^4.(AzH^2)^2.SO^4H^2$. Rendement, 50-60 p. 100 [Hobrecker, *D. chem. G.*, **5**, 920].

§ II. Amines secondaires et tertiaires.

Modes généraux d'obtention.

Les AMINES AROMATIQUES SECONDAIRES *s'obtiennent en général en chauffant en vase clos, à des températures variant entre 210 et 260°, un mélange de l'amine primaire et de son chlorhydrate ou du phénol correspondant :*

$$C^6H^5.AzH^2 + C^6H^5.AzH^2.HCl = (C^6H^5)^2AzH.HCl.$$

(Girard et de Laire, *C. R.*, **63**, 91.)

On sépare ensuite l'amine primaire de l'amine secondaire en se basant sur ce que le chlorhydrate de cette dernière est dissocié par un excès d'eau.

Les AMINES AROMATIQUES MIXTES, SECONDAIRES OU TERTIAIRES (*méthylaniline, etc.*), *s'obtiennent en faisant réagir les chlorures, les bromures ou les iodures alcooliques sur l'amine aromatique primaire correspondante :*

$$C^6H^5.AzH^2 + CH^3I = C^6H^5.AzH.CH^3.$$

(Hofmann, *Ann. Chem.*, **74**, 152.)

Les amines tertiaires de cette classe diffèrent essentiellement de celles de la série grasse en ce qu'elles fournissent des dérivés nitrosés : toutefois, dans ces derniers, le groupement AzO est substitué en position 1. 4 dans le noyau aromatique.

Méthyléthylaniline, $C^6H^5.Az\lt{}^{CH^3}_{C^2H^5}$

La méthyléthylaniline s'obtient facilement dans les laboratoires en faisant agir molécule à molécule l'iodure d'éthyle sur la méthylaniline, ou l'iodure de méthyle sur l'éthylaniline :

$$C^6H^5.AzH.CH^3 + C^2H^5I = C^6H^5.Az\lt{}^{CH^3}_{C^2H^5.HI}$$

On décompose ensuite l'iodéthylate formé par la soude ou par la potasse.

La première réaction doit être préférée à la seconde, car l'action de l'iodure de méthyle sur l'éthylaniline peut donner assez facilement naissance à de la diméthylaniline, qu'il est impossible de séparer de la méthyléthylaniline. La réaction inverse se produit moins facilement.

On introduit dans un ballon de 250 cc., surmonté d'un réfrigérant ascendant, un mélange de

Monométhylaniline............ 45 grammes,

et

Iodure d'éthyle............... 80 grammes,

et l'on chauffe le tout au bain-marie pendant quatre ou cinq heures environ.

Par refroidissement la masse se solidifie, au moins partiellement. On l'introduit dans un ballon de 1 lit., on sursature par la soude, et l'on entraîne la base par un courant de vapeur, tant qu'il passe des gouttelettes huileuses. Le liquide distillé est ensuite épuisé à l'éther et l'extrait éthéré soumis à une première rectification. On recueille la portion bouillant de 190° à 210°.

Le produit qu'on obtient ainsi est loin d'être pur, car il renferme encore de la méthylaniline qui n'a pas réagi. Pour se débarrasser de cette dernière, le meilleur procédé est le suivant :

On chauffe le mélange des bases avec un excès d'anhydride acétique, au bain-marie pendant un quart d'heure, puis on verse le produit de la réaction dans l'eau, et on entraîne la méthyléthylaniline qui n'a pas réagi, par un courant de vapeur, tandis que la méthylacétanilide formée reste dans le résidu. On isole la base libre par l'éther, et on la rectifie deux ou trois fois.

Si l'on se propose de préparer la nitrosométhyléthylaniline (voyez plus loin), la purification qui vient d'être indiquée est inutile. En effet, la méthylaniline est transformée en un dérivé nitrosé qui est liquide : il suffit donc d'essorer et de presser le chlorhydrate de nitrosométhyléthylaniline pour éliminer complètement la première.

La méthyléthylaniline se présente sous la forme d'un liquide visqueux, très semblable à l'aniline, qui bout à 201° [Hofmann, *Ann. Chem.*, **74**, 152 ; *D. chem. G.*, **7**, 523 ; Clam et Howitz, *D. chem. G.*, **17**, 1325].

P-nitroso-méthyléthylaniline, $Az\!<^{CH^3}_{C^2H^5}$ (noyau benzénique, en para : AzO).

Ce composé se forme lorsqu'on fait agir l'acide azoteux sur la méthyléthylaniline :

$$C^6H^5.Az.\!<^{CH^3}_{C^2H^5} + AzO^2H = AzO.C^6H^4.Az\!<^{CH^3}_{C^2H^5} + H^2O.$$

On prépare une dissolution de

Méthyléthylaniline............. 40 grammes

dans

Acide chlorhydrique à 20 p. 100. 300 grammes,

et l'on introduit la liqueur dans une conserve de 1 litre qu'on place dans une terrine remplie d'un mélange de glace et de sel, de façon à maintenir la masse à une température comprise entre + 5° et 0°. On ajoute ensuite, par petites portions, une dissolution de

Nitrite de sodium............. 25 grammes,

dans son poids d'eau, en prenant toutes les précautions qui ont été décrites à propos de la diazotation de la p-toluidine (voy. p. 217). Le chlorhydrate de nitrosométhyléthylaniline se sépare bientôt sous la forme de flocons rougeâtres. Lorsque tout le nitrite a été ajouté, on laisse reposer pendant quelques heures en maintenant la température voisine de 0°, on essore le précipité, on le lave avec un peu d'alcool et d'éther et on le fait cristalliser dans l'acide chlorhydrique à 5 0/0.

On dissout ensuite le chlorhydrate dans 100 cc. d'eau froide, et on l'additionne d'un léger excès de carbonate de sodium. La base se sépare sous la forme d'un précipité vert foncé. Pour l'isoler, on épuise la liqueur avec de l'éther, jusqu'à ce que celui-ci ne se colore plus en vert, et on laisse la solution éthérée s'évaporer spontanément.

La p-nitrosométhyléthylaniline cristallise en belles paillettes vertes absolument pures, qui fondent à 178°. Rendement à peu près théorique.

Le *chlorhydrate* cristallise en aiguilles jaunes fusibles à 116-118°.

Lorsqu'on chauffe la p-nitrosométhyléthylaniline avec de la soude diluée, elle se dédouble quantitativement en p-nitrosophénol et méthyléthylamine :

$$AzO.C^6H^4.Az\langle^{CH^3}_{C^2H^5} + H^2O = HAz\langle^{CH^3}_{C^2H^5} + AzO.C^6H^4.OH$$

[Baeyer et Caro, *D. chem. G.*, 7, 810, 963; Meldola, *Chem. Soc.*, 39, 37].

Cette réaction permet d'obtenir très facilement la méthyléthylamine qu'il est presque impossible de préparer par le procédé ordinaire, en faisant réagir l'iodure de méthyle sur l'éthylamine ou l'iodure d'éthyle sur la méthylamine. C'est en effet toujours la base tertiaire qui prend naissance dans ce cas.

On décomposera donc la nitroso-méthyléthylaniline par la soude ordinaire, en chauffant le mélange à l'ébullition, dans un ballon de 1 lit. surmonté d'un serpentin ou d'un tube Le Bel relié à un réfrigérant descendant. La méthyléthylamine aqueuse qui distille sera recueillie dans l'acide chlorhydrique, et le chlorhydrate sera purifié par une cristallisation dans l'alcool faible. Les rendements sont assez bons.

CHAPITRE V

COMPOSÉS AZOÏQUES ET HYDRAZINES

Modes généraux d'obtention.

I. *Les* diazoïques, R.Az = Az.Cl(Br,SO^3H,CAz,ONa, etc., *s'obtiennent le plus généralement en traitant une amine primaire par le nitrite de sodium en solution acide :*

$$R.AzH^2 + AzO^2Na + 2\,HCl = R.Az = Az.Cl + 2\,H^2O + NaCl.$$

(Griess, *Ann. Chem.*, **137**, 39.)

Lorsqu'on veut isoler le sel, on se sert du nitrite d'amyle en solution alcoolique.

II. *Les* diazoamidés, R.Az = Az.AzH.R', *résultent de l'action d'un sel de diazoïque sur une amine :*

$$R.Az = Az.Cl + R'.AzH^2 = HCl + R.Az = Az.AzH.R'.$$

(Griess, *Ann. Chem.*, **113**, 334.)

III. *Les* azoïques, R.Az = Az.R', *s'obtiennent principalement :*

1° *En réduisant les dérivés nitrés en solution alcoolique alcaline :*

$$2\,R.AzO^2. + 4C^2H^5OH = 4H^2O + 4CH^3.CHO + R.Az = Az.R.$$

(Mitscherlich, *Pogg. Ann.*, **32**, 224.)

2° *En faisant agir un diazoïque sur un phénol en solution alcaline :*

$$R.Az = Az.Cl + C^6H^5.ONa = R.Az = Az.C^6H^4.OH + NaCl.$$

(Typke, *D. chem. G.*, **10**, 1567.)

3° *Par transposition moléculaire d'un diazo-amidé :*

$$R.\,Az = Az.AzH.C^6H^5 = R.Az = Az.C^6H^4.AzH^2.$$

(Griess, *loc. cit.*)

IV. *Les* dérivés azoxyques, $R.Az \underset{\diagdown O \diagup}{=} Az.R'$, *résultent de l'oxydation des azoïques ou des hydrazoïques :*

$$R.HAz.AzH.R' + O^2 = R.\,Az \underset{\diagdown O \diagup}{-} Az.R' + H^2O$$

On les obtient aussi en réduisant les dérivés nitrés en solution alcaline :

$$2\ R.AzO^2 + 3H^2 = R.Az - Az.R + 3H^2O.$$
$$\diagdown\!\diagup$$
$$O$$

(Zinine, *Ann. Chem.*, **114**, 217.)

V. *Les* HYDRAZINES, $\frac{R}{R'}\!>Az.Az<\!\frac{R''}{R'''}(R.R',R'',R''' = H, CH^3, C^6H^5, \text{etc.})$ *se préparent principalement :*

1° *En réduisant directement ou indirectement les sels diazoïques ou les azoïques :*

$$R.Az = Az.R' + H^2 = R.HAz.AzH.R'.$$

2° *En réduisant les nitrosamines secondaires :*

$$\frac{R}{R'}\!>Az - AzO + H^4 = H^2O + \frac{R}{R'}\!>Az - AzH^2$$

(E. Fischer, *Ann. Chem.*, **170**, 67.)

Sulfate de diazobenzène, $C^6H^5.Az = Az.SO^4H$.

Les solutions de sulfate de diazobenzène seront préparées par un procédé analogue à celui qui a été décrit p. 217.

Pour isoler le sel pur, on diazotera le sulfate d'aniline au moyen du nitrite d'amyle en solution alcoolique :

$$C^6H^5.AzH^2.SO^4H^2 + AzO^2.C^5H^{11} = C^6H^5.Az = Az.SO^4H$$
$$+ C^5H^{11}.OH + H^2O.$$

On prépare une solution de sulfate d'aniline en dissolvant

Aniline fraîchement distillée... 15 grammes

dans

Alcool absolu.................. 140 grammes

et en ajoutant ensuite sans refroidir

Acide sulfurique............... 30 grammes.

Dans ces conditions, la liqueur peut être amenée à + 5° sans qu'il y ait précipitation du sel. Dès que cette température est atteinte, on verse dans la liqueur, par petites portions,

Nitrite d'amyle................ 20 grammes,

préparé et rectifié au moment même; pendant cette opération, on fera bien de suivre la température du liquide au moyen d'un thermomètre plongé dans la liqueur, et l'on refroidira le ballon dans un courant d'eau de façon à ne pas s'élever au-dessus de 15°.

On laisse ensuite reposer pendant quelque temps, au frais, puis l'on ajoute environ 500 cc. d'éther anhydre, de telle façon que la liqueur filtrée ne précipite plus par addition d'éther. Au bout d'une heure, on essore le précipité et on le lave, d'abord avec de l'éther renfermant 10 à 20 p. 100 d'alcool, puis avec de l'éther anhydre. On le sèche ensuite dans le vide sur de la chaux vive [1].

Le *sulfate de diazobenzène* se présente sous la forme de paillettes cristallines blanches, qui verdissent rapidement à l'air humide en donnant naissance à de l'oxyazobenzène, $C^6H^5.Az{=}Az.C^6H^4.OH$. Il se décompose sans détoner lorsqu'on le chauffe sur une lame de platine. Il est insoluble dans l'éther, mais il se dissout dans l'eau et dans l'alcool, qui le décomposent à chaud [E. Knœvenagel, *D. chem. G.*, **28**, 2049].

Diazo-amidobenzène, $C^6H^5.Az{=}Az.AzH.C^6H^5$.

Le diazo-amidobenzène résulte de l'action d'un sel de diazobenzène sur un excès d'aniline, à froid :

$$C^6H^5.Az{=}Az.SO^4H + 2C^6H^5.AzH^2 = C^6H^5.Az{=}Az.AzH.C^6H^5 + C^6H^5.AzH^2.SO^4H^2.$$

On introduit dans une conserve de 2 litres environ,

Eau	950	grammes
Acide sulfurique concentré	10	—
Aniline	30	—

puis l'on chauffe le mélange au bain-marie jusqu'à ce qu'il atteigne la température de 25°. On ajoute alors, en agitant énergiquement, une dissolution de

Nitrite de sodium................ 11 grammes

dans

Eau.............................. 10 grammes,

1. Les sels diazoïques ne doivent jamais être desséchés sur de l'acide sulfurique. Bien que les sulfates ne soient pas explosifs en général, il est *absolument dangereux* d'en conserver par grandes quantités; à plus forte raison, les chlorures et *surtout les nitrates* doivent-ils être maniés toujours avec la plus grande précaution. On aura soin surtout de ne jamais laisser de diazoïques en présence d'alcali en excès; les oxydes jaunes qui se forment dans ces conditions détonent avec la plus grande violence.

en ayant soin de refroidir au moyen de quelques fragments de glace aussitôt que la température s'approche de 30°.

La liqueur se colore rapidement en jaune, et le diazo-amidobenzène se dépose sous la forme de flocons d'un jaune orangé. Au bout d'une heure, le précipité est essoré, lavé avec un peu d'eau froide et séché; on le fait ensuite cristalliser dans un peu d'alcool bouillant. Rendement, 95 p. 100.

Le diazo-amidobenzène cristallise en paillettes jaunes qui fondent à 98° et qui se décomposent un peu plus haut. Il est soluble dans la plupart des dissolvants organiques et insoluble dans l'eau.

En traitant une solution alcoolique de diazo-amidobenzène par l'azotate d'argent dissous dans l'alcool, on obtient une *combinaison argentique* $C^6H^5Az = Az.AzAg.C^6H^5$, qui se précipite sous la forme d'aiguilles rouges [Griess, *Ann. Chem.*, **137**, 58; Curtius, *D. chem. G.*, **23**, 3035].

Hydrazobenzène, $C^6H^5.AzH.AzH.C^6H^5$
(*Diphénylhydrazine symétrique*).

Le procédé le plus pratique pour préparer la diphénylhydrazine symétrique consiste à réduire le nitrobenzène à fond, en solution alcaline :

$$2\,C^6H^5.AzO^2 + 5H^2 = C^6H^5.AzH.AzH.C^6H^5 + 4H^2O.$$

On introduit dans un ballon de 1 litre, muni d'un réfrigérant ascendant, successivement

Nitrobenzène..................	50	grammes
Alcool à 90°....................	250	—
Soude caustique à 35 p. 100....	45	—

puis l'on chauffe le mélange dans un bain d'eau maintenu à 70°. On ajoute alors par très petites portions de la poudre de zinc, en agitant énergiquement le ballon, et en attendant pour faire une nouvelle addition que l'effervescence se soit calmée.

La réaction est terminée lorsque la liqueur est décolorée. On filtre alors, on refroidit rapidement la liqueur, et l'on essore le précipité de diphénylhydrazine en évitant autant que possible l'accès de l'air. Le précipité est purifié par une ou deux cristallisations dans de l'alcool bouillant, à travers lequel on a fait passer au préalable quelques bulles d'anhydride sulfureux. Rendement, 60 p. 100.

La diphénylhydrazine symétrique cristallise en paillettes blanches, insolubles dans l'eau, solubles dans l'alcool et dans l'éther. Elle fond à 131° et rougit rapidement à l'air humide en se transformant en azobenzène.

Transformation en benzidine. — La diphénylhydrazine se transforme en benzidine lorsqu'on la chauffe avec de l'acide chlorhydrique :

$$C_6H_5\text{AzH}-\text{HAz}C_6H_5 \rightarrow H^2\text{Az}C_6H_4-C_6H_4\text{AzH}^2.$$

On chauffera dans un petit ballon

Diphénylhydrazine.............	5 grammes

avec

Acide chlorhydrique à 20 p. 100....	10 grammes;

au bout de dix minutes on ajoutera 5 centimètres cubes d'acide chlorhydrique concentré, on filtrera, on lavera le précipité de chlorhydrate de benzidine formé avec un peu d'acide chlorhydrique à 20 p. 100, et on le fera cristalliser dans l'eau acidulée.

Pour caractériser la benzidine, on dissoudra un peu de chlorhydrate dans de l'acide chlorhydrique à 2 p. 100, on ajoutera un morceau de glace, puis quelques gouttes d'une solution concentrée de nitrite de sodium. Une goutte de cette liqueur donnera une coloration d'un bleu très pur avec une solution de sel R (amidonaphtol-sulfonate de potassium) [Alexejeff, *Zeit. f. Chemie*, (2). 4, 497; H. Erdmann, *Z. f. ang. Chem.*, 1893, 163].

Azobenzène, $C^6H^5.Az=Az.C^6H^5$.

L'azobenzène prend naissance dans plusieurs réactions. On l'obtient à l'état de pureté en oxydant l'hydrazobenzène (diphénylhydrazine symétrique) en solution alcaline :

$$C^6H^5.AzH.AzH.C^6H^5 + O = C^6H^5.Az = Az.C^6H^5 + H^2O.$$

On introduit dans un ballon de 500 centimètres cubes,

Hydrazobenzène................	10 grammes

avec une solution de

Soude caustique................	0,05 gr.

dans

Alcool..........................	150 cc.

Le ballon est muni d'un bouchon percé de deux trous; l'un de ces trous est traversé par l'extrémité d'un réfrigérant ascendant, et l'autre par un tube effilé plongeant jusqu'au fond du ballon. On chauffe ce dernier au bain-marie, de façon à maintenir une très légère ébullition, puis on relie l'extrémité du réfrigérant à une trompe soufflante, de façon à faire passer un courant d'air très modéré dans l'appareil. Au bout de cinq ou six heures, la diphénylhydrazine est complètement oxydée. On filtre alors la liqueur, et on chasse la plus grande partie de l'alcool par distillation. Par refroidissement, l'azobenzène se dépose sous la forme de paillettes rougeâtres. Rendement, 90 p. 100.

L'azobenzène cristallise en tables rougeâtres, fusibles à 68°; il distille sans décomposition vers 293° et se dissout dans les liquides organiques, mais non dans l'eau [Täuber, *D. chem. G.*, **25**, 1022].

CHAPITRE VI

DÉRIVÉS SULFONÉS

Modes généraux d'obtention.

Les dérivés sulfonés s'obtiennent en traitant directement le composé correspondant par l'acide sulfurique ordinaire ou fumant. Suivant les conditions, on obtiendra des dérivés mono- ou polysulfoniques. La substitution se fait toujours en position 1-2 ou 1-4.

(Mitscherlich, *Pogg. Ann.*, **31**, 283, 634.)

Acide benzène-sulfonique, $C^6H^5.SO^3H$.

Cet acide s'obtient par l'action de l'acide sulfurique à 100 p. 100 ou de l'acide fumant sur le benzène :

$$C^6H^6 + SO^4H^2 = C^6H^5.SO^3H + H^2O.$$

La sulfonation sera effectuée dans un ballon surmonté d'un réfrigérant ascendant. On introduit d'abord dans le ballon, qui doit avoir une capacité de 1 litre environ,

Acide sulfurique .... 600 grammes,

puis l'on fait tomber goutte à goutte

Benzène .... 200 grammes,

en agitant énergiquement, pour mélanger les deux liquides afin que le carbure soit dissous immédiatement. Lorsque le quart du benzène a été ajouté, la réaction se ralentit, et il devient nécessaire de chauffer au moyen du bain-marie, ce que l'on continue à faire pendant environ deux heures. Au bout de ce temps, on laisse refroidir, et l'on verse le contenu du ballon dans une grande terrine renfermant environ 3 litres d'eau, puis l'on ajoute avec précaution du carbonate de baryum (600-700 gr.), fraîchement précipité et délayé dans environ son poids d'eau. On terminera la neutralisation avec quelques gouttes d'eau de baryte, puis on chauffera la masse au bain-marie et on la filtrera sur du calicot tendu sur un châssis. Le précipité de sulfate de baryum sera lavé deux ou trois fois avec un peu d'eau bouillante, et les liqueurs filtrées concentrées par évaporation jusqu'à commencement de cristallisation. Si l'on possède un petit filtre-presse on gagnera beaucoup de temps sur cette opération.

Par refroidissement, le sel se dépose presque totalement sous la forme de croûtes cristallines qu'il ne reste plus qu'à essorer.

Pour transformer le benzène-sulfonate de baryum en sel de potassium, on le dissout dans la plus petite quantité possible d'eau bouillante, et on additionne cette liqueur d'une solution concentrée, de carbonate de potassium jusqu'à réaction faiblement alcaline. On filtre rapidement et on évapore le liquide clair, additionné des eaux de lavage, jusqu'à commencement de cristallisation. Le benzène-sulfonate de potassium se dépose après refroidissement sous la forme de croûtes jaunâtres qu'on purifie par une dernière cristallisation dans l'alcool dilué. Il se présente alors sous la forme d'aiguilles renfermant $\frac{1}{2}$ H^2O [Mitscherlich, *Pogg. Ann.*, **31**, 283, 634 ; Gattermann, *D. chem. G.*, **24**, 2121].

Acide sulfanilique, $C^6H^4<\begin{smallmatrix}AzH^2(1)\\SO^3H(4)\end{smallmatrix}$

L'acide sulfanilique (p-amidobenzène-sulfonique) prend naissance dans l'action de l'acide sulfurique concentré sur l'aniline à chaud :

$$C^6H^5.AzH^2 + SO^4H^2 = C^6H^4<\begin{smallmatrix}AzH^2\\SO^3H\end{smallmatrix} + H^2O.$$

On introduit dans un ballon de 500 cc. environ,

Acide sulfurique à 66° B....... 140 grammes

et

Aniline........................ 50 grammes

en ajoutant cette dernière par petites portions. On chauffe ensuite le mélange au bain d'huile à 190°, pendant cinq ou six heures. La réaction est terminée lorsqu'une prise d'essai se dissout complètement dans la soude caustique.

On laisse alors refroidir et on verse le produit dans un excès d'eau froide. L'acide sulfanilique se précipite sous la forme d'une poudre cristalline brunâtre, qu'on purifie par une ou deux cristallisations dans l'eau bouillante. On décolore au besoin au moyen d'un peu de noir animal. Rendement, 80-85 p. 100.

L'acide sulfanilique cristallise dans l'eau chaude en tables rhombiques, insolubles ou très peu solubles dans l'eau froide, dans l'alcool et dans l'éther. Il se décompose sans fondre vers 300°.

L'acide sulfanilique s'unit aux bases, mais non aux acides, pour former des sels bien cristallisés [Hofmann, *Ann. Chem.*, **100**, 163; Neville et Winter, *D. chem. G*, **13**, 1941].

Acide naphtionique, AzH^2 / SO^3H

La préparation de cet acide est basée sur la curieuse réaction suivante : Lorsqu'on chauffe à 200° le sulfate acide d'α-naphtylamine, la molécule de l'acide sulfurique effectue une migration et vient se fixer en position *para*, en se transformant en résidu sulfonique :

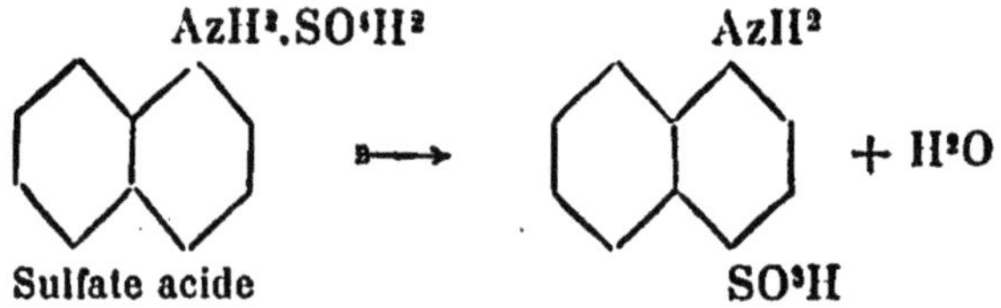

$AzH^2.SO^4H^2$ → AzH^2 / SO^3H + H^2O

Sulfate acide — Acide naphtionique

Dans une capsule de 1 litre, on placera

α-naphtylamine finement pulvérisée........................ 200 grammes,

et on y versera peu à peu, sans refroidir, mais en remuant constamment :

Acide sulfurique ordinaire..... 160 grammes.

La masse refroidie sera détachée de la capsule, pulvérisée, étalée sur une ou deux assiettes plates et chauffée pendant quatre heures dans une étuve à 200°.

Pour purifier l'acide naphtionique brut, on le pulvérise et on le sature par un lait de chaux suffisamment dilué pour que le volume total soit d'environ 2 litres. On filtre sur du calicot, on lave à fond, et on ajoute à la liqueur claire du carbonate de sodium tant qu'il se forme un précipité. La liqueur filtrée est ramenée par la concentration à 1 litre, épuisée à trois reprises avec du benzène pour éliminer la naphtylamine libre et enfin concentrée au bain-marie jusqu'à commencement de cristallisation.

Par refroidissement, le naphtionate de sodium se dépose sous la forme de prismes rougeâtres, qu'on purifie par de nouvelles cristallisations jusqu'à ce qu'ils ne présentent plus qu'une légère teinte rosée. Le rendement est d'environ 75-80 p. 100 de la théorie.

Le naphtionate de sodium cristallise avec 4 molécules d'eau.

Pour obtenir l'acide libre, on décompose le sel par la quantité exactement nécessaire d'acide sulfurique dilué, on essore le précipité, on le lave avec un peu d'eau froide et on le fait cristalliser dans l'eau bouillante.

L'acide naphtionique se présente sous la forme de petites aiguilles qui se décomposent sans fondre lorsqu'on les chauffe. Il est presque insoluble dans l'eau froide et dans l'alcool [Schmidt et Schaal, *D. chem. G.*, **7**, 1368; Witt, *ibid.*, **19**, 56].

Acide β- naphtoldisulfonique 3.6 (Acide R).

HO^3S — [naphthalene ring] — OH, SO^3H

L'action de l'acide sulfurique fumant sur le β- naphtol donne naissance à trois produits : un *acide monosulfonique 2. 6*, et *deux acides disulfoniques*, *2. 3. 6.* (R) et *2. 6. 8.* (G) :

$$C^{10}H^7.OH + SO^4H^2 = C^{10}H^6\left\langle\begin{matrix}OH\\SO^3H\end{matrix}\right. + H^2O$$

$$C^{10}H^7.OH + 2SO^4H^2 = C^{10}H^5\left\langle\begin{matrix}OH\\(SO^3H)^2\end{matrix}\right. + 2H^2O$$

Ces acides peuvent être facilement séparés par l'intermédiaire des sels de baryum.

On introduit dans un ballon de 1 litre environ

β-naphtol......................	200 grammes
Acide sulfurique fumant à 30 pour 100 d'anhydride........	400 —

et l'on ferme le ballon avec un bouchon traversé par un long tube. Le tout est chauffé au bain de sel ou au bain d'huile, à 115-120°, pendant cinq ou six heures.

Après refroidissement, la masse est versée avec précaution dans un excès d'eau (3 à 4 litres); la liqueur est portée à l'ébullition et saturée exactement par du carbonate de baryum. Cette opération devra être faite dans une grande capsule.

On filtre ensuite à la trompe, sur une plaque de Witt, et l'on ramène le volume du liquide à 1 litre en évaporant dans une capsule sur une toile métallique.

Par refroidissement, le naphtol-monosulfonate de baryum se dépose totalement sous la forme de paillettes blanches, qu'on peut purifier par des cristallisations dans l'alcool bouillant, et qu'on décomposera ensuite par l'acide sulfurique dilué.

Les eaux mères de ce sel sont concentrées ensuite au bain-marie jusqu'à consistance pâteuse. Le résidu est abandonné pendant vingt-quatre heures dans un endroit frais; il devient cristallin. On le traite alors par de petites quantités d'eau glacée, jusqu'à ce que ces lavages n'enlèvent plus rien. Le β-naphtol-disulfonate 3. 6 reste à peu près pur dans la partie insoluble, tandis que les eaux de lavage contiennent la totalité de l'isomère. Ce dernier peut en être retiré par évaporation et cristallisation dans l'alcool.

Le naphtol-disulfonate 2.3.6 est dissous dans un peu d'eau chaude, et décomposé par l'acide sulfurique dilué. La liqueur filtrée abandonne par évaporation de longues aiguilles blanches de l'acide R.

Pour préparer le sel R, on neutralisera par la soude ou par le carbonate de sodium la solution débarrassée du sulfate de baryum, on évaporera à siccité, et on fera cristalliser le résidu dans l'alcool faible. Le β-naphtol-disulfonate de sodium 3.6 cristallise en aiguilles soyeuses, très solubles dans l'eau. Ses solutions alcalines se combinent aux diazoïques en donnant des produits de copulation doués de couleurs caractéristiques.

L'acide β-naphtol-monosulfonique se présente sous la forme de paillettes blanches, fusibles avec décomposition vers 122°.

L'acide R cristallise en aiguilles soyeuses déliquescentes, très solubles dans l'eau et dans l'alcool, insolubles dans l'éther.

L'acide G ou γ possède des propriétés analogues. Son sel de baryum est toutefois plus soluble dans l'eau [Griess, *D. chem. G.*, **13**, 1956; Witt, *ibid.*, **21**, 3481].

CHAPITRE VII

PHÉNOLS ET ALCOOLS

§ I. Phénols et polyphénols.

Modes généraux d'obtention.

Les phénols se préparent principalement par les procédés suivants :

1° *Fusion des acides sulfonés correspondants avec la potasse :*

$$C^6H^5.SO^3K + KOH = C^6H^5.OH + K^2SO^3.$$

(Kekulé, Wurtz et Dusart, *C. R.*, **64**, 749, 752, 859.

Dans certains cas, la potasse agit comme oxydant et introduit un second oxhydryle dans le noyau aromatique.

2° *Décomposition des diazoïques en solution sulfurique diluée :*

$$C^6H^5.Az{=}Az.SO^4H + H^2O = C^6H^5.OH + Az^2 + SO^4H^2.$$

(Schmitt, *Ann. Chem.*, **253**, 283.)

3° *Distillation sèche des oxyacides correspondants :*

$$C^6H^3 \begin{cases} CO^2H \\ OH \\ OH \end{cases} = CO^2 + C^6H^4 < \begin{matrix} OH \\ OH \end{matrix}$$

4° *Certains diphénols s'obtiennent par réduction des quinones correspondantes :*

$$C^6H^4O^2 + H^2 = C^6H^4(OH)^2.$$

(Nietzi, *Ann. Chem.*, **215**, 127.)

Phénol, $C^6H^5.OH$.

Le phénol se prépare toujours par fusion du benzène-sulfonate de potassium avec la potasse :

$$C^6H^5.SO^3K + KOH = C^6H^5.OH + K^2SO^3.$$

L'opération peut être faite dans une capsule en nickel ou simplement en fonte, de 2 litres de capacité.

On chauffe à feu nu dans cette capsule

Potasse caustique............. 130 grammes,

avec quelques centimètres cubes d'eau, de façon à tout dissoudre, et l'on élève graduellement la température, en remuant constamment avec une spatule de nickel [1]. On plonge dans la masse un thermomètre en verre épais, dont le réservoir aura préalablement été entouré d'une toile métallique ou d'une gaine métallique de fer ou de nickel. Lorsque la température est montée à 320-330°, on retire le thermomètre, après avoir réglé la flamme, et l'on introduit par petites portions, et sans cesser de remuer,

Benzène-sulfonate de potassium, 70 grammes,

sec et pulvérisé. On continuera à chauffer jusqu'à ce que la masse soit devenue tout à fait fluide, et qu'une prise d'essai dégage de notables quantités d'anhydride sulfureux lorsqu'on la traite par quelques gouttes d'acide sulfurique.

Lorsque la réaction est ainsi terminée, on laisse refroidir, on reprend la masse par l'eau, et on sursature par l'acide chlorhydrique. Le phénol brut se sépare pour la plus grande partie à la surface sous la forme d'une couche huileuse qu'on extrait au moyen de l'éther. La solution éthérée est ensuite séchée sur du chlorure de calcium et soumise à la distillation fractionnée.

La portion 175-190° est constituée par du phénol à peu près pur, qu'on purifie par un nouveau fractionnement (180-185°), puis par une cristallisation dans un mélange réfrigérant. Rendement, 20-25 grammes.

Le phénol se présente sous la forme d'une masse cristalline fusible à 43°, peu soluble dans l'eau froide, soluble en toutes proportions dans l'eau à 84°, dans l'alcool et dans l'éther. Il se dissout également dans les alcalis, mais non dans les carbonates alcalins.

Le phénol est coloré en violet par une trace de chlorure ferrique. Traité par le brome en solution alcaline, il donne immédiatement un précipité jaune cristallin de *tribromophénol* 1. 3. 5. 6 fusible à 95°. Le mélange d'acide sulfurique et d'acide

1. Durant toute cette opération, de fines gouttelettes de potasse sont continuellement projetées par l'ébullition hors de la capsule. Il est prudent pour ces opérations de se protéger les yeux avec des lunettes spéciales et de s'envelopper la main d'un gant épais ou d'un linge bien ficelé.

azotique le transforme en acide picrique [Würtz, *C. R.*, **64**, 749; Degener, *J. prakt. Chem.*, (2), **17**, 394].

Para-crésol, $C^6H^4 < \begin{matrix} OH_{(1)} \\ CH^3_{(4)} \end{matrix}$

Le p-crésol existe avec ses isomères dans certains goudrons de hêtre ou de chêne. Pour l'obtenir pur, on décomposera le p-diazo-toluène par l'acide sulfurique dilué :

$$C^6H^4 < \begin{matrix} Az = Az.SO^4H \\ CH^3 \end{matrix} + H^2O = C^6H^4 < \begin{matrix} OH \\ CH^3 \end{matrix} + Az^2 + SO^4H^2.$$

On introduit dans un ballon de 2 litres une dissolution de

P-toluidine	50 grammes,

dans

Eau	1500 cc.
Acide sulfurique	50 grammes,

puis on ajoute peu à peu une solution de

Nitrite de sodium	40 grammes

dans

Eau	40 cc.

et on abandonne la masse à elle-même pendant une heure. Au bout de ce temps, la plus grande partie du diazoïque s'est décomposée, et la liqueur est devenue d'un rouge foncé.

On soumet alors le produit à la distillation dans un courant de vapeur, opération qui achève de détruire le diazoïque. On s'arrête lorsque le liquide qui distille ne précipite plus par l'eau de brome.

Le produit est alors acidulé au moyen de l'acide sulfurique et le crésol est extrait par l'éther. La solution éthérée est séchée sur du chlorure de calcium et purifiée par distillation. La portion 190-210° est purifiée de nouveau et fournit environ 35 gr. de p-crésol pur.

Le p-crésol fond à 36° et bout à 201°. Il est un peu soluble dans l'eau. Sa solution aqueuse est colorée en vert par le chlorure ferrique. Le p-crésol ne donne pas de quinone chlorée comme le font les isomères ortho- et méta- lorsqu'on le chauffe avec de l'acide chlorhydrique et du chlorate de potassium [Griess, *Jahresb.*, 1866, 458; Tiemann et Schotten, *D. chem.*, G., **11**, 769].

§ II. Phénols substitués.

Modes généraux d'obtention.

Les phénols chlorés, bromés, nitrés, etc., *se préparent, soit en bromant, chlorant, etc., directement le phénol correspondant, ce qui donne naissance en général aux dérivés 1. 2 et 1. 4, soit en décomposant les diazoïques substitués dans le noyau (préparation des dérivés 1. 3).*

Les aminophénols *s'obtiennent généralement par réduction des dérivés nitrés ou nitrosés correspondants.*

Ortho- et Para-nitrophénols, $C^6H^4 < {OH \atop AzO^2}$.

Les deux nitrophénols 1.2 et 1.4 prennent naissance simultanément dans l'action de l'acide azotique dilué sur le phénol :

$$C^6H^5.OH + AzO^3H = C^6H^3 < {OH \atop AzO^2} + H^2O.$$

On introduit dans un ballon de 1 litre un mélange bien refroidi de

Acide azotique (d = 1,34).......	150 grammes
Eau.............................	450 —

puis l'on ajoute peu à peu et en agitant énergiquement

Phénol fondu..................	80 grammes.

La masse est ensuite abandonnée à elle-même pendant une nuit. Cette opération s'effectuera facilement en adoptant le dispositif suivant : le ballon renfermant l'acide est fermé par un bouchon percé de quatre trous par lesquels passent : 1° un thermomètre, 2° la tige d'un entonnoir à brome, 3° un tube vertical plongeant au fond du liquide, 4° un tube coudé relié à une trompe aspirante. Le phénol est additionné d'une trace d'eau, de façon à rester liquide. On le laisse couler goutte à goutte au moyen de l'entonnoir à robinet, en maintenant la température du ballon entre 20 et 30°. Pendant ce temps, on agitera le liquide par un fort courant d'air, de façon à émulsionner continuellement le phénol qui tendrait à occuper le fond. Le courant d'air doit être continué pendant deux heures après que tout le phénol a été ajouté.

On obtient ainsi une masse pâteuse cristalline, qu'on lave 2 ou 3 fois avec de l'eau dans le même ballon, sans la transvaser.

Ce produit brut est constitué par des poids égaux d'ortho- et de para-nitrophénol. On séparera les deux isomères en se basant sur la propriété que possède le dérivé ortho d'être entraîné facilement par un courant de vapeur, tandis que le dérivé para l'est très difficilement.

On soumet donc le mélange des phénols nitrés à un entraînement à la vapeur, que l'on poursuit jusqu'à ce que le liquide qui distille soit incolore et inodore.

L'ortho-nitrophénol se sépare complètement de l'eau et cristallise en petites aiguilles jaunes qu'on purifie par des cristallisations dans l'alcool dilué bouillant.

Pour extraire le para-nitrophénol du résidu, on traite ce dernier par la quantité de lessive de soude diluée, chaude, suffisante pour tout dissoudre et on laisse cristaliser. Le *p-nitrophénate de sodium* qui se dépose est purifié par une cristallisation dans l'eau bouillante, avec addition de noir animal s'il y a lieu.

On le décompose ensuite à chaud par l'acide chlorhydrique.

On obtient par ce procédé environ 40 gr. d'ortho-nitrophénol et 50 gr. de l'isomère para.

L'o-nitrophénol cristallise en aiguilles jaunes fusibles à 45°. Il bout à 214° et se dissout facilement dans l'eau bouillante, l'alcool et l'éther.

Le p-nitrophénol se présente sous la forme de prismes blancs, clinorhombiques, fusibles à 115°. Il est assez soluble dans l'alcool et dans l'eau [Hofmann, *Ann. Chem.*, **103**, 347; Neumann, *D. chem. G.*, **18**, 332; Kollrepp, *Ann. Chem.*, **234**, 2].

Para-aminophénol, $C^6H^4 < \begin{matrix} OH_{(1)} \\ AzH^2_{(4)} \end{matrix}$

Ce composé s'obtient facilement par la réduction du p-nitrosophénol :

$$C^6H^4 < \begin{matrix} AzO \\ OH \end{matrix} + 2H^2 = H^2O + C^6H^4 < \begin{matrix} AzH^2 \\ OH \end{matrix}$$

Le p-nitrosophénol lui-même prend naissance dans l'action de l'acide azoteux sur le phénol :

$$C^6H^5.OH + AzO^2H = H^2O + C^6H^4 < \begin{matrix} AzO \\ OH \end{matrix}$$

Préparation du p-nitrosophénol. — On préparera d'une part une solution de

Phénol........................ 60 grammes

dans

Soude caustique............... 27 grammes

et

Eau.......................... 1450 cc.

à laquelle on ajoutera une solution de

Nitrite de sodium.............. 50 grammes

dissous dans son poids d'eau; et d'autre part une solution de

Acide sulfurique............... 150 grammes

dans

Eau.......................... 400 cc.

La première liqueur sera placée dans une conserve de 2 litres et demi environ, entourée d'eau glacée. On y ajoutera par petites portions l'acide sulfurique dilué en agitant constamment et en évitant par l'addition éventuelle de petits morceaux de glace que la température de la masse s'élève au-dessus de 5°.

Le nitrosophénol se dépose sous la forme d'une poudre grisâtre. Au bout d'une heure, on l'essore sur la plaque de Witt, on le lave avec une petite quantité d'eau glacée, on le presse et on le sèche à l'air.

Si l'on veut purifier le produit brut ainsi obtenu, on le dissoudra dans la plus petite quantité possible d'eau bouillante et on refroidira rapidement la solution. Le nitrosophénol se dépose alors sous la forme d'aiguilles blanchâtres, fusibles à 126°, solubles dans les dissolvants organiques, peu solubles dans l'eau froide. Rendement, 42 grammes.

Cette dernière purification n'est toutefois pas nécessaire lorsqu'on veut préparer simplement le p-aminophénol.

Réduction du p-nitrosophénol. — On introduit dans un ballon de 2 litres

P-nitrosophénol bien pulvérisé, 40 grammes

avec un mélange de

Acide sulfurique à 66°......... 200 grammes
Eau.......................... 600 grammes.

La masse est agitée énergiquement, de manière à obtenir une émulsion aussi parfaite que possible.

On ajoute alors, par petites portions et sans cesser de remuer,

Poudre de zinc................. 80 grammes.

La liqueur s'échauffe peu à peu, puis elle prend une coloration violet foncé qui finit par disparaître lorsque tout le zinc a été ajouté. On chauffe encore pendant quelque temps au bain-marie, on filtre, on lave la poudre de zinc avec un peu d'eau, on sature le liquide de sel marin et on l'abandonne à lui-même. Au bout de quelque temps, le chlorhydrate de p-aminophénol se dépose sous la forme d'un précipité cristallin grisâtre; on l'essore, on le lave avec un peu d'eau froide et on le fait cristalliser dans l'eau bouillante.

Le *chlorhydrate de p-aminophénol* se présente sous la forme de prismes blancs. Il est peu soluble dans l'alcool froid.

Pour isoler l'aminophénol lui-même, on décomposera le chlorhydrate par la soude diluée, et on épuisera immédiatement la liqueur par l'éther, en évitant autant que possible l'accès de l'air, car l'aminophénol est extrêmement oxydable en solution alcaline. Le produit sera cristallisé dans l'eau bouillante, après décoloration au noir animal.

L'aminophénol 1.4 cristallise en paillettes blanches qui fondent à 184° en se décomposant. Il est peu soluble dans l'alcool et dans l'eau. Les oxydants le transforment quantitativement en quinone [Baeyer, Caro, *D. chem. G.*, **7**, 967; Fritzsche, *Ann. Chem.*, **110**, 166; Lossen, *ibid.*, **175**, 296].

Amino-β-naphtol, $C_{10}H_6(AzH^2)(OH)$

Ce composé peut être préparé par réduction de l'*orangé II* (β-naphtol-azobenzène-sulfonate de sodium) au moyen du chlorure stanneux et de l'acide chlorhydrique; mais il est plus simple de réduire par les mêmes agents, le nitroso β-naphtol (oxime de la β-naphtoquinone) ou son dérivé sodé :

$$C_{10}H_6(AzO)(OH) + 2H^2 = C_{10}H_6(AzH^2)(OH) + H^2O.$$

Nitroso β-naphtol. — On introduit dans un ballon de 1 litre, muni d'un réfrigérant ascendant, une solution de

β-naphtol.............................. 45 grammes

dans

Alcool........................ 300 grammes,

puis on ajoute

Chlorure de zinc fondu......... 35 grammes

et l'on chauffe le tout au bain-marie.

Lorsque la liqueur est en pleine ébullition, on y verse par l'extrémité supérieure du réfrigérant une solution de

Nitrite de sodium............... 25 grammes

dans

Eau.......................... 25 cc.

et l'on continue à chauffer pendant une heure environ.

Le *sel de zinc* du nitrosonaphtol se dépose bientôt sous la forme d'une poudre rouge, dont la quantité n'augmente plus au bout d'une heure environ.

On laisse alors refroidir et l'on abandonne la masse à elle-même pendant une nuit. Le précipité est ensuite essoré, lavé avec un peu d'alcool, puis chauffé avec une lessive de soude diluée (45 gr. de soude dans 500 cc. d'eau). Le sel de zinc se transforme peu à peu en *sel de sodium*, qui se dépose sous la forme d'une poudre cristalline verte qu'on essore, qu'on lave avec un peu d'eau et qu'on sèche sur une assiette poreuse.

Réduction du nitroso-β naphtol. — Cette réduction peut être effectuée de deux façons :

1° Au moyen du chlorure stanneux et de l'acide chlorhydrique, le chlorostannite obtenu étant ensuite décomposé par l'acide sulfhydrique;

2° Directement par l'hydrogène sulfuré en solution alcaline.

C'est ce dernier procédé qui est le plus pratique.

Dans un ballon de 1 litre on introduit

Nitrosonaphtol sodé........... 30 grammes
Lessive de soude à 10 p. 100... 150 cc.

Le nitrosonaphtol sodé doit avoir été finement pulvérisé; on agite vivement de manière à bien émulsionner la masse. On chauffe sur une toile métallique, sans atteindre l'ébullition, puis on fait passer, pendant plusieurs heures, un rapide courant d'hydrogène sulfuré. Quand la réduction est achevée, l'aminonaphtol se précipite sous la forme de petits cristaux blancs. Dès que le dépôt n'augmente plus, on filtre, on lave avec un peu d'eau et on dissout le précipité dans l'acide chlorhydrique dilué bouillant. On n'a plus qu'à filtrer pour éliminer le soufre.

Le *chlorhydrate d'amino-β-naphtol* cristallise en aiguilles blanches solubles dans l'eau et dans l'alcool bouillant, peu solubles dans l'alcool dilué.

L'amino β-naphtol lui-même est très oxydable. On l'obtiendra à l'état de pureté en sursaturant par le carbonate de sodium une solution aqueuse du chlorhydrate, et en épuisant le produit par l'éther. Il cristallise en paillettes rosées peu solubles dans l'eau [Fuchs, *D. chem. G.*, 8, 1026; Groves, *Chem. Soc.*, **45**, 295; Henriques et Slinski, *D. chem. G.*, **18**, 705; Lagodzinski et Hardin, *D. chem. G.*, **27**, 3076].

---

§ III. Alcools et phénols-alcools.

Modes généraux d'obtention.

Les ALCOOLS AROMATIQUES *se préparent par des procédés analogues à ceux décrits à propos de la série grasse. On les obtient principalement :*

1° *Par saponification des dérivés halogénés au moyen des alcalis ou mieux de l'oxyde de plomb :*

$$2\,C^6H^5.CH^2Cl + PbO + H^2O = 2C^6H^5.CH^2OH + PbCl^2$$

[Lauth et Grimaux; Meunier, *Bull. Soc. Chim.*, (2), **38**, 159].

2° *Par hydrogénation des aldéhydes ou des cétones correspondantes. L'hydrogénation est effectuée la plupart du temps au moyen de la potasse alcoolique; il y a alors oxydation simultanée.*

$$2\,C^6H^5.CHO + KOH = C^6H^5.CO^2K + C^6H^5.CH^2OH.$$

Cette réaction ne se retrouve nettement dans la série grasse que chez la formaldéhyde [Cannizzaro, *Ann. Chem.*, **96**, 246].

Les PHÉNOLS-ALCOOLS *se préparent par deux procédés principaux :*

1° *Réduction des oxyaldéhydes correspondantes au moyen de l'amalgame de sodium :*

$$C^6H^4{<}^{CHO}_{OH} + H^2 = C^6H^4{<}^{CH^2OH}_{OH}$$

[Beilstein et Reinecke, *Ann. Chem.*, **128**, 179].

2° *Condensation de l'aldéhyde formique avec les phénols en solution alcaline :*

$$C^6H^5.OH + CH^2O = C^6H^4{<}^{CH^2OH}_{OH}$$

[Manasse, *D. chem. G.*, **27**, 2411; Lederer, *J. prakt. Chem.*, (2), **50**, 225].

Alcool benzylique, $C^6H^5.CH^2OH$.

L'alcool benzylique se prépare en traitant à froid l'aldéhyde benzoïque par la potasse aqueuse ou alcoolique :

$$2\ C^6H^5.CHO + KOH = C^6H^5.CH^2OH + C^6H^5.CO^2K.$$

On introduit dans un col droit en verre épais, d'une capacité de 500 cc. environ,

Aldéhyde benzoïque............ 50 grammes

avec

Potasse en plaques.............. 40 —

dissoute dans

Eau........ ... . 30 cc.

puis on ferme hermétiquement le flacon au moyen d'un bouchon de liège ou de caoutchouc, et l'on agite le tout de façon à obtenir une émulsion persistante. On laisse ensuite reposer pendant une nuit.

On obtient ainsi une masse pâteuse constituée par du benzoate de potassium cristallisé baigné d'un liquide jaunâtre. On traite ce produit par 250-300 cc. d'eau, de façon à tout dissoudre, puis on enlève l'alcool benzylique par des épuisements à l'éther.

Après évaporation de l'éther, le résidu est soumis à la distillation fractionnée. La portion passant vers 200-210° est rectifiée une seconde fois, et fournit alors de l'alcool benzylique absolument pur. Rendement, 90 p. 100.

Le résidu de l'extraction à l'éther renferme une certaine quantité de benzoate de potassium d'où on peut isoler facilement l'acide benzoïque en sursaturant par l'acide chlorhydrique.

L'acide benzoïque se précipite sous la forme de paillettes blanches qu'on essore, et qu'on purifie par des cristallisations dans l'eau jusqu'à ce qu'il fonde à 121°.

L'alcool benzylique se présente sous la forme d'un liquide peu mobile, doué d'une odeur aromatique pénétrante. Il bout à 82°,6 et se dissout à froid dans 20 fois son poids d'eau environ [Cannizzaro, *Ann. Chem.*, **88**, 129; R. Meyer, *D. chem. G.*, **14**, 2394].

§ IV. Éthers-oxydes.

Les ÉTHERS-OXYDES PHÉNOLIQUES *se préparent par des procédés analogues à ceux qui ont été décrits dans la série grasse : Déshydratation d'un phénol ou d'un naphtol par le chlorure de zinc, l'acide chlorhydrique, l'acide sulfurique à 150°, etc. :*

$$2\ C^{10}H^{7}.OH = H^{2}O + \begin{matrix} C^{10}H^{7} \\ C^{10}H^{7} \end{matrix} > O$$

(Merz et Weith, *D. chem. G.*, **14**, 195.)

On les obtient aussi quelquefois en distillant les sels d'aluminium des phénols correspondants :

$$2\ (C^{6}H^{5}.O)^{3}Al = Al^{2}O^{3} + 3 \begin{matrix} C^{6}H^{5} \\ C^{6}H^{5} \end{matrix} > O$$

(Gladstone et Tribe, *Chem. Soc.*, **41**, 8.)

Les ÉTHERS-OXYDES MIXTES *s'obtiennent principalement :*

1° *En chauffant un phénate alcalin avec un chlorure, bromure ou iodure alcoolique :*

$$C^{6}H^{5}.ONa + CH^{3}I = NaI + \begin{matrix} C^{6}H^{5} \\ CH^{3} \end{matrix} > O$$

(Cahours, *Ann. Chim. Phys.*, (3), **10**, 353; **27**, 439.)

2° *En saturant de gaz chlorhydrique sec un mélange d'alcool et de phénol.*

(Mentschoutkine, *D. chem. G.*, **10**, 670, 2151.)

3° *En décomposant certains sels diazoïques par un alcool.*

$$C^{6}H^{5}.Az = Az.SO^{4}H + CH^{3}.OH = C^{6}H^{5}.OCH^{3} + SO^{4}H^{2}$$

(Beeson, *Am. chem. Journ.*, **16**, 250.)

Alcool para-métoxybenzylique (alcool anisique).

$$C^{6}H^{4} < \begin{matrix} OCH^{3} & (1) \\ CH^{2}OH & (4) \end{matrix}$$

L'alcool anisique s'obtient facilement en faisant réagir l'iodure de méthyle sur une solution alcoolique d'alcool p-oxybenzylique en présence de potasse :

$$C^{6}H^{4} < \begin{matrix} CH^{2}OH \\ OK \end{matrix} + CH^{3}I = KI + C^{6}H^{4} < \begin{matrix} CH^{2}OH \\ OCH^{3} \end{matrix}$$

On introduit dans un ballon de 250 cc. environ, muni d'un réfrigérant ascendant, une solution de

	Potasse........................	15 grammes
dans		
	Alcool méthylique.............	50 grammes,

puis l'on ajoute

Alcool p-oxy-benzylique......... 30 grammes

et l'on chauffe à l'ébullition. On verse ensuite, quand tout est dissous,

Iodure de méthyle.............. 35 grammes

et l'on continue à chauffer pendant cinq ou six heures. Au bout de ce temps on renverse le réfrigérant, on chasse l'excès d'alcool et d'iodure au bain-marie, puis on reprend le résidu par un excès d'eau froide (500 cc.) et on épuise par l'éther.

La solution éthérée est ensuite séchée et évaporée. Le résidu est traité par le chloroforme bouillant qui dissout l'alcool anisique et qui l'abandonne ensuite par évaporation sous la forme d'aiguilles blanches, fusibles à 45°.

L'alcool anisique bout à 258°,5; les oxydants le transforment successivement en aldéhyde, puis en acide anisique [Cannizzaro et Bertagnini, *Ann. Chem.*, **98**, 189; Biedermann, *D. chem. G.*, **19**, 2376].

Anisol, $C^6H^5.OCH^3$.

L'anisol est le produit unique de la décomposition du sulfate de diazobenzène en présence d'alcool méthylique :

$$C^6H^5.Az = Az.SO^4H + CH^3OH = C^6H^5.OCH^3 + SO^4H^2.$$

On l'obtient d'ailleurs facilement par les autres procédés qui ont été indiqués plus haut.

On introduit dans un ballon de 500 cc., muni d'un réfrigérant ascendant,

Sulfate de diazobenzène sec.... 150 grammes

et

Alcool méthylique pur......... 300 grammes,

puis l'on chauffe la masse au bain-marie de façon à maintenir une douce ébullition. Pendant la décomposition, la liqueur se colore peu à peu en rouge.

Lorsque le dégagement d'azote a cessé (au bout de deux heures environ), on chasse l'excès d'alcool au bain-marie, et l'on soumet le résidu à l'entraînement par un courant de vapeur d'eau. Le liquide distillé, qui renferme tout l'anisol, est saturé de sulfate d'ammonium et épuisé par l'éther. La solution éthérée est ensuite séchée sur du chlorure de calcium fondu, distillée et fractionnée.

La portion 150-160° est rectifiée une deuxième fois et fournit alors de 40 à 50 gr. d'anisol pur.

L'anisol se présente sous la forme d'un liquide mobile, doué d'une odeur assez agréable, qui bout à 154-155°. Il est un peu soluble dans l'eau [Beeson, *Am. chem. Journ.*, **16**, 250].

CHAPITRE VIII

ALDÉHYDES

MODES GÉNÉRAUX D'OBTENTION.

Les ALDÉHYDES AROMATIQUES *se préparent généralement par les procédés suivants :*

1° *Distillation du sel de calcium de l'acide correspondant avec du formiate de calcium :*

$$(R.CO^2)^2\,Ca + (CHO^2)^2Ca = 2\,Ca\,CO^3 + 2\,R.CHO$$

(Piria, *Ann. Chem.*, **100**, 105).

2° *Oxydation des dérivés halogénés mono- ou bisubstitués correspondants (par l'oxyde de plomb, le nitrate de plomb ou le nitrate de cuivre) :*

$$R.CH^2Cl + Pb\,(AzO^3)^2 = PbCl^2 + 2\,R.CHO + 2\,AzO^2 + H^2O$$

(Lauth et Grimaux, *Bull. Soc. Chim.*, (2), **7**, 106).

3° *Oxydation des carbures aromatiques à chaîne latérale au moyen du chlorure de chromyle en solution sulfocarbonique. Il se forme dans cette réaction une combinaison de carbure et de chlorure de chromyle, qui est ensuite décomposée par l'eau :*

$$3\,(R.CH^3)(CrO^2Cl^2)^2 = 3\,R.CHO + 2\,Cr^2Cl^6 + 2\,CrO^4H^2 + H^2O$$

(Étard, *Ann. Chim. Phys.*, (5), **22**, 248).

4° *Action du gaz chlorhydrique et de l'oxyde de carbone sur un carbure aromatique en présence de chlorure d'aluminium et de chlorure cuivreux :*

$$C^6H^5.CH^3 + HCl + CO = CHO.C^6H^4.CH^3 + HCl.$$

Cette réaction donne naissance uniquement au dérivé para-substitué.

(Gattermann, *D. chem. G.*, **30**, 1625).

Les ALDÉHYDES NON SATURÉES (*cinnamique*) *résultent de la condensation d'une aldéhyde aromatique avec l'aldéhyde acétique :*

$$R.CHO + CH^3.CHO = R.CH{=}CH.CHO + H^2O.$$

Certaines aldéhydes aromatiques existent dans les produits naturels d'où on peut les extraire.

Aldéhyde benzoïque, $C^6H^5.CHO$.

L'aldéhyde benzoïque s'obtient en chauffant avec du nitrate de cuivre ou de plomb, soit le chlorure de benzyle, soit celui de benzylidène :

$$C^6H^5.CH^2Cl + Cu(AzO^3)^2 = CuCl^2 + 2\,C^6H^5.CHO + 2\,AzO^2 + H^2O.$$

On prépare une dissolution de

Nitrate de cuivre................ 50 grammes

dans

Eau........................... 700 cc.

et l'on introduit cette liqueur dans un ballon rond de 1 lit. et demi, muni d'un réfrigérant ascendant, avec

Chlorure du benzyle........... 100 grammes.

Le mélange est ensuite chauffé au bain de sable pendant environ dix heures, jusqu'à ce que la masse huileuse qui est en suspension dans la solution saline n'ait plus d'odeur piquante.

Pour cette opération, comme pour les oxydations au moyen de l'acide nitrique, il est commode d'employer un appareil composé d'un ballon ayant un col d'environ 40 cm. de longueur et 20 à 25 mill. de diamètre avec, descendant dans ce col, un réfrigérant composé d'un tube fermé par en bas dans lequel circule un courant d'eau, d'un diamètre tel qu'il ne laisse entre le col du ballon et sa propre paroi qu'un espace de 3 à 4 millimètres. Avec cette disposition, on obtient une réfrigération intense et on évite l'emploi d'un bouchon de liège ou de caoutchouc facilement attaquable par les vapeurs d'acide.

On évite les soubresauts violents qui ne tardent pas à se produire après quelques heures d'ébullition en plaçant au sein du liquide des fragments de tubes capillaires de verre, qui forment des cloches d'air et facilitent l'ébullition.

La réaction achevée, on laisse refroidir et l'on isole l'aldéhyde benzoïque formée au moyen d'un peu d'éther. La solution éthérée est ensuite évaporée et le résidu agité dans un flacon fermé hermétiquement avec une solution concentrée et fraîchement préparée de bisulfite de sodium. Le mélange se prend bientôt en une masse cristalline qui constitue la *combinaison bisulfitique*, $C^6H^5.CH{<}^{OH}_{SO^3Na} + 0,5H^2O$. On laisse reposer pendant une nuit, puis on essore la masse, on la lave d'abord avec très peu d'eau, puis avec de l'alcool et enfin avec de l'éther.

La combinaison bisulfitique ainsi purifiée est introduite dans un ballon à distiller de 1 litre, et additionnée de carbonate de sodium (400 cc. d'une lessive concentrée). On adapte au ballon un réfrigérant descendant, et l'on distille jusqu'à ce qu'il ne passe plus de gouttelettes huileuses. L'aldéhyde benzoïque est ensuite isolée au moyen de l'éther, et l'extrait éthéré soumis à la distillation fractionnée. Après avoir chassé l'éther, on supprime le réfrigérant, et l'on continue la distillation aussi rapidement que possible. La portion 170-190°, soumise à une deuxième rectification, fournit environ 30 à 40 grammes d'aldéhyde benzoïque bouillant à 179-182°.

L'aldéhyde benzoïque constitue un liquide jaunâtre, doué d'une odeur d'essence d'amandes amères. Elle est peu soluble dans l'eau, mais elle se dissout facilement dans les liquides organiques. Elle s'oxyde très rapidement à l'air en donnant de l'acide benzoïque.

L'aldéhyde benzoïque s'unit facilement à un grand nombre de composés, en particulier à l'aniline, pour donner la *benzylidène-aniline*, $C^6H^5.CH = Az.C^6H^5$ [Cannizzaro, *Ann. Chem.*, **88**, 180; Lauth et Grimaux, *Bull. Soc. Chim.*, (2), **7**, 254].

Benzoïne, $C^6H^5.CH(OH).CO.C^6H^5$.

Lorsqu'on chauffe l'aldéhyde benzoïque avec du cyanure de potassium, elle s'aldolise en donnant naissance à la benzoïne :

$$2C^6H^5.CHO = C^6H^5.CH(OH).CO.C^6H^5.$$

La réaction s'effectue dans un ballon de 500 cc., surmonté d'un réfrigérant ascendant et chauffé au bain-marie. On mélange

Aldéhyde benzoïque..........	50 grammes

avec une solution de

Cyanure de potassium.........	5 grammes

dans

Alcool à 95°..................	100 grammes
Eau..........................	100 —

et on fait bouillir le tout pendant une demi-heure environ.

Après refroidissement, la benzoïne se dépose sous la forme de fines aiguilles; on l'essore sur une plaque de Witt, on la lave à l'alcool faible et on la sèche. Elle sera purifiée complètement par une cristallisation dans l'alcool bouillant. Rendement, 70 p. 100 de la théorie.

Si l'on veut améliorer le rendement, on pourra chauffer de nouveau les premières eaux mères avec quelques grammes de cyanure de potassium ; on obtiendra ainsi encore de 5 à 6 grammes de produit.

La benzoïne se présente sous la forme d'aiguilles blanches fusibles à 134°, peu solubles dans l'eau et dans l'alcool froid, solubles dans l'alcool bouillant. Elle réduit la liqueur de Fehling à froid. L'acide azotique concentré la transforme en benzile $C^6H^5.CO.CO.C^6H^5$ [Liebig et Woehler, *Ann. Chem.*, **3**, 376; Zinine, *ibid.*, **34**, 186; Zincke, *ibid.*, **158**, 151].

Aldéhyde para-toluique, $H^3C\langle\ \rangle CHO$
(*Méthyl 1-phene-méthanal 4*).

Ce composé se prépare très facilement en faisant agir un mélange d'oxyde de carbone et de gaz chlorhydrique sec sur le toluène en présence de chlorure d'aluminium et de chlorure cuivreux, ce qui, théoriquement, revient à faire réagir le chlorure de formyle naissant sur le toluène :

$$CH^3.C^6H^5 + H.COCl = CH^3.C^6H^4.CHO + HCl.$$

Le chlorure cuivreux est destiné à fixer momentanément l'oxyde de carbone, qui est ensuite déplacé de sa combinaison par le gaz chlorhydrique.

On introduit dans un ballon de 1 litre,

Chlorure d'aluminium pulvérisé et fraîchement préparé.......	150 grammes
Chlorure cuivreux[1].............	40 —

puis on recouvre le tout de

Toluène desséché sur du chlorure de calcium...............	100 grammes.

Le ballon est placé dans une terrine (qu'on a supprimée pour

1. Le chlorure cuivreux sera préparé comme il a été dit (p. 94). Après l'avoir lavé à l'eau par décantation, on l'essorera rapidement et on le lavera successivement avec de l'alcool, de l'éther sec et, pour finir, avec un peu de toluène. Ainsi préparé, il est absolument blanc et anhydre, et peut être conservé assez longtemps sans altération.

la clarté de la figure), et entouré d'eau à 30°, de façon à pouvoir être agité énergiquement. Il est fermé par un bouchon percé de deux trous par l'un desquels passe un long tube ouvert; l'autre trou est traversé par un tube coudé, plongeant dans le liquide, et destiné à l'arrivée du mélange gazeux. Le gaz chlorhydrique et l'oxyde de carbone sont produits séparément dans deux ballons de 2 litres[1] et lavés, le premier à l'eau, le second à la potasse, puis séchés sur l'acide

Fig. 40. — Préparation de l'aldéhyde p-toluique.

sulfurique. On les réunit au moyen d'un tube à double branche qui est relié au tube plongeant dans le ballon par un joint de caoutchouc à vide.

L'appareil étant monté, on chauffera d'abord le ballon à oxyde de carbone, puis, lorsque le dégagement gazeux sera devenu régulier (3 à 4 bulles par seconde), on chauffera le

1. La préparation du gaz chlorhydrique a été décrite (p. 100). On emploiera dans le cas présent 500 grammes de sel, 900 grammes d'acide sulfurique et 100 grammes d'eau. — Pour l'oxyde de carbone, on mélangera 250 grammes de ferrocyanure de potassium bien pulvérisé avec 2250 grammes d'acide sulfurique concentré. En chauffant très modérément, on obtiendra un dégagement régulier d'oxyde de carbone pendant huit heures consécutives.

ballon à acide chlorhydrique en réglant la flamme de façon qu'il y ait toujours plus du premier gaz que du second (2 à 3 bulles par seconde). Le ballon devra être agité aussi souvent que possible.

En employant les proportions indiquées, l'opération dure environ six heures. Elle est terminée lorsque tout le chlorure d'aluminium a disparu. On verse alors le contenu du ballon, qui est devenu brunâtre et visqueux, sur de la glace pilée, afin de détruire la combinaison organo-métallique qui s'est formée, et l'on entraîne par un courant de vapeur le toluène inaltéré et l'aldéhyde p-toluique. Pour séparer ces deux corps, on décantera la couche qui surnage, et on l'agitera pendant quelques heures avec une solution très concentrée de bisulfite de sodium. La combinaison qui se dépose est essorée et lavée avec un peu d'éther, pour enlever le toluène restant; les eaux mères bisulfitiques sont séparées par décantation du toluène qui surnage, et lavées avec un peu d'éther; on leur adjoint la combinaison qui a été essorée, on ajoute un excès de carbonate de sodium et on distille jusqu'à ce qu'il ne passe plus de gouttelettes huileuses.

Le liquide distillé est traité de nouveau par l'éther, et la solution éthérée soumise à la distillation fractionnée. La portion bouillant à 200-210° constitue de l'aldéhyde p-toluique presque absolument pure. Rendement, 70 grammes pour les quantités mises en œuvre.

L'aldéhyde p-toluique constitue un liquide assez mobile, doué d'une odeur aromatique agréable. Elle bout à 204° et se dissout un peu dans l'eau [Gattermann, *D. chem. G.*, **30**, 1023].

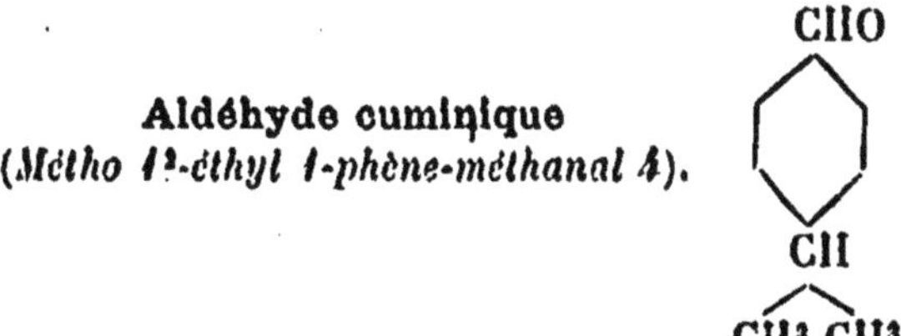

Aldéhyde cuminique
(*Métho 1²-éthyl 1-phène-méthanal 4*).

L'aldéhyde cuminique se trouve toute formée dans l'essence de cumin à côté d'une certaine quantité de cymène. On peut l'en extraire simplement en la combinant au bisulfite de sodium, mais il est préférable de soumettre l'essence à une distillation fractionnée.

On opérera sur

Essence de cumin............ 500 grammes.

La distillation peut être effectuée dans un ballon à distillation fractionnée d'une contenance de 1 lit. On y adaptera un réfrigérant dans lequel on fera circuler de l'eau tant qu'il passera du produit au-dessous de 150°.

On rejette s'il y a lieu les portions qui passent au-dessous de 100° et l'on recueille séparément la fraction 100-230°, qui est constituée par un mélange de cymène et d'aldéhyde cuminique. Aussitôt que la température est montée à 230°, on continue la distillation dans le vide sous 15-20 mm. de pression. La majeure partie de l'aldéhyde distille dans ces conditions entre 110 et 140°.

La portion 110-230° est traitée par une solution concentrée de bisulfite de sodium, comme cela a été indiqué à propos de l'aldéhyde p-toluique. La combinaison bisulfitique qui se forme étant à peu près insoluble dans la couche aqueuse, il suffit de l'essorer et de la laver avec un peu d'alcool. On la décompose par le carbonate de sodium à chaud, et on entraîne l'aldéhyde ainsi régénérée par un courant de vapeur. Cette dernière est ensuite isolée au moyen de l'éther, l'extrait éthéré est séché, distillé au bain-marie pour éliminer l'éther, et le résidu est joint à la première portion d'aldéhyde.

Pour purifier le produit on le soumet une fois ou deux à la distillation dans le vide, en prenant en définitive la portion qui passe entre 110 et 120° sous 15 mm. Rendement total, 110-115 grammes.

L'aldéhyde cuminique constitue un liquide doué d'une odeur caractéristique, moins dense que l'eau. Elle bout à 237° sous la pression normale et à 115° sous 15 mm. [Gerhardt, Cahours; Kraut, *Ann. Chem.*, **92**, 67].

Aldéhydes à fonction mixte.

Les ALDÉHYDES CHLORÉES, BROMÉES, etc., *s'obtiennent en général à partir des dérivés chlorés correspondants au moyen du nitrate de plomb ou de cuivre (dérivés ortho ou para). On les prépare également en appliquant la méthode de Sandmeyer aux aldéhydes nitrées (dérivés méta).*

Les ALDÉHYDES M-NITRÉES *se préparent en général par nitration directe;*

les dérivés ortho et para s'obtiennent par le procédé au nitrate de plomb.

Les AMINO-ALDÉHYDES *résultent de la réduction des précédentes.*

Les ALDÉHYDES-PHÉNOLS *peuvent être préparées par oxydation des alcools-phénols correspondant, mais on les obtient aussi en condensant les phénols avec le chloroforme en solution alcaline. Cette réaction donne naissance en général au mélange des isomères 1. 2 et 1. 4.*

Aldéhyde salicylique, $C^6H^4 < {OH_{(1)} \atop CHO_{(2)}}$
(Phène-ol 2-méthanal 1).

Cette aldéhyde s'obtient, en même temps que l'aldéhyde p-oxybenzoïque, en chauffant un mélange de phénol, de soude et de chloroforme :

$$C^6H^5OH + 4NaOH + CHCl^3 = C^6H^4 < {ONa \atop CHO} + 3NaCl + 3H^2O.$$

On dissout

Phénol........................ 100 grammes

dans une lessive de soude renfermant

Soude caustique.............. 200 grammes
Eau.......................... 350 cc.

et l'on chauffe cette liqueur au bain-marie, vers 50-60°, dans un ballon de 1 litre muni d'un réfrigérant ascendant.

Lorsque la température convenable est atteinte, on verse par l'extrémité supérieure du réfrigérant

Chloroforme.................... 150 grammes

par petites quantités et en agitant énergiquement

La liqueur se colore bientôt en rouge orange, et se met à bouillir. On termine la réaction en chauffant encore pendant deux ou trois heures. On chasse ensuite l'excès de chloroforme par distillation, puis on sursature le résidu au moyen d'acide sulfurique dilué et l'on soumet la masse à un entraînement à la vapeur. Cette dernière opération est continuée jusqu'à ce qu'il ne passe plus de gouttelettes huileuses. De cette façon, le dérivé para reste totalement dans le résidu, tandis que le liquide distillé renferme toute l'aldéhyde salicylique avec le phénol qui n'a pas réagi.

Le résidu est filtré rapidement pendant qu'il est chaud, pour éliminer les matières résineuses, puis on le laisse refroidir, et on isole l'aldéhyde p-oxybenzoïque qu'il renferme par des épuisements à l'éther. L'extrait éthéré abandonne par évaporation l'isomère para, sous la forme d'aiguilles blanches qu'on purifie par des cristallisations dans l'eau bouillante. On en obtient environ 5 grammes.

Le mélange d'aldéhyde salicylique et de phénol obtenu d'autre part est séparé de l'eau au moyen de l'éther, et la solution éthérée, après avoir été concentrée, est agitée assez longtemps avec une solution concentrée de bisulfite de sodium. La combinaison bisulfitique de l'aldéhyde qui se dépose est essorée et lavée avec un peu d'alcool et d'éther; on la décompose ensuite par un excès d'acide sulfurique dilué tiède, on isole l'aldéhyde au moyen de l'éther, et on soumet la solution éthérée à la distillation fractionnée. La portion 190-200° est soumise à une dernière rectification. On obtient ainsi de 20 à 25 grammes d'aldéhyde salicylique pure.

L'aldéhyde salicylique constitue un liquide incolore, doué d'une odeur agréable, qui se solidifie à 20° et qui bout à 196°. Elle est soluble dans l'alcool et dans l'éther, mais peu soluble dans l'eau, et elle est entraînée par la vapeur d'eau. Le chlorure ferrique la colore en violet foncé. Sa combinaison bisulfitique est peu soluble dans l'eau.

L'aldéhyde p-oxybenzoïque cristallise en aiguilles incolores fusibles à 116°, qui se subliment facilement. Elle est soluble dans l'eau bouillante, mais les vapeurs d'eau ne l'entraînent pas. Son dérivé bisulfitique est soluble dans l'eau [Reimer et Tiemann, *D. chem. G.*, **9**, 423, 824; Herzfeld et Tiemann, *ibid.*, **10**, 63, 213].

CHAPITRE IX

CÉTONES

MODES GÉNÉRAUX D'OBTENTION.

Les cétones aromatiques peuvent être préparées par plusieurs des procédés qui ont été décrits à propos de la série grasse.

On les obtient surtout :

1° *Par distillation des sels de calcium des acides correspondants :*

$$(R.CO^2)^2Ca = CaCO^3 + R.CO.R$$
$$(R.CO^2)^2\ Ca + (R'CO^2)^2Ca = 2CaCO^3 + 2\ R.CO.R'$$

(Péligot et Chancel, *Ann. Chim. Phys.*, (2), **56**, 59).

2° *En faisant réagir un chlorure d'acide sur un carbure aromatique en présence de chlorure d'aluminium :*

$$R.COCl + C^6H^6 = R.CO.C^6H^5 + HCl.$$

(Friedel et Crafts, *Ann. Chim. Phys.*, (6), **1**, 507).

Les CÉTONES NON SATURÉES *s'obtiennent également en condensant une aldéhyde aromatique avec une cétone en solution alcaline :*

$$R.CHO + CH^3.CO.CH^3 = R.CH = CH.CO.CH^3 + H^2O$$

(Claisen et Ponder, *Ann. Chem.* **223**, 139).

Acétophénone (méthylbenzoyle), $C^6H^5.CO.CH^3$.

L'acétophénone peut être obtenue en distillant un mélange d'acétate et de benzoate de calcium, ou en faisant réagir le chlorure d'acétyle (ou l'anhydride acétique) sur le benzène en présence de chlorure d'aluminium :

$$C^6H^6 + CH^3.COCl = CH^3.CO.C^6H^5 + HCl.$$

On introduit dans un ballon de 1 litre

Chlorure d'aluminium pulvérisé et fraîchement préparé......... 150 grammes, qu'on recouvre de

Benzène........................ 50 grammes.

On ferme ensuite le ballon au moyen d'un bouchon percé de deux trous par lesquels passent un tube à brome et une allonge reliée à un réfrigérant ascendant. Le ballon est ensuite entouré d'eau glacée. Ceci fait, on laisse couler goutte à goutte par l'entonnoir à brome

Chlorure d'acétyle............. 70 grammes,

en prenant soin d'agiter énergiquement la masse, et on laisse ensuite reposer le tout pendant quelques heures, à basse température. Lorsque le chlorure d'aluminium a disparu, on décante avec précaution le contenu du ballon dans une capsule où se trouve de la glace pilée. Lorsque la combinaison d'acétophénone et de chlorure d'aluminium est détruite, on verse le liquide dans un grand décanteur, on sépare la couche qui surnage, on la lave à la soude très diluée, puis à l'eau, on la filtre sur un filtre humecté de benzène et on la rectifie.

La portion passant vers 190-220° est soumise à une nouvelle rectification et fournit alors de l'acétophénone presque pure. Les rendements sont assez mauvais dans cette préparation, car il se forme des quantités assez notables d'acétylacétone par suite de la réaction du chlorure d'aluminium sur le chlorure d'acétyle.

L'acétophénone cristallise dans un mélange réfrigérant en lamelles fusibles à 20°. Elle bout à 202° et se dissout dans les liquides organiques, mais non dans l'eau [Friedel et Crafts, *Ann. Chim. Phys.*, (6), **1**, 507; **14**, 455].

Phénylhydrazone de l'acétophénone, $C^6H^5.C.CH^3$ ‖ $Az - AzH.C^6H^5$.

Pour préparer l'hydrazone de l'acétophénone, on chauffe au bain-marie, pendant deux ou trois heures :

Acétophénone................. 5 grammes

avec

Alcool........................ 50 cc.

et

Phénylhydrazine.............. 5 grammes.

Par refroidissement, l'hydrazone cristallise en aiguilles jaunes qui fondent à 105° [F. Just, *D. chem. G.*, **19**, 1205].

Benzophénone, $C^6H^5.CO.C^6H^5$.

Cette cétone se prépare par distillation du benzoate de calcium :

$$(C^6H^5.CO^2)^2 Ca = CaCO^3 + C^6H^5.CO.C^6H^5.$$

Pour préparer le benzoate de calcium, on dissout

Acide benzoïque.............. 150 grammes

dans environ 1 litre d'eau bouillante, et l'on ajoute peu à peu un lait de chaux préparé en triturant

Chaux vive.................... 50 grammes,

avec

Eau........................... 500 grammes.

Lorsque le mélange est effectué, on chauffe encore pendant quelque temps à l'ébullition la liqueur, qui doit être alcaline au tournesol, et l'on filtre rapidement sur un filtre à plis. Le résidu est lavé une ou deux fois à l'eau chaude, et les liqueurs claires sont ensuite réunies et évaporées à siccité. Le benzoate de calcium ainsi obtenu renferme 3 molécules d'eau de cristallisation. Pour l'en débarrasser, on le chauffera au bain de sable, dans une capsule de métal, jusqu'à ce qu'il soit devenu friable et pulvérulent.

Dans une cornue en grès de 500 centimètres cubes, on introduit

Benzoate de calcium.......... 110 grammes.

La cornue est reliée par l'intermédiaire d'un tube large [1] à un réfrigérant descendant. On la chauffe sur un fourneau aussi rapidement que possible, et l'on continue l'opération jusqu'à ce qu'il ne distille plus rien. Le produit condensé est un mélange d'eau, de benzène, de benzophénone et d'anthraquinone, qu'on sépare par distillation fractionnée. On rejette tout ce qui passe au-dessous de 270° (eau, benzène, etc.), et l'on rectifie une deuxième fois la portion 270-320°, en recueillant la fraction 290-310° qui constitue de la benzophénone à peu près pure. Le

1. Ce tube sera adapté à la cornue au moyen d'un bouchon de liège soigneusement luté.

produit est ensuite cristallisé dans un peu d'alcool. Rendement, 30-35 p. 100.

La benzophénone cristallise en prismes qui fondent tantôt à 26°, tantôt à 49°. Elle reste d'ailleurs très facilement en surfusion. Elle bout à 306°. Elle est soluble dans les dissolvants organiques et insoluble dans l'eau. [Peligot, *Ann. Chim. Phys.*, (2), **56**, 59; Kekulé et Franchimont, *D. chem. G.*, **5**, 409].

Benzophénone-oxime, $(C^6H^5)^2C = Az.OH$.

Pour préparer l'oxime de la benzophénone, on laisse réagir, pendant une nuit, un mélange de

Alcool à 90°	100	grammes
Benzophénone	5	—
Chlorhydrate d'hydroxylamine	10	—
Soude caustique	15	—

Au bout de ce temps, on étend d'eau à 500 centimètres cubes, et on précipite par l'acide acétique. L'oxime se dépose rapidement sous la forme d'aiguilles blanches fusibles à 140°, qui sont solubles dans les dissolvants organiques et dans l'acide chlorhydrique concentré, et insolubles dans l'eau.

Transformation en benzanilide (migration moléculaire de Beckmann). — La benzophénone-oxime se transforme facilement en benzanilide lorsqu'on traite sa solution éthérée (5 gr. d'oxime dans 100 c c. d'éther anhydre) par le perchlorure de phosphore à froid (8 gr.) :

$$\underset{\displaystyle \| \atop \displaystyle Az.OH}{C^6H^5.C.C^6H^5} = \underset{\displaystyle | \atop \displaystyle AzH.C^6H^5.}{C^6H^5.CO.}$$

On distille ensuite l'éther, et on fait cristalliser le résidu dans l'alcool aqueux [Beckmann, *D. chem. G.*, **19**, 989; V. Meyer et Auwers, *ibid.*, **22**, 549].

Benzylidène-acétone, $C^6H^5.CH = CH.CO.CH^3$.

Ce composé s'obtient, en même temps que la dibenzylidène-acétone, en condensant l'aldéhyde benzoïque avec l'acétone en présence de soude diluée :

$$C^6H^5.CHO + CH^3.CO.CH^3 = C^6H^5.CH = CH.CO.CH^3 + H^2O$$

$$2C^6H^5.CHO + CH^3.CO.CH^3 = CO<\begin{matrix}CH = CH.C^6H^5\\CH = CH.C^6H^5\end{matrix} + 2\,H^2O$$

La condensation de l'aldéhyde benzoïque et de l'acétone met assez longtemps à s'effectuer. Elle demande de 4 à 6 jours, suivant l'agitation du mélange et la température. On opérera dans un ballon de 4 litres, muni d'un bon bouchon, dans lequel on introduira

Aldéhyde benzoïque	30 grammes.
Acétone régénérée de sa combinaison bisulfitique	60 —
Lessive de soude pure à 10 p. 100, exempte de carbonate	15 —

et

Eau	3 litres.

La masse devra être agitée énergiquement de temps en temps et maintenue à la température ordinaire. Au bout de quelques jours, il se dépose une huile jaunâtre assez lourde, qui est constituée par un mélange de benzylidène-acétone et de dibenzylidène-acétone. Ce mélange est séparé de la couche aqueuse par des épuisements à l'éther, la solution éthérée est séchée soigneusement sur du chlorure de calcium, l'éther chassé au bain-marie, et enfin le résidu soumis à la distillation fractionnée dans le vide.

On recueillera à part la portion bouillant à 150-155° sous 25 millimètres, qui est constituée par de la monobenzylidène-acétone presque pure. Cette portion sera rectifiée une seconde fois sous la pression normale (260-265°); le produit, qui se solidifie dans un mélange réfrigérant, sera essoré à basse température et séché sur du papier à filtrer. Rendement, 25 grammes.

Le résidu de la distillation dans le vide est repris par l'éther, la solution filtrée est évaporée, et le résidu purifié par des cristallisations dans l'alcool. On obtient ainsi quelques grammes de dibenzylidène-acétone pure.

La monobenzylidène-acétone cristallise en tables quadratiques fusibles à 42°. Elle bout à 260-263° et possède une odeur d'anis. Elle est soluble dans les dissolvants organiques sauf dans la ligroïne, et insoluble dans l'eau. L'acide sulfurique concentré la dissout avec une coloration orange.

La dibenzylidène-acétone cristallise en paillettes blanches fusibles à 112°. Elle se décompose à la distillation. L'acide sulfurique la colore en rouge foncé sans la dissoudre [Schmidt, *D. chem. G.*, **14**, 1460; Claisen et Ponder, *Ann. Chem.*, **223**, 139].

CHAPITRE X

QUINONES

MODES GÉNÉRAUX D'OBTENTION.

Les quinones se préparent presque toujours par oxydation des diphénols, des diamines, des amino-phénols, ou des produits qui peuvent donner naissance aux précédents en présence des agents d'oxydation ou d'hydratation :

$$C^6H^4 < {OH \atop AzH^2} + O = C^6H^4O^2 + AzH^3.$$

Certaines quinones (qui sont en réalité des dicétones) s'obtiennent par oxydation des carbures correspondants.

Tétrachloroquinone (Chloranile).

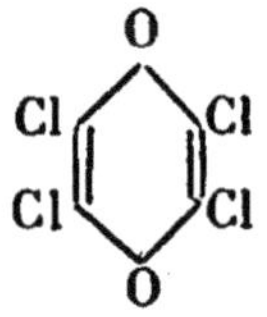

O
Cl Cl
Cl Cl
O

Le chloranile prend naissance dans un grand nombre de cas, lorsqu'on fait agir le chlore sur certains composés aromatiques tels que l'isatine, l'acide salicylique, etc.

On le préparera aisément en traitant la p-phénylène-diamine par le chlorate de potassium et l'acide chlorhydrique, puis par le bichromate de potassium :

$$C^6H^4(AzH^2)^2 + 6Cl + 2H^2O = C^6Cl^4O^2 + 2AzH^4Cl.$$

On préparera une dissolution de

P-phénylène diamine........... 60 grammes

dans

Acide chlorhydrique ordinaire.. 950 cc.

auquel on aura ajouté

Eau .... 180 cc.

Cette solution est introduite dans un grand verre de Bohême de 1 lit. et demi à 2 lit., entouré d'eau froide. On ajoute alors par petites portions

Chlorate de potassium pulvérisé .... 250 grammes,

en veillant à ce que la température du mélange ne s'élève pas au-dessus de 35°. L'introduction du chlorate étant achevée, on laisse reposer pendant 12 heures, et l'on chauffe ensuite la masse graduellement au bain-marie de façon à décomposer complètement le chlorate. Toutes ces opérations devront être faites sous une bonne hotte afin d'éviter de respirer le chlore qui se dégage.

Ceci fait, on essore le produit sur une plaque de Witt, on le lave à l'eau et on le presse. Le gâteau ainsi obtenu est dissous au bain-marie dans

Acide chlorhydrique .... 400 cc.

et la solution est additionnée par petites portions de

Bichromate de potassium pulvérisé .... 65 grammes,

jusqu'à ce que l'oxydation soit terminée; on s'arrête dès que la liqueur, primitivement verte, est devenue jaunâtre. Cette dernière réaction s'effectue au bain-marie dans une capsule spacieuse (2 lit.), à cause de la mousse volumineuse qui se forme. Le chloranile se précipite et vient surnager la couche aqueuse. On étend d'eau, on filtre, on lave à l'eau et on presse. Le rendement en produit brut est de 120-130 gr.

Pour purifier le chloranile, on peut le sublimer; mais il est préférable de le faire cristalliser deux ou trois fois dans le toluène. On l'obtient ainsi sous la forme de paillettes jaunâtres qui fondent dans le tube capillaire fermé vers 290°. Il est insoluble dans l'eau, peu soluble dans l'alcool. Les acides minéraux sont sans action sur lui.

Les alcalis dissolvent le chloranile en le transformant en *acide chloranilique*, $C^6Cl^2(OH)^2O^2$, dont les sels sont doués d'une coloration pourpre intense.

Le *chloranilate de sodium* s'obtient de la façon suivante :

On humecte

Chloranile .... 10 grammes

avec un peu d'alcool, et l'on verse sur la pâte ainsi préparée une solution de

Soude........................ 9 grammes

dans

Eau........................ 210 grammes,

Au bout de deux heures, le chloranilate de sodium est précipité au moyen de

Sel marin.................... 20 grammes,

et le produit, lavé avec une solution de sel à 5 p. 100, est cristallisé dans l'eau bouillante.

Le chloranilate de sodium, $C^6Cl^2O^2(ONa)^2, 4H^2O$ cristallise en aiguilles pourpres qui se dissolvent dans 100 p. d'eau froide et dans 15 p. d'eau chaude [Stenhouse, *Ann. Chem.*, *Suppl.*, **8**, 14; Erdmann, *Ann. Chem.*, **48**, 309; Græbe, *Ann. Chem.*, **263**, 23].

β-Naphtoquinone,

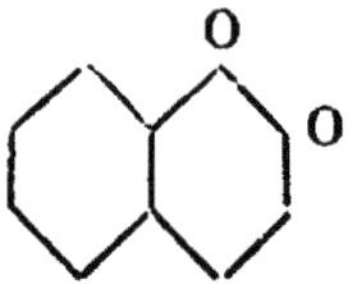

La β-naphtoquinone se prépare facilement par oxydation du β-aminonaphtol au moyen du mélange chromique.

On dissout dans un matras de 2 litres

Chlorhydrate d'amino-β-naphtol, 40 grammes,

dans

Acide sulfurique à 5 p. 100...... 700 cc.,

en chauffant au bain-marie si c'est nécessaire. La liqueur est ensuite refroidie à 0° dans un mélange réfrigérant, et additionnée par petites portions d'une solution froide de

Bichromate de potassium...... 35 grammes

dans

Acide sulfurique à 5 p. 100.... 750 cc.

On aura soin de maintenir la température du liquide voisine de 0° par l'addition de quelques morceaux de glace.

La β-naphtoquinone se précipite dans ces conditions sous la forme d'aiguilles orangées qu'on essore rapidement, qu'on lave avec un peu d'eau froide, et qu'on sèche sur du papier à filtrer. Rendement, 80-85 p. 100.

La β-naphtoquinone cristallise en paillettes ou en aiguilles orangées solubles dans l'éther et dans le benzène.

Elle se décompose sans fondre vers 115-120°, et elle n'est pas volatile avec la vapeur d'eau (les para-quinones le sont) [Stenhouse et Groves, *Chem. Soc.*, **45**, 208; Lagodzinski et Hardin, *D. chem. G.*, **27**, 3076].

Anthraquinone, $C^6H^4 < {CO \atop CO} > C^6H^4$.

L'anthraquinone et ses homologues s'obtiennent par oxydation des anthracènes correspondants au moyen de l'acide chromique en solution acétique :

$$C^6H^4 < {CH \atop CH} > C^6H^4 + O^3 = C^6H^4 < {CO \atop CO} > C^6H^4 + H^2O.$$

On dissout à chaud

Anthracène.................... 20 grammes,

dans

Acide acétique cristallisable... 250 grammes,

et l'on introduit cette dissolution dans un ballon de 1 litre muni d'un réfrigérant ascendant. La liqueur est portée à l'ébullition sur une toile métallique; on y verse peu à peu une solution de

Anhydride chromique......... 35 grammes,

dans

Eau......................... 30 cc.

additionnée de

Acide acétique................ 150 grammes,

et l'on continue à chauffer jusqu'à ce que la liqueur soit colorée en vert foncé, ce qui exige environ une demi-heure.

On laisse alors refroidir, et on verse le contenu du ballon dans un excès d'eau froide. L'anthraquinone se précipite sous la forme de flocons jaunes qu'on essore et qu'on lave avec de la soude diluée bouillante, puis avec de l'eau bouillante. Le produit est ensuite cristallisé dans l'acide acétique chaud.

L'anthraquinone se présente sous la forme de prismes jaunes fusibles à 277°, qui se subliment déjà à 250°. Elle distille à 382°. Elle est insoluble dans l'eau et peu soluble dans les dissolvants organiques, même à chaud [Græbe et Liebermann, *Ann. Chem.*, *Suppl.*, **7**, 284].

CHAPITRE XI

ACIDES

§ I. Acides aromatiques saturés.

MODES GÉNÉRAUX D'OBTENTION.

L'ACIDE BENZOÏQUE ET SES HOMOLOGUES *se préparent en général :*

1° *Par oxydation des carbures aromatiques à chaîne latérale, au moyen du mélange chromique, de l'acide azotique, etc.*

$$C^6H^5.CH^3 + O^3 = C^6H^5.CO^2H + H^2O$$

(Deville et Church, Fittig, Berthelot).

2° *Par oxydation des alcools ou des aldéhydes correspondantes au moyen du permanganate de potassium en solution alcaline :*

$$C^6H^5.CHO + O = C^6H^5.CO^2H.$$

Cette réaction est employée surtout pour caractériser les aldéhydes, les acides correspondants étant en général solides et bien cristallisés.

3° *Par hydratation des nitriles ou des amides correspondants :*

$$CH^3.C^6H^4.CAz + 2H^2O = CH^3.C^6H^4.CO^2AzH^4.$$

(A. W. Hofmann, *C. R.*, **64**, 388).

4° *Par hydrogénation des acides non saturés correspondants :*

$$C^6H^5.CH = CH.CO^2H + H^2 = C^6H^5.CH^2.CH^2.CO^2H.$$

Plusieurs des procédés de synthèse décrits à propos des acides gras sont applicables aux ACIDES AROMATIQUES A CHAÎNE LATÉRALE (*dérivés maloniques, etc.*).

Les ACIDES BIBASIQUES OU POLYBASIQUES *se préparent par des procédés analogues. On les obtient aussi en oxydant à fond les carbures substitués ou les acides monobasiques substitués correspondants :*

$$CH^3.C^6H^4.CO^2H + O^3 = CO^2H.C^6H^4.CO^2H + H^2O$$

(Weith, *D. chem. G.*, **7**, 1057).

Acide para-toluique,
(*Acide méthyl 1-phène-méthyloïque 4*)

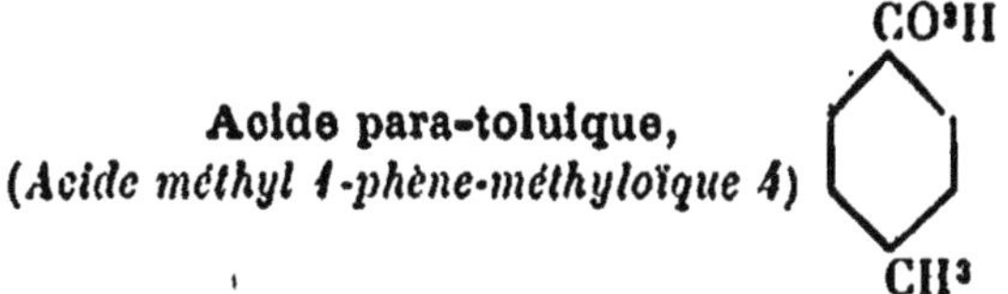

Cet acide se prépare toujours par saponification du nitrile correspondant :

$$CH^3.C^6H^4.CAz + 2H^2O = CH^3.C^6H^4.CO^2AzH^4$$

On introduit dans un ballon de 1 litre, surmonté d'un réfrigérant ascendant,

Nitrile p-toluique..............	50 grammes
Eau..........................	100 —

et

Acide sulfurique concentré........	550 grammes,

et l'on chauffe le tout au bain de sable pendant environ deux heures. La réaction peut être considérée comme terminée lorsque l'acide p-toluique commence à se sublimer dans le col du ballon.

On laisse alors refroidir, on essore l'acide qui s'est solidifié, on le lave avec un peu d'eau froide et on le fait cristalliser dans l'eau bouillante ou dans l'alcool dilué après l'avoir décoloré au noir animal. Rendement, 85 p. 100 de la théorie.

L'acide p-toluique cristallise en aiguilles incolores qui fondent à 275°. Il bout à 265° et se dissout facilement dans l'eau chaude et dans la plupart des dissolvants organiques. Il est volatil avec la vapeur d'eau [Weith, *D. chem. G.*, **6**, 421 ; Herb. *Ann. Chem.*, **258**, 10].

Acide phénylpropionique (hydrocinnamique),
$C^6H^5.CH^2.CH^2.CO^2H$.

L'acide phénylpropionique s'obtient en hydrogénant l'acide cinnamique au moyen de l'acide iodhydrique et du phosphore rouge ou de l'amalgame de sodium en solution alcaline :

$$C^6H^5.CH = CH.CO^2H + H^2 = C^6H^5.CH^2.CH^2.CO^2H.$$

Le second procédé donne de moins bons rendements, mais il est d'une exécution plus aisée.

On introduit dans une conserve de 1 litre environ une solution de

Acide cinnamique............. 20 grammes,

dans

Eau......................... 200 grammes,

en ajoutant de la soude caustique jusqu'à réaction faiblement alcaline, et l'on place la conserve dans une terrine en l'entourant d'eau froide. On ajoute ensuite peu à peu

Amalgame de sodium à 3-4 p. 100 fraîchement préparé[1]................ 300 grammes,

en attendant pour faire une nouvelle addition que tout l'amalgame précédemment introduit soit décomposé. La réduction dure environ une journée.

Lorsque l'opération est terminée, on sépare la liqueur alcaline du mercure par décantation, et on sursature par l'acide chlorhydrique. L'acide phénylpropionique se précipite sous la forme d'une huile qui se solidifie bientôt par refroidissement, et qui peut être purifiée par cristallisation dans l'eau. Rendement, 80 p. 100.

L'acide phénylpropionique ainsi préparé renferme presque toujours une certaine quantité d'acide cinnamique dont il est difficile de le débarrasser directement.

On y arrivera en se basant sur la propriété que possède l'acide phénylpropionique de s'éthérifier complètement lorsqu'on le chauffe avec de l'alcool. L'acide cinnamique, au contraire, ne s'éthérifie qu'en présence d'un acide minéral.

On chauffe donc le produit brut avec le double de son poids d'alcool à 95°, au réfrigérant ascendant pendant cinq à six heures, puis on précipite la masse par l'eau, on sépare par décantation l'éther formé après l'avoir lavé, et on le rectifie une seule fois. La portion bouillant à 240-250° est chauffée au réfri-

1. Pour préparer l'amalgame de sodium, on procédera comme suit. On chauffe 600 grammes de mercure dans un creuset en terre réfractaire muni de son couvercle, jusqu'à 250° environ, puis l'on projette peu à peu dans le creuset, au moyen d'une pince, 25 grammes de sodium découpé préalablement en lames minces. La combinaison s'effectue avec violence et production de lumière. Lorsque tout le sodium a été ajouté, on nettoie la surface de la masse avec un morceau de charbon de bois qui agglomère toutes les scories, et l'on coule l'amalgame dans un mortier en fer qu'on secoue énergiquement jusqu'à solidification complète. On obtient ainsi un produit extrêmement friable qu'il faut concasser et introduire dans un flacon bien bouché pendant qu'il est encore chaud.

gérant ascendant avec de la potasse aqueuse concentrée jusqu'à ce que la couche éthérée ait disparu complètement. On précipite ensuite l'acide phénylpropionique par l'acide chlorhydrique, et on le purifie une dernière fois par cristallisation dans l'eau bouillante.

L'acide phénylpropionique cristallise en aiguilles blanches fusibles à 48°. Il bout à 280° et se dissout facilement dans l'eau chaude, dans l'alcool et dans l'éther. Il est entraîné par les vapeurs d'eau [Erlenmeyer et Alexejeff, *Ann. Chem.*, **121**, 375; **137**, 327; Gabriel et Zimmermann, *D. chem. G.*, **13**, 1680].

Acide téréphtalique,
(*Phène-dimthyloïque 1,4*).

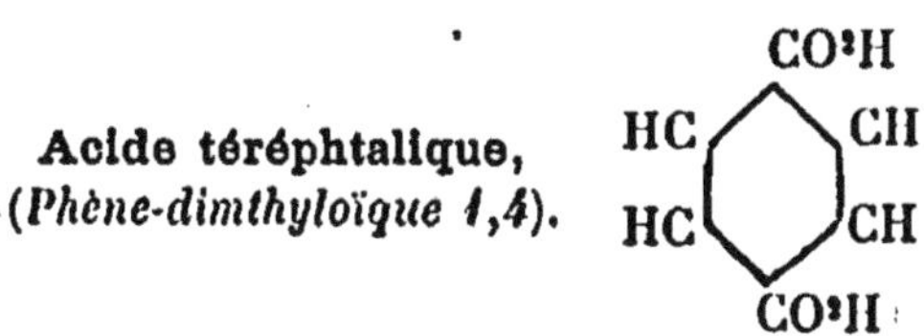

Cet acide peut être obtenu par oxydation, soit du p-xylène au moyen de l'acide azotique ou de l'acide chromique, soit de l'acide p-toluique au moyen du permanganate de potassium :

$$C^6H^4 < {CH^3 \atop CO^2H} + O = C^6H^4 < {CO^2H \atop CO^2H} + H^2O.$$

On dissout

Acide p-toluique................ 25 grammes

dans

Eau.............................. 1 litre

tenant en dissolution

Soude caustique............... 10 grammes,

et l'on introduit cette solution dans un ballon de 4 lit. environ, qu'on chauffe au bain-marie.

On verse ensuite peu à peu dans cette liqueur une solution de

Permanganate de potassium... 60 grammes

dans

Eau.......................... 1800 cc.

L'oxydation est terminée au bout de quelques heures; pour qu'elle soit complète, il faut que la coloration rose du permanganate persiste.

On détruit alors l'excès d'oxydant par un peu d'alcool, jusqu'à décoloration complète, on porte le liquide à l'ébullition et on filtre sur un châssis garni de calicot. Le précipité de bioxyde de manganèse est repris deux ou trois fois par l'eau bouillante, les eaux de lavage sont réunies au liquide filtré, et le tout est sursaturé par l'acide chlorhydrique, à chaud. L'acide téréphtalique se précipite alors sous la forme d'une poudre blanche qu'il suffit d'essorer et de laver plusieurs fois à l'eau froide pour l'avoir pur. Rendement, 80-85 p. 100 de la théorie.

L'acide téréphtalique est presque insoluble dans l'eau, dans l'alcool et dans l'éther. Il se sublime sans fondre. Son sel de baryum est insoluble dans l'eau, ce qui permet de le séparer de l'isomère 1.3 (acide isophtalique), auquel il est mélangé lorsqu'on le prépare par oxydation du xylène brut. L'o-xylène est brûlé complètement dans ces conditions [Beilstein et Yssel, *Ann. Chem.*, **137**, 308; Herb, *ibid.*, **258**, 10].

---

§ II. Acides non saturés.

Modes généraux d'obtention.

Les acides non saturés de la série aromatique s'obtiennent principalement en faisant réagir un anhydride ou un chlorure d'acide gras sur une aldéhyde aromatique en présence du sel de sodium de l'acide :

$$R.CHO + R'.CH^2.CO^2H = H^2O + R.CH = CH\left<\begin{matrix}CO^2H\\R'\end{matrix}\right.$$

La condensation s'effectue toujours entre le groupement aldéhydique et l'atome de carbone voisin du carboxyle.

(Perkin, *Chem. Soc.*, **26**, 217; **29**, 328).

Acide cinnamique, $C^6H^5.CH = CH.CO^2H$
(*Phène-propényloïque*).

L'acide cinnamique peut être préparé, entre autres procédés en condensant l'aldéhyde benzoïque avec l'anhydride acétique en présence d'acétate de sodium anhydre :

$$C^6H^5.CHO + (CH^3.CO)^2O + CH^3.CO^2Na =$$
$$C^6H^5.CH = CH.CO^2Na + 2CH^3.CO^2H.$$

On admet qu'il se forme d'abord du phényl-β-oxypropionate de sodium, auquel l'anhydride acétique enlève une molécule d'eau pour donner de l'acide cinnamique.

On introduit dans un ballon de 500 centimètres cubes, muni d'un réfrigérant ascendant, un mélange de

Aldéhyde benzoïque............	50 grammes
Acétate de sodium récemment fondu et pulvérisé............	25 grammes
Anhydride acétique............	75 grammes

et l'on chauffe le tout au bain d'huile, à 180°, pendant dix heures environ, de façon à maintenir une légère ébullition.

Le contenu du ballon est ensuite traité par à peu près 500 centimètres cubes d'eau bouillante, et la solution ainsi obtenue est soumise à l'entraînement par la vapeur d'eau, de façon à éliminer l'aldéhyde qui n'a pas réagi. Le résidu est additionné de carbonate de sodium sec, et la liqueur bouillante est filtrée et sursaturée par l'acide chlorhydrique. L'acide cinnamique se précipite complètement sous la forme de paillettes grisâtres qu'on essore après refroidissement et qu'on purifie par une ou deux cristallisations dans l'eau bouillante. Rendement, 30 grammes.

L'acide cinnamique se présente sous la forme d'aiguilles blanches, fusibles à 133°. Il est soluble dans l'alcool et dans l'eau bouillante, presque insoluble dans l'eau froide et dans la ligroïne.

Cinnamate de méthyle. — L'éthérification des acides aromatiques s'effectue généralement en saturant de gaz chlorhydrique une solution alcoolique de l'acide.

On introduit dans un ballon de 200 centimètres cubes,

Acide cinnamique.............	25 grammes,
Alcool méthylique pur.........	50 —

et l'on munit le ballon d'un bouchon à deux trous, traversé, l'un par l'extrémité inférieure d'un réfrigérant ascendant, l'autre par un tube adducteur communiquant avec un générateur d'acide chlorhydrique (fig. 29). On chauffe le ballon au bain-marie, et l'on sature la liqueur de gaz chlorhydrique sec jusqu'à ce que ce dernier s'échappe par l'extrémité supérieure du réfrigérant.

Lorsque le contenu du ballon est refroidi, on le verse dans 500 centimètres cubes d'eau froide, et on isole le cinnamate de méthyle par des épuisements à l'éther. La solution éthérée est ensuite séchée sur du chlorure de calcium et soumise à la distillation. La portion passant à 250-265° est recueillie séparément. Elle cristallise par refroidissement et peut être purifiée par une nouvelle distillation.

Le cinnamate de méthyle cristallise en paillettes cireuses fusibles à 35-36°. Il distille vers 263° et possède une odeur assez agréable [Anschütz et Kinnicutt, *D. chem. G.*, **11**, 1120].

---

§ III. Acides aromatiques substitués.

Modes généraux d'obtention.

Les ACIDES AROMATIQUES CHLORÉS, BROMÉS, IODÉS, *se préparent en général :*

1° *En diazotant les acides aminés correspondants, et en décomposant ensuite les diazoïques en présence de chlorure, bromure, etc., cuivreux.*
(Beilstein et Wilbrand, *Ann. Chem.*, **128**, 270.)

2° *En oxydant les carbures substitués à chaîne latérale correspondante.*
(Beilstein et Geisner, *Ann. Chem.*, **139**, 336; Emmerling, *D. chem. G.*, **8**, 880.)

Les dérivés non substitués peuvent quelquefois être obtenus directement par chloruration, bromuration, etc., des acides correspondants :

$$C^6H^5.CO^2H + Br^2 = C^6H^4Br.CO^2H + HBr$$

(Griess, *Ann. Chem.*, **166**, 129).

Les ACIDES NITRÉS *s'obtiennent par nitration directe des acides. Il se forme en général plusieurs isomères.*
(Reinecke, *Zeit. f. Chem.*, 1866, 367.)

Les ACIDES AMINÉS *résultent de la réduction des précédents au moyen de l'étain et de l'acide chlorhydrique ou du sulfure d'ammonium.*

Les ACIDES SULFOBENZOÏQUES ET LEURS HOMOLOGUES *s'obtiennent, soit en sulfonant les acides aromatiques correspondants, soit en oxydant les acides sulfoniques dérivés des carbures à chaîne latérale.*

Les OXYACIDES *se préparent en oxydant les oxyalcools ou les oxyaldéhydes correspondants. On en obtient un certain nombre en chauffant sous pression un phénol sodé avec l'acide carbonique :*

$$C^6H^5.ONa + CO^2 = C^6H^4{<}^{CO^2Na}_{OH}$$

Acide méta-bromo-benzoïque, $C^6H^4{<}^{Br\ (1)}_{CO^2H\ (3)}$

L'acide m-bromo-benzoïque constitue le produit principal de l'action du brome sur l'acide benzoïque en présence d'une trace de fer. Ce dernier joue le rôle d'agent de transport de l'élément halogène.

On introduit dans un ballon de 125 centimètres cubes, surmonté d'un réfrigérant ascendant,

Acide benzoïque.............	30 grammes
Brome......................	45 —

et

Limaille de fer...............	2 grammes,

puis on chauffe le mélange au bain-marie jusqu'à ce que le dégagement de gaz bromhydrique qui commence aussitôt (et que l'on absorbe) ait complètement cessé, c'est-à-dire pendant environ deux heures. Au bout de ce temps, on verse le contenu du ballon dans un excès d'eau, et on soumet la solution à un entraînement par la vapeur surchauffée, de façon à éliminer le peu d'acide benzoïque qui est resté inaltéré. Le résidu est additionné d'un peu d'acide sulfurique dilué et épuisé à l'éther. L'extrait éthéré est évaporé, et le résidu cristallisé dans l'eau bouillante. On obtient ainsi environ 35 grammes d'acide bromobenzoïque pur; les eaux mères renferment une petite quantité de produit dibromé (3.5).

L'acide m-bromo-benzoïque cristallise en aiguilles blanches, fusibles à 155°, qui sont solubles dans l'alcool et dans l'éther, mais peu solubles dans l'eau (Hübner, Ohly et Philip, *Ann. Chem.*, **143**, 223).

Acides nitro-benzoïques, $C^6H^4<{AzO^2 \atop CO^2H}$

Les trois acides nitro-benzoïques prennent naissance lorsqu'on traite l'acide benzoïque par le mélange nitrant :

$$C^6H^5.CO^2H + AzO^3H = C^6H^4 < {CO^2H \atop AzO^2} + H^2O$$

On pulvérise et on mélange intimement

Acide benzoïque..............	200 grammes

avec

Nitrate de potassium..........	400 grammes

et l'on introduit cette matière dans une capsule en porcelaine assez épaisse. On verse ensuite peu à peu sur le mélange

Acide sulfurique à 100 p. 100...	600 grammes,

en ayant soin de remuer vivement. La réaction s'effectue avec une grande énergie, et est accompagnée d'un vif dégagement de vapeurs nitreuses. On termine la nitration en chauffant doucement la capsule au bain de sable, jusqu'à ce que le mélange des acides nitro-benzoïques soit fondu et vienne surnager sous la forme d'une couche huileuse. On laisse alors refroidir la masse, qui se solidifie bientôt, et qu'on peut facilement séparer du bisulfate de potassium formé.

Le produit brut ainsi obtenu est constitué principalement par de l'acide méta (60 p. 100), et par de l'acide ortho (15-20 p. 100). L'acide para ne s'y trouve qu'en très faible quantité (1 à 2 p. 100).

Pour séparer les trois isomères, on dissout le tout dans environ 5 litres d'eau bouillante, on neutralise exactement par une solution chaude de baryte renfermant environ 250 grammes d'hydrate cristallisé pour 1 litre d'eau, puis on laisse refroidir. La majeure partie du sel de l'acide méta se dépose par refroidissement, sous la forme de paillettes jaunâtres. On essore le précipité, on le lave avec un peu d'eau froide, et on le décompose par la quantité équivalente de sulfate de soude (un léger excès). La liqueur filtrée est évaporée, puis sursaturée par l'acide chlorhydrique. L'acide m-nitro-benzoïque se précipite alors presque pur; on n'a plus qu'à l'essorer, à le laver avec un peu d'eau froide et à le sécher à 100°.

Les eaux mères du m-nitro-benzoate de baryum sont ensuite évaporées à siccité au bain-marie, et le résidu est épuisé à deux ou trois reprises par une petite quantité d'eau froide. De cette façon, on dissout le sel de l'acide o-nitro-benzoïque, tandis que les isomères restent insolubles. L'extrait aqueux est décomposé par l'acide chlorhydrique, et l'acide o-nitro-benzoïque est purifié par des cristallisations dans l'eau.

Le résidu renferme encore un mélange de méta- et de para-nitro-benzoate de baryum qu'on peut à la rigueur séparer par des cristallisations fractionnées dans l'eau bouillante (le dérivé para est moins soluble); mais il est plus commode de préparer l'acide p-nitro-benzoïque par oxydation du p-nitrotoluène.

L'acide o-nitro-benzoïque cristallise en prismes tricliniques, fusibles à 147°; son sel de baryum est assez soluble dans l'eau.

L'acide méta se présente sous la forme d'aiguilles clinorhombiques fusibles à 141-142°. Son sel de baryum est peu soluble dans l'eau froide.

L'acide para cristallise en paillettes jaunâtres, fusibles à 240°. Il est extrêmement peu soluble dans l'eau, même à chaud [Mulder, *Ann. Chem.*, **34**, 297; Griess, *D. chem. G.*, **8**, 526; **10**, 1870; L. Liebermann, *ibid.*, **10**, 862].

CHAPITRE XII

CHLORURES ET ANHYDRIDES D'ACIDES

Modes généraux d'obtention.

Les CHLORURES D'ACIDES *de la série aromatique se préparent comme ceux de la série grasse, c'est-à-dire en faisant agir les chlorures de phosphore sur l'acide ou sur ses sels. Le procédé le plus employé consiste à faire agir le perchlorure de phosphore sur l'acide lui-même ou sur sa solution chloroformique :*

$$R.CO^2H + PCl^5 = R.COCl + POCl^3 + HCl$$

(Cahours, *Ann. Chim. Phys.* (3), **23**, 334).

Les ANHYDRIDES D'ACIDES *se préparent, comme dans la série grasse, en faisant réagir le chlorure d'acide sur le sel de sodium sec :*

$$R.COCl + R.CO^2Na = (RCO)^2O + NaCl$$

(Gerhardt; Wunder, *Jahresb.*, 1854, 409).

On peut également faire réagir le chlorure sur l'acide lui-même.

Chlorure de cinnamyle, $C^6H^5.CH = CH.COCl$.

Le chlorure de cinnamyle se prépare, comme celui de benzoyle, en traitant directement l'acide par un léger excès de perchlorure de phosphore :

$$C^6H^5.CH = CH.CO^2H + PCl^5 = POCl^3 + HCl + C^6H^5.CH = CH.COCl.$$

On introduit dans un ballon de 500 cc. :

Acide cinnamique sec et pulvérisé...... 40 grammes

et

Perchlorure de phosphore................ 60 grammes,

puis on ferme le ballon au moyen d'un bouchon de liège traversé par un long tube à parois minces. On agite énergiquement, de façon à amener un contact partiel entre l'acide et le chlorure; ce dernier commence à se liquéfier, en se transformant en oxychlorure, et la réaction se propage rapidement à travers toute la masse. Il se dégage des torrents de gaz chlorhydrique, tandis que l'oxychlorure se condense à peu près complètement dans le tube réfrigérant. On termine l'opération en chauffant le ballon au bain-marie, sous une hotte, jusqu'à ce que le liquide soit bien limpide, et qu'il ne se dégage plus de gaz chlorhydrique. Après refroidissement, on décante le contenu du matras dans un ballon à distillation fractionnée de 500 cc., relié à un réfrigérant dont l'extrémité pénètre dans le col d'un deuxième ballon tubulé; ce dernier est à son tour mis en relation avec une bonne trompe à eau par un tube de verre.

On commence par faire le vide sans chauffer, de façon à éliminer tout l'acide chlorhydrique dissous, puis on chauffe le ballon avec précaution, au bain-marie. L'oxychlorure de phosphore est ainsi éliminé totalement entre 50 et 70° sous 15 millimètres de pression. On enlève ensuite le bain-marie, on change le récipient, et on distille le chlorure de cinnamyle au bain d'huile en recueillant la portion qui passe entre 140 et 150° sous 15 milimètres. Une deuxième rectification dans le vide suffit pour obtenir du chlorure de cinnamyle pur. Rendement, 80 pour 100.

Le chlorure de cinnamyle cristallise par refroidissement en aiguilles ou en prismes fusibles à 35-36°. Il fond à 154° sous 15 millimètres et à 171° sous 50 millimètres de pression [Claisen et Antweiler, *D. chem. G.*, **13**, 2124; Liebermann, *ibid.*, **21**, 3372].

Chlorure de l'acide benzène-sulfonique, $C^6H^5.SO^2Cl$.

Ce composé se prépare facilement en chauffant un mélange de benzène-sulfonate de sodium et de perchlorure de phosphore :

$$C^6H^5.SO^3Na + PCl^5 = C^6H^5.SO^2Cl + POCl^3 + NaCl.$$

On prépare du benzène-sulfonate de sodium pur en faisant recristalliser le produit brut (voy. p. 244) dans l'eau bouillante et en séchant ensuite le sel à 100° pendant quelques heures.

Benzène-sulfonate de sodium........ 30 grammes

sont pulvérisés finement et introduits dans un ballon de 250cc avec

Perchlorure de phosphore.......... 45 grammes,

également pulvérisé, et le mélange est ensuite chauffé au bain-marie pendant une heure environ. Au bout de ce temps, on laisse refroidir la masse qui s'est fluidifiée, et on la projette par petites portions dans environ 250 cc. d'eau froide. Les chlorures de phosphore sont décomposés par ce traitement, tandis que le chlorure de l'acide benzène-sulfonique, qui n'est pas attaqué par l'eau froide, se sépare au fond du vase sous la forme d'une couche huileuse. On lave cette couche deux ou trois fois par décantation avec de l'eau, puis on entoure le vase d'un mélange réfrigérant. Le chlorure se solidifie peu à peu, ce qui permet de le séparer complètement des impuretés qui l'accompagnent. A cet effet, on place la masse solide sur du papier à filtrer, dans un entonnoir entouré de glace et de sel, et on la presse jusqu'à ce qu'elle soit absolument sèche.

On peut également isoler le chlorure brut au moyen de l'éther, sécher l'extrait éthéré sur du chlorure de calcium et le soumettre ensuite à la distillation fractionnée dans le vide après avoir éliminé l'éther. Rendement, 80 p. 100.

Le chlorure de l'acide benzène-sulfonique cristallise en paillettes rhombiques qui fondent à 14°,5. Il bout à 120° sous 10 millimètres et à 245° sous la pression normale. Il est insoluble dans l'eau, qui ne l'attaque qu'à chaud.

Ce chlorure peut servir à caractériser les amines primaires, secondaires et tertiaires. Il donne en effet : avec les premières, des amines du type $C^6H^5.SO.AzH.R$, qui sont solubles dans les alcalis; avec les secondes, des amides du type $C^6H^5.SO^2Az{<}^{R}_{R'}$, qui sont insolubles dans les alcalis; avec les amines tertiaires, il ne se forme pas de combinaisons [Gerhardt, Chiozza, *Ann. Chim. Phys.*, (3), **46**, 143; Otto, *Zeit. f. Chem.* (2), **2**, 106; Hinsberg, *D. chem. G.*, **23**, 2963].

Anhydride benzoïque, $\begin{matrix}C^6H^5.CO\\C^6H^5.CO\end{matrix}{>}O$

Cet anhydride s'obtient en chauffant un mélange d'acide benzoïque et de chlorure de benzoyle :

$$C^6H^5.CO^2H + C^6H^5COCl = (C^6H^5CO)^2O + HCl.$$

On introduit dans une cornue tubulée :

Acide benzoïque...............	60 grammes
Chlorure de benzoyle..........	75 —

puis on adapte au col de la cornue un tube droit à paroi mince, destiné à servir de réfrigérant; ceci fait, l'on chauffe la cornue inclinée sur une toile métallique, d'abord avec une petite flamme, tant que la masse ne s'est pas fluidifiée, puis plus fortement, de façon à maintenir une douce ébullition.

La réaction s'effectue peu à peu, tandis que des torrents de gaz chlorhydrique s'échappent de l'extrémité supérieure du tube. Lorsque le dégagement gazeux a cessé, on laisse refroidir, on transvase le contenu de la cornue dans un ballon de 500 cc., et l'on soumet le mélange de chlorure en excès et d'anhydride benzoïque à la distillation fractionnée. A cet effet, le ballon sera surmonté d'un serpentin auquel on adaptera un long tube, qui suffira à condenser complètement les vapeurs.

La portion bouillant au-dessus de 300° sera rectifiée une deuxième fois, puis abandonnée à la cristallisation dans le vide. Comme dernière purification, on fera cristalliser l'anhydride dans de la ligroïne légère.

L'anhydride benzoïque se présente sous la forme de grands prismes rhombiques, fusibles à 42°. Il bout à 360°. L'eau ne le dissout pas et ne l'attaque qu'avec une excessive lenteur. L'alcool et l'éther le dissolvent facilement [Wunder, *Jahresb.*, 1854, 409; Anschütz, *Ann. Chem.*, **226**, 15].

Les ANHYDRIDES DES ACIDES BIBASIQUES 1.2, *qui sont à peu près les seuls susceptibles d'existence, se préparent par des procédés analogues. Ils jouissent de la propriété remarquable de se condenser avec les phénols, les polyphénols, etc., pour donner naissance aux phtaléines :*

$$R<\begin{matrix}CO\\CO\end{matrix}>O + 2C^6H^5OH = \begin{matrix}R - C<\begin{matrix}C^6H^4.OH\\C^6H^4.OH\end{matrix}\\ |\quad\ \ | \qquad\qquad\\ CO-O \qquad\qquad\end{matrix}$$

Fluorescéine (Résorcine-phtaléine), $\begin{matrix}C^6H^4.C<\begin{matrix}C^6H^3\\C^6H^3\end{matrix}>\begin{matrix}OH\\O\\OH\end{matrix}\\ |\quad\ \ | \qquad\qquad\qquad\\ CO-O \qquad\qquad\qquad\end{matrix}$

La fluorescéine s'obtient en condensant l'anhydride o-phtalique avec la résorcine en présence de chlorure de zinc, ou d'acide sulfurique si l'on opère sur de grandes quantités.

On broie intimement un mélange de

Résorcine.....................	22 grammes
Anhydride phtalique..........	15 —

et l'on chauffe la masse dans un ballon rond de 250 cc. à 180°, au moyen d'un bain d'huile. Lorsque la température voulue est atteinte, on introduit par petites portions

Chlorure de zinc fondu........	7 grammes,

en agitant autant que possible avec une baguette de verre. Puis on élève la température à 210°, et l'on continue à chauffer pendant deux ou trois heures, jusqu'à ce que la masse soit devenue solide.

On laisse refroidir, on casse le ballon, on broie le produit et on le chauffe pendant quelque temps avec 200 cc. d'eau renfermant 10 gr. d'acide chlorhydrique concentré. La fluorescéine reste non dissoute; elle est filtrée, essorée et séchée. Ainsi préparée, elle constitue une poudre brune qu'on peut faire cristalliser dans l'alcool. Rendement théorique.

La fluorescéine se décompose sans fondre vers 300°. Elle se dissout dans l'alcool, l'acide acétique et les alcalis avec une fluorescence verte.

Tétrabromofluorescéine ou éosine.

On transformera la fluorescéine en bromofluorescéine ou éosine en la traitant par le brome en solution alcoolique :

$$C^{20}H^{12}O^{5} + Br^{8} = 4HBr + C^{20}H^{8}Br^{4}O^{5}.$$

On recouvre

Fluorescéine...................	15 grammes,

avec

Alcool à 95°....................	60 —

et l'on fait tomber goutte à goutte dans cette émulsion, au moyen d'un tube à brome ou d'une burette,

Brome..........................	11 cc.

L'opération peut être effectuée dans un ballon de 250 cc. entouré d'eau froide.

A mesure que le brome est ajouté, la fluorescéine insoluble disparaît, par suite de la formation d'un dérivé dibromé soluble, puis l'éosine, moins soluble, se dépose peu à peu sous la forme de paillettes rougeâtres. Au bout de trois heures, on filtre, on lave le produit avec un peu d'alcool, puis on le sèche à 110° pour chasser l'alcool de cristallisation.

L'éosine est une poudre cristalline rouge, insoluble dans l'eau, soluble dans les alcalis avec une fluorescence verte.

Dérivé sodé. — On le prépare de la façon suivante :

5 gr. d'éosine sont broyés avec 1 gr. de carbonate de sodium anhydre et 10 cc. d'alcool faible, puis la masse est chauffée au bain-marie jusqu'à expulsion complète de l'acide carbonique. La solution ainsi obtenue est additionnée de 20 cc. d'alcool, chauffée à l'ébullition et filtrée. Par refroidissement, l'*éosinate de sodium*, $Na^2C^{20}H^6Br^4O^5$, se dépose sous la forme d'aiguilles brunâtres douées d'un reflet vert [Baeyer, *Ann. Chem.*, **183**, 38; Royer, *ibid.*, **238**, 360].

CHAPITRE XIII

NITRILES

Modes généraux d'obtention.

Les nitriles aromatiques se préparent par deux procédés principaux :
1° Action du cyanure de potassium sur les dérivés halogénés ou sur les dérivés sulfonés :

$$R.CH^2Cl + CAzK = KCl + R.CH^2CAz;$$
$$R.SO^3K + CAzK = SO^3K^2 + R.CAz$$

(Cannizzaro, *Ann. Chem.*, **96**, 247; Merz et Mühlhauser, *Zeit. f. Chem.*, 1869; Vieth, *Ann. Chem.*, **180**, 305).

2° Décomposition des diazoïques en présence de cyanure cuivreux :

$$R.Az = Az.Cl + CAz.Cu = R.CAz + CuCl + Az^2$$

(Sandmeyer, *D. chem. G.*, **11**, 2653).

Nitrile phénylacétique, $C^6H^5.CH^2CAz$
(*Cyanure de benzyle*).

Ce nitrile s'obtient en chauffant le chlorure de benzyle avec une solution alcoolique de cyanure de potassium :

$$C^6H^5.CH^2Cl + KCAz = C^6H^5.CH^2CAz + KCl.$$

On introduit dans un ballon de 1 litre, muni d'un réfrigérant ascendant, une solution de

Cyanure de potassium aussi pur que possible............ 60 grammes

dans

Eau......................... 55 cc.

et l'on chauffe doucement cette solution au bain de sable. On ajoute ensuite peu à peu, par l'extrémité supérieure du réfrigérant, un mélange de

Chlorure de benzyle...........	100 grammes
Alcool........................	100 —

puis l'on maintient le tout à une douce ébullition pendant trois ou quatre heures.

Il importe pour cette préparation d'employer du cyanure pur et de ne chauffer ni trop fort, ni trop longtemps, sans cela il se forme de notables quantités de tribenzylamine, $Az(CH^2.C^6H^5)^3$, qui se sublime en longues aiguilles blanches dans le col du ballon.

Lorsque la réaction est terminée, le contenu du ballon s'est séparé en deux couches, constituées, l'inférieure par une solution aqueuse de chlorure de potassium, la supérieure par une solution alcoolique de cyanure de benzyle.

On sépare celle-ci par décantation, et on la soumet directement à la distillation fractionnée. Il passe d'abord de l'alcool et de l'eau, puis des traces de chlorure de benzyle et enfin, de 200 à 235°, du cyanure de benzyle à peu près pur, qu'il suffit de rectifier encore une fois. Rendement, 70 grammes.

Le nitrile phénylacétique constitue un liquide mobile, plus dense que l'eau, qui bout à 232° et qui possède une odeur désagréable. L'acide sulfurique dilué le saponifie à chaud en donnant, suivant la température, de la phénylacétamide ou de l'acide phénylacétique [Cannizzaro, *Ann. Chem.*, **96**, 247; Staedel, *D. chem. G.*, **19**, 1951; Hotter, *ibid.*, **20**, 82].

Nitrile para-toluique, $CH^3.C^6H^4.CAz$.

Ce nitrile s'obtient facilement en décomposant le chlorure de diazo-p-toluène en présence de cyanure cuivreux :

$$CH^3C^6H^4.Az = Az.Cl + Cu\,CAz = CuCl + Az^2 + CH^3.C^6H^4.CAz.$$

Le cyanure cuivreux étant un corps relativement peu stable, il est nécessaire de ne le préparer qu'au moment où l'on effectuera la décomposition du diazoïque.

Le chlorure de p-diazotoluène sera préparé exactement comme il a été indiqué p. 217, avec

P-toluidine....................	80 grammes.
Acide chlorhydrique ordinaire.	150 —
Nitrite de sodium.............	55 —

en prenant toutes les précautions possibles pour maintenir la température à 0°.

On dissoudra d'autre part

Sulfate de cuivre cristallisé..... 190 grammes

dans

Eau........................... 1200 cc.

et l'on chauffera cette solution dans le ballon de 4 litres environ qui servira pour la préparation du nitrile toluique.

Il faudra donc monter au préalable tout l'appareil; celui-ci sera composé du ballon en question, auquel on adaptera un bouchon à 3 trous; ceux-ci sont destinés au passage : 1° d'un thermomètre plongeant dans le liquide, 2° d'un tube à brome, 3° d'une allonge recourbée et reliée à un réfrigérant ascendant. On fera bien d'adapter à ce dernier un tube coudé dont la longue branche verticale plongera dans une fiole remplie d'eau froide, ceci dans le but de condenser les dernières traces du nitrile qui pourrait être entraîné par l'azote qui se dégage. Le ballon sera chauffé au moyen d'un bain de sel ou de chlorure de calcium, de telle sorte que son contenu ait une température d'environ 90°.

L'appareil étant ainsi monté, et les solutions de diazotoluène et de sulfate de cuivre étant préparées, on chauffera cette dernière vers 90° et l'on y projettera par petits morceaux

Cyanure de potassium à 98 p. 100, 210 grammes.

Cette opération doit être faite sous une bonne hotte. Il se forme d'abord un précipité de cyanure cuivreux, qui se redissout ensuite en formant un cyanure double; finalement la liqueur prend une teinte jaunâtre et doit être presque limpide.

Dès que tout le cyanure a été ajouté, on remonte l'appareil et l'on chauffe le cyanure cuivreux à la température indiquée. Lorsque ce point est atteint, on y laisse couler peu à peu le diazoïque, au moyen du tube à brome, en réglant la vitesse et le chauffage de façon que le thermomètre oscille entre 90° et 95°. Il est nécessaire d'agiter continuellement la masse.

Le nitrile p-toluique se sépare aussitôt sous la forme d'une couche huileuse, brunâtre, tandis qu'il se dégage des torrents d'azote et qu'une partie du produit est entraînée dans le matras plein d'eau. Lorsque tout le diazoïque a été introduit, on chauffe encore pendant deux ou trois heures à la même température, puis l'on renverse le réfrigérant et on entraîne le nitrile par un violent courant de vapeur [1].

Le nitrile p-toluique se sépare de l'eau sous la forme d'une huile jaunâtre qui se solidifie après refroidissement. On le purifiera en le rectifiant une fois (210-220°). Rendement, 70-75 p. 100 de la théorie.

Le nitrile p-toluique se présente sous la forme de cristaux jaunâtres fusibles à 38°. Il bout sans décomposition à 218° [Sandmeyer, *D. chem. G.*, **17**, 2653].

1. L'entraînement du nitrile toluique est long, si le courant de vapeur n'est pas très rapide; pour éviter par conséquent une condensation imparfaite, il sera bon de recueillir le produit distillé dans un ballon clos et surmonté d'un second réfrigérant ascendant, destiné à arrêter les dernières traces de nitrile. Il sera avantageux aussi de séparer de temps en temps par décantation le nitrile des eaux mères, et de se servir de ces dernières au lieu d'eau ordinaire pour alimenter la chaudière. On aura ainsi de moins grandes quantités de liquide à manier.

CHAPITRE XIV

AMIDES ET IMIDES

Modes généraux d'obtention.

Les amides aromatiques *s'obtiennent par les mêmes procédés généraux que les amides grasses. On les prépare habituellement en traitant le chlorure d'acide par l'ammoniaque ou par le carbonate d'ammonium :*

$$R.COCl + AzH^3 = R.COAzH^2 + HCl$$

(Liebig et Woehler, *Ann. Chem.*, **3**, 268).

Les amides para-substituées *s'obtiennent également en faisant agir le chlorure d'aluminium sur un mélange d'un carbure et de chloro-carbamide :*

$$C^6H^5.CH^3 + AzH^2.COCl = CH^3.C^6H^4.COAzH^2 + HCl$$

(Gattermann et Schmidt, *Ann. Chem.*, **244**, 47.)

Les amides substituées *ont des modes de préparation analogues.*

Les anilides *peuvent être obtenues quelquefois simplement en chauffant un mélange d'acide et d'aniline.*

(Williams, *Ann. Chem.*, **131**, 288.)

Les imides *se préparent comme dans la série grasse, par l'action du gaz ammoniac sur les anhydrides.*

(Kuhara et Graebe, *Ann. Chem.*, **247**, 294.)

Amide cinnamique, $C^6H^5.CH = CH.COAzH^2$.

L'amide cinnamique se prépare simplement en traitant le chlorure de cinnamyle par l'ammoniaque diluée :

$$C^6H^5.CH = CH.COCl + AzH^3 = C^6H^5.CH = CH.COAzH^2 + HCl.$$

On chauffe dans un tube à essai

Chlorure de cinnamyle.................. 20 grammes

jusqu'à ce que ce dernier soit fluidifié, puis on le laisse tomber goutte à goutte dans

Ammoniaque à 10 p. 100............ 250 cc.;

l'opération doit se faire dans un verre à pied épais, afin qu'on puisse broyer avec un agitateur les grumeaux qui se forment. Lorsque tout le chlorure a été introduit, on laisse reposer pendant quelque temps, et on essore ensuite l'amide qui s'est précipitée; on la lave avec un peu d'eau froide, et on la fait cristalliser dans un peu d'eau bouillante ou d'alcool. Rendement, 80 pour 100 (il se forme toujours un peu de cinnamate d'ammonium).

L'amide cinnamique cristallise en paillettes blanches, fusibles à 141°,5, solubles dans l'alcool, peu solubles dans l'eau froide et dans l'éther [van Rossum, *Zeit. f. Chem.*, **2**, 362].

Phtalimide, $C^6H^4 <{CO \atop CO}> AzH$.

La phtalimide se prépare en saturant de gaz ammoniac l'anhydride phtalique fondu :

$$C^6H^4 <{CO \atop CO}> O + AzH^3 = C^6H^4 <{CO \atop CO}> AzH + H^2O.$$

On introduit dans un ballon rond de 250 centimètres cubes,

Anhydride phtalique................ 50 grammes

qu'on chauffe sur une toile métallique jusqu'à ce qu'il soit fondu. On fait alors passer dans la masse un courant de gaz ammoniac desséché sur de la chaux vive, en continuant à chauffer doucement de façon à maintenir la masse tout à fait fluide. Pendant la réaction, il se dégage des quantités notables de vapeur d'eau, et il se sublime un peu d'anhydride phtalique dans le col du ballon.

Lorsque le gaz ammoniac n'est plus absorbé, et qu'une prise d'essai fond au-dessus de 225°, on arrête la saturation, on nettoie le col du ballon de façon à enlever l'anhydride qui s'est sublimé, et on coule la masse dans une capsule.

Pour purifier la phtalimide, on la fera cristalliser dans l'acide acétique bouillant.

La phtalimide se présente sous la forme de paillettes blanches fusibles à 234°. Elle est très peu soluble dans les dissolvants organiques usuels [Kuhara et Graebe, *Ann. Chem.*, **274**, 204].

Benzoyl-éthylamine, $C^6H^5.COAz<^{H.}_{C^2H^5.}$

Lorsqu'il s'agit d'obtenir le dérivé benzoylé d'une amine dont on ne possède qu'une faible quantité, on fait réagir le chlorure de benzoyle (ou un chlorure d'acide analogue) en quantité exactement calculée sur le chlorhydrate de l'amine, en présence de soude diluée :

$$C^6H^5.COCl + AzH^2.C^2H^5.HCl + NaOH = C^6H^5.CO.AzH.C^2H^5 + NaCl + H^2O.$$

On introduit dans un matras de 250 centimètres cubes, environ 100 centimètres cubes de soude à 10 p. 100, puis l'on ajoute

Chlorhydrate d'éthylamine..... 10 grammes

et, sans refroidir,

Chlorure de benzoyle.......... 15 grammes,

et on agite énergiquement jusqu'à ce que l'odeur de ce dernier ait disparu complètement. Dans ces conditions, le chlorure réagit lentement sur l'éthylamine en la transformant quantitativement en dérivé benzoylé. Celui-ci se sépare sous la forme d'une masse blanche qu'on filtre, qu'on lave avec un peu d'eau froide et qu'on fait cristalliser dans l'alcool bouillant [Baumann et Schotten].

La benzoyléthylamine cristallise en aiguilles peu solubles dans l'eau, qui fondent à 69° [van Romburgh; Gattermann et Schmidt, *Ann. Chem.*, **244**, 50].

Acétanilide, $CH^3.CO.AzH.C^6H^5$.

L'acétanilide se prépare en chauffant à l'ébullition un mélange d'aniline et d'acide acétique :

$$CH^3.CO^2H + AzH^2.C^6H^5 = CH^3.CO.AzH.C^6H^5 + H^2O.$$

On introduit dans un ballon de 250 centimètres cubes

Aniline........................ 50 grammes
Acide acétique cristallisable.... 40 —

et on ferme le ballon au moyen d'un bouchon traversé par un tube large à parois minces d'environ 1 mètre de longueur. Le mélange est chauffé pendant cinq ou six heures sur une toile métallique, de façon à maintenir une légère ébullition. L'eau qui se forme dans la réaction s'élimine par la partie supérieure du tube, de telle sorte que la déshydratation peut s'effectuer complètement en assez peu de temps. Elle est terminée lorsqu'une prise d'essai se solidifie complètement par refroidissement.

On verse alors le produit encore chaud dans de l'eau froide (1 lit.); l'acétanilide se précipite sous la forme d'une poudre blanche qu'on essore et qu'on lave avec un peu d'eau; on la purifie complètement par des cristallisations dans l'eau bouillante ou dans le benzène. Rendement, 80 p. 100.

L'acétanilide se présente sous la forme de paillettes brillantes, fusibles à 116°. Elle est soluble dans les dissolvants organiques et dans l'eau chaude, mais peu soluble dans l'eau froide [Gerhardt, *Ann. Chim. Phys.*, (3), **37**, 328; Williams, *Ann. Chem.*, **131**, 288].

CHAPITRE XV

NOYAUX AZOTÉS

Modes généraux d'obtention.

Parmi les synthèses des composés à noyaux azotés, qui sont extrêmement nombreuses aujourd'hui, les plus intéressantes sont :

La synthèse des DÉRIVÉS PYRIDIQUES *au moyen de l'éther acétylacétique et des aldéhydates d'ammoniaque, ou inversement des aldéhydes et de l'éther β-aminocrotonique* (Hantzsch).

La synthèse des DÉRIVÉS QUINOLÉIQUES *au moyen de la glycérine ou des aldéhydes et des amines aromatiques* (Skraup).

La synthèse des DÉRIVÉS PYRAZOLIQUES ET PYRAZOLONIQUES *au moyen des éthers acétylacétiques et des dicétones, des cétones non saturées, etc., et des hydrazines* (Knorr).

Nous donnerons un exemple de chacune de ces synthèses.

Collidine (Triméthylpyridine).

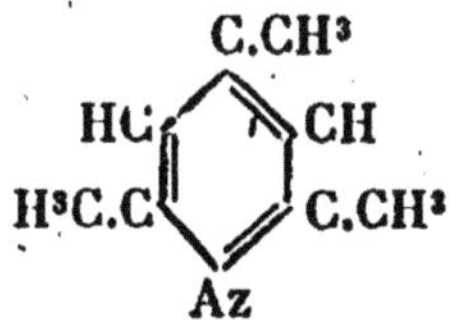

La synthèse totale de la triméthylpyridine s'effectue à partir de l'éther acétylacétique et de l'aldéhyde-ammoniaque.

Dans une première phase, une molécule de cette dernière s'unit avec 2 molécules d'éther acétylacétique pour donner naissance à *l'éther dihydrotriméthylpyridine-dicarbonique* (dihydrocollidine-dicarbonique).

$$
\begin{array}{ccccc}
 & \begin{array}{c} CH^3 \\ | \\ CHO \end{array} & & & \begin{array}{c} CH^3 \\ | \\ CH \end{array} \\
\begin{array}{c} C^2H^5.CO^2.CH^2 \\ | \\ CH^3-CO \end{array} & & \begin{array}{c} CH^2.CO^2.C^2H^5 \\ | \\ CO-CH^3 \end{array} & = & \begin{array}{ccc} C^2H^5.CO^2.C & & CH.CO^2.C^2H^5 \\ \| & & \| \\ CH^3-C & & C.CH^3 \end{array} \\
 & AzH^3 & & & AzH
\end{array}
$$

On oxyde ensuite cet éther dihydrotriméthylpyridine-carbonique au moyen de l'acide azoteux de façon à obtenir *l'éther triméthylpyridine-dicarbonique* (collidine-dicarbonique) correspondant :

$$
\begin{array}{c} CH^3 \\ | \\ CH \\ C^2H^5CO^2.C \quad C.CO^2C^2H^5 \\ H^3C.C \quad C.CH^3 \\ AzH \end{array}
+ O =
\begin{array}{c} CH^3 \\ | \\ C \\ C^2H^5CO^2.C \quad C.CO^2C^2H^5 \\ H^3C.C \quad C.CH^3 \\ Az \end{array}
+ H^2O
$$

Enfin, l'éther triméthylpyridine-dicarbonique est saponifié, l'acide est transformé en sel de calcium et ce dernier distillé avec de la chaux :

$$
\begin{array}{c} CH^3 \\ | \\ C \\ HO^2C.C \quad C.CO^2H \\ H^3C.C \quad C.CH^3 \\ Az \end{array}
+ 2CaO = 2\ CO^3Ca +
\begin{array}{c} CH^3 \\ | \\ C \\ HC \quad CH \\ CH^3.C \quad C.CH^3. \\ Az \end{array}
$$

On emploiera pour cette préparation :

Éther acétylacétique..........	50	grammes.
Aldéhydate d'ammoniaque [1]....	16	—

1. L'aldéhydate d'ammoniaque se prépare de la façon suivante : dans un ballon de 500^cc, on introduit 200^cc d'aldéhyde commerciale. Le ballon est surmonté d'un serpentin entouré d'eau à 30°, de façon à condenser les vapeurs d'alcool et d'eau. L'aldéhyde, qui bout à 22°, est dirigée dans deux flacons laveurs remplis à moitié d'éther anhydre et

Le mélange d'éther acétylacétique et d'aldéhydate d'ammoniaque est chauffé dans un ballon de 250 cc. sur une toile métallique, à 100-110°, pendant 5 minutes environ, en agitant constamment la masse avec un thermomètre. On ajoute alors, sans chauffer davantage,

Acide chlorhydrique à 10 p. 100... 150 cc.

sans cesser de remuer, jusqu'à refroidissement complet.

La masse solide est ensuite pulvérisée, lavée à l'eau froide, et cristallisée dans 200 cc. d'alcool bouillant. On obtient ainsi l'éther dihydrocollidine-dicarbonique, sous la forme de prismes blanchâtres fusibles à 131°. Rendement, 65 p. 100.

Cet éther est peu soluble dans l'eau et dans l'alcool froid; il est doué d'une fluorescence bleuâtre et se dissout facilement dans les acides minéraux concentrés.

Pour transformer le dihydrotriméthylpyridine-dicarbonate d'éthyle en éther triméthylpyridine-dicarbonique, on en mélange 20 gr. avec un poids égal d'alcool, et l'on sature le tout par un courant de vapeurs nitreuses obtenu en chauffant de l'anhydride arsénieux avec de l'acide azotique concentré ($d = 1,35$). Pendant la saturation, la masse doit être refroidie par de l'eau glacée. Peu à peu la dissolution s'effectue, mais la réaction n'est complète que lorsqu'une prise d'essai se dissout complètement dans l'acide chlorhydrique dilué.

On évapore alors la solution alcoolique au bain-marie et l'on traite le résidu sirupeux par le carbonate de sodium jusqu'à réaction alcaline. L'éther collidine-dicarbonique qui se sépare est repris par l'éther, la solution éthérée est séchée au moyen d'un fragment de potasse, puis soumise à la distillation. Aussitôt que l'éther a été chassé, le thermomètre monte rapidement vers 290°, et la presque totalité du produit passe vers 300-315°. Un nouveau fractionnement fournira de l'éther collidine-dicarbonique pur, bouillant à 307-310°. Rendement, 65-70 p. 100.

Cet éther est un liquide jaunâtre, plus dense que l'eau dans laquelle il est insoluble. Les acides minéraux le dissolvent facilement.

entourés de glace et de sel. Le ballon lui-même est chauffé vers 50°. On obtient ainsi une solution d'aldéhyde dans l'éther.

Cette solution est saturée immédiatement de gaz ammoniac sec, à froid, puis abandonnée à elle-même pendant une nuit. L'aldéhydate d'ammoniaque se dépose sous la forme d'une masse cristalline incolore, qu'il suffit de laver avec un peu d'éther et de sécher, à l'air sur du papier à filtrer.

La saponification du triméthylpyridine-dicarbonate d'éthyle s'effectue au moyen de la potasse alcoolique à chaud. On chauffe un mélange de

Potasse caustique pulvérisée..	30 grammes
Alcool......................	90 —

jusqu'à ce que la solution soit saturée; on décante la liqueur dans un ballon de 250 cc., muni d'un réfrigérant ascendant, et l'on y ajoute

Éther triméthylpyridine-dicarbonique..................	15 grammes.

Le tout est chauffé au bain-marie pendant 5 heures environ. Au bout de ce temps, on décante les eaux mères alcooliques du sel de potassium qui s'est déposé, on essore ce dernier, et on le lave avec un peu d'alcool, puis avec de l'éther, enfin on le sèche dans une capsule au bain-marie. Rendement, 15 grammes.

La pyrogénation de l'acide triméthylpyridique peut être effectuée dans un tube en verre de Bohême, qu'on chauffera sur une grille inclinée, ou simplement dans une cornue en verre vert au col de laquelle on adaptera un tube à parois minces, destiné à servir de réfrigérant. On mélangera intimement

Triméthylpyridine-dicarbonate de potassium..............	15 grammes
Chaux éteinte................	30 —

et l'on introduira le tout dans une cornue de 125 cc. Celle-ci sera chauffée à feu nu sur une toile métallique. La triméthylpyridine distille peu à peu avec une certaine quantité d'eau. Lorsqu'il ne passe plus rien, on épuise le liquide distillé par l'éther, on sèche la solution éthérée sur de la potasse caustique solide, et on la soumet à la distillation.

La portion bouillant à 165-175° est rectifiée une deuxième fois et fournit environ 5 grammes de triméthylpyridine pure (170-173°).

La triméthylpyridine ou collidine constitue un liquide mobile bouillant à 172°, peu soluble dans l'eau. Elle brunit assez rapidement au contact de l'air. [Hantzsch, *Ann. Chem.*, **215**, 8; Michael, *ibid.*, **225**, 123.]

Quinoléine.

CH CH
C
HC CH
HC CH
C
CH Az

La synthèse de la quinoléine s'effectue au moyen de l'aniline, de la glycérine et du nitrobenzène :

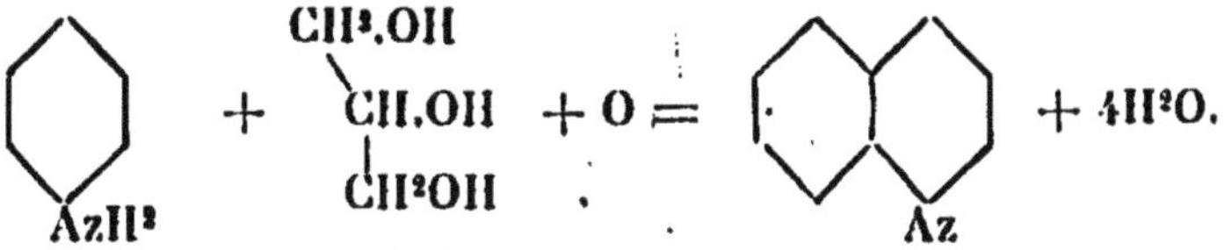

$$C_6H_5.AzH^2 + \begin{matrix} CH^2.OH \\ CH.OH \\ CH^2OH \end{matrix} + O = C_9H_7Az + 4H^2O.$$

Le rôle du nitrobenzène n'est pas encore bien élucidé ; on admet qu'il fournit l'atome d'oxygène nécessaire à la condensation. Il est d'autre part vraisemblable que la glycérine commence par se déshydrater en donnant naissance à de l'acroléine :

$$CH^2OH.CHOH.CH^2OH = 2H^2O + CH^2 = CH - CHO.$$

Celle-ci s'unit ensuite à l'aniline suivant l'équation :

$$C^6H^5.AzH^2 + CHO.CH = CH^2$$
$$= C^6H^5.Az = CH.CH = CH^2 + H^2O.$$

Puis le produit intermédiaire ainsi formé est oxydé par le nitrobenzène et donne naissance à la quinoléine :

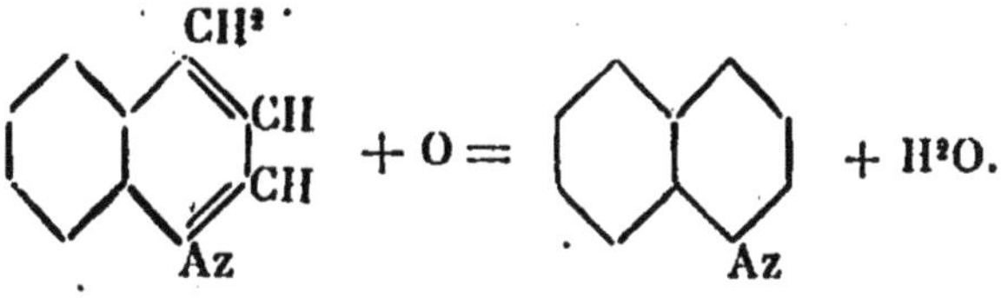

$$\begin{matrix} CH^2 \\ CH \\ CH \\ Az \end{matrix} + O = \begin{matrix} \\ Az \end{matrix} + H^2O.$$

Cette interprétation offre tout au moins l'avantage de rendre la synthèse de la quinoléine comparable à celle des autres dérivés quinoléiques qui résultent de la condensation des amines aromatiques et des aldéhydes.

La réaction s'effectuant souvent avec une grande énergie, il est indispensable de se servir d'appareils assez volumineux. On introduira dans un ballon de 3 à 4 litres, surmonté d'un réfrigérant ascendant,

Nitrobenzène.................	45	grammes.
Aniline......................	70	—
Glycérine....................	120	—

On y ajoutera par petites portions

Acide sulfurique concentré.... 105 cc.

et l'on agitera la masse jusqu'à ce que le sulfate d'aniline qui s'est formé d'abord se soit dissous.

On chauffe ensuite le ballon sur une toile métallique avec une toute petite flamme. Aussitôt qu'il commence à se dégager des bulles de vapeur, on enlève la flamme, et on laisse la réaction se continuer d'elle-même; dès que le liquide cesse de bouillir, on chauffe de nouveau, et l'on continue de la même façon jusqu'à ce que l'on n'observe plus de réaction; on élève alors la température de manière à maintenir le liquide en ébullition pendant deux heures environ.

La masse est ensuite étendue d'eau (1 lit. environ) et soumise à un entraînement à la vapeur. Le nitrobenzène en excès est entraîné, tandis que l'aniline et la quinoléine restent à l'état de sulfate. Lorsque le nitrobenzène est totalement éliminé, on ajoute

Soude à 20 p. 100............ 400 cc.

et l'on continue l'entraînement jusqu'à ce qu'il ne passe plus de gouttelettes huileuses.

Le liquide distillé est constitué par un mélange d'eau, d'aniline et de quinoléine. Pour éliminer l'aniline, le moyen le plus simple consiste à la détruire par l'acide azoteux. On ajoutera donc au liquide distillé de l'acide chlorhydrique en excès, puis du nitrite de sodium en solution concentrée jusqu'à ce que la liqueur bleuisse nettement le papier iodé-amidonné. On transvase ensuite le tout dans une capsule de 2 litres que l'on chauffe au bain-marie pour décomposer le diazoïque. Lorsqu'il ne se dégage plus d'azote, on sursature par la soude, et on entraîne par un courant de vapeur la quinoléine. Celle-ci sera séparée de l'eau par décantation, séchée sur de la potasse caustique et soumise à deux rectifications. La portion bouillant à 235-240° constitue de la quinoléine sensiblement pure. Rendement, 65-70 grammes.

La quinoléine se présente sous la forme d'un liquide à odeur désagréable, plus dense que l'eau, bouillant à 237°. Elle est soluble dans l'alcool et dans l'éther et insoluble dans l'eau [Gerhardt, *Comptes rend. des trav. de Chim.*, **1845**, 30; Skraup, *Mon. f. Chem.*, **1**, 317; **2**, 144, 535; Walter, *J. prakt. Chem.* (2), **49**, 549].

Phénylméthylpyrazolone 1. 3.

$$\begin{array}{ccc} H^2C & \text{———} & C\text{-}CH^3 \\ | & & \| \\ OC & & Az \\ & \diagdown \; \diagup & \\ & Az\text{-}C^6H^5 & \end{array}$$

La phénylméthylpyrazolone 1. 3 constitue le produit de condensation secondaire de la phénylhydrazine et de l'éther acétylacétique. Ces deux composés s'unissent directement ou en solution acétique, molécule à molécule, pour donner naissance à l'hydrazone de l'éther acétylacétique :

$$\begin{array}{l} CH^2\text{-}CO\text{-}CH^3 \\ | \\ CO^2C^2H^5 \end{array} + H^2Az.AzH.C^6H^5 = \begin{array}{l} CH^2 - C \; - CH^3 \\ | \qquad \; \| \\ CO^2C^2H^5Az - AzH.C^6H^5 \end{array} + H^2O$$

Si l'on chauffe cette hydrazone pendant un certain temps, elle perd 1 molécule d'alcool en donnant naissance à la phényl 1-méthyl 3-pyrazolone :

$$\begin{array}{ccc} & CH^2 - C - CH^3 & \\ & | \qquad \| & \\ C^2H^5O.CO & & Az \\ & \diagdown & \\ & AzH.C^6H^5 & \end{array} = \begin{array}{ccc} CH^2 - C - CH^3 \\ | \qquad \| \\ CO \qquad Az \\ \diagdown \diagup \\ Az.C^6H^5 \end{array} + C^2H^5.OH$$

Pratiquement, les deux phases de la réaction sont réunies en une seule.

On emploiera les proportions suivantes :

Phénylhydrazine	100	grammes.
Éther acétylacétique	125	—
Acide acétique cristallisable	200	—

Le mélange de ces trois substances est introduit dans un ballon de 500 cc., qu'on chauffe au bain-marie pendant 2 heures environ. La réaction est terminée lorsqu'une prise d'essai se solidifie totalement après qu'on a chassé l'acide acétique.

On laisse alors refroidir, et l'on ajoute à la masse son volume d'éther ordinaire. La pyrazolone, qui est insoluble dans ce dernier dissolvant, se précipite sous la forme d'une poudre cristalline. On essore cette dernière, on la lave avec une petite quantité d'éther, et on la fait cristalliser dans 200 cc. d'alcool bouillant. Le rendement est presque quantitatif.

La phénylméthylpyrazolone se présente sous la forme de prismes durs, fusibles à 127°. Elle bout vers 257° et se dissout facilement dans les alcalis, dans l'alcool et dans l'eau bouillante, mais non dans l'éther.

Si l'on chauffe une solution alcaline de phénylméthylpyrazolone avec du chlorure ferrique ou avec du chlorure de platine, on le transforme en une matière d'un bleu foncé qui constitue le *bleu de pyrazol* [L. Knorr, *D. chem. G.*, **16**, 25, 97; *Ann. Chem.*, **238**, 147].

INDEX ALPHABÉTIQUE

R.F.
IMPRIMÉS

TABLE DES MATIÈRES

PREMIÈRE PARTIE

DEUXIÈME PARTIE

COMPOSÉS DE LA SÉRIE GRASSE

TROISIÈME PARTIE

COMPOSÉS DE LA SÉRIE AROMATIQUE

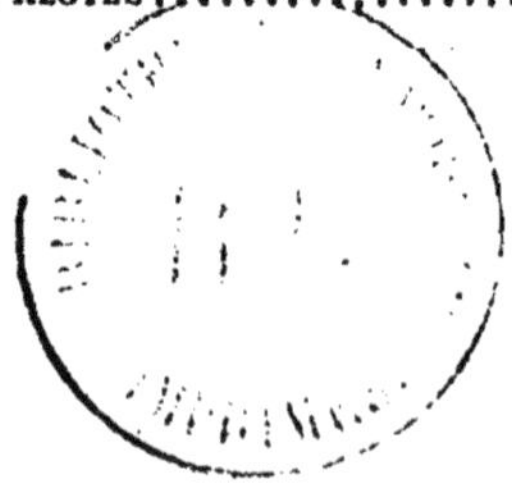

Coulommiers. — Imp. Paul BRODARD. — 422-07.